JN273967

# アジア・アフリカの稲作

## 多様な生産生態と持続的発展の道

TAKESHI Horie
堀江 武
編著

農文協

# はしがき

　約１万年前に、中国雲南省からインドのアッサム州にかけての地域、あるいは中国長江流域で始まったとされる稲作は、やがて人々の移動や交易の拡大に伴ってモンスーンアジア全域に広がり、この地域に住む20億人を超す人々の生存に必要なエネルギーと、タンパク質の大部分を生産して、生活を支えている。稲作はそれにとどまらず、水田がもたらす湿潤で豊かな環境や特有の景観とともに、水管理などの共同作業や豊穣を祈願する宗教儀礼を通じて、農村社会・文化を形作っている。まさにモンスーンアジアの国や社会は、稲作とともに発展してきたのである。

　一方、アフリカでは、アジアイネ（サティバ種）とは異なるアフリカイネ（グラベリマ種）を用いた稲作が、ニジェール川流域で約3000年前より行なわれていた。そこではヨーロッパの植民地時代以降、収量性の高いアジアイネの導入が進み、さらに近年、食糧需給が逼迫する中で稲作の拡大が図られ、伝統的なヤムイモや雑穀に加え、コメが重要な食料となりつつある。

　稲作がアジア・アフリカに広がり、営々と続けられてきた背後には、次に述べるイネと水田のもつ優れた特性がある。すなわち、イネは水の中でも畑地でも育つという、コムギやトウモロコシなど他の穀物にない水陸両生の特性をもち、途上国の滞水と乾燥を繰り返す天水農地の不安定な水環境に高い適応力をもつ作物であること。コメは水を加えて炊くだけで食することができ、他の穀物のように粉にひいてパンに焼くといった調理の手間を要しないことに加え、人間の生存に必須なアミノ酸のバランスに優れ、栄養価の高い穀物であること。および、水を張ってイネを栽培する水田は干ばつの回避に加え、雑草や多くの土壌伝染性の病気の発生抑制、有機物の分解抑制や灌漑水を通じた養分供給による高い地力の維持などの機能をもっており、高い生産の安定性と持続性を発揮する、最も優れた作物生産システムであること、などである。

　アジアの人々は、イネと水田のもつこの特性を巧みに利用する技術を生み出すことでコメ生産を増やして、増加する人口を養い、社会を発展させてきた。特に、1955年頃から日本で始まった「緑の革命」と称される、半矮性遺伝子をもつ近代的多収品種を灌漑多肥栽培する稲作の技術革新は、その後世界に広がり、世界の穀

物生産を2倍以上高め、20世紀の人々の飢餓解放に貢献した。しかし、この増収技術がその適応可能地域に一通りの普及を終えた1990年頃を境に、アジアのイネ生産の伸びは鈍化した。一方、アフリカでは、まだアジアの「緑の革命」に相当するような稲作の技術革新は見られない。アジア、アフリカともに高い人口増加が続くことに加え、経済発展に伴う穀物需要の増加を考慮すると、今後30年間にイネ生産を約40%高めることが必要と予測されているが、それを実現する手だてはいまだ見つかっていない。

　アジア・アフリカの稲作は、欧米の数十〜数百ha（ヘクタール）の農地所有のもとで行なわれる農業に比べ、多くても数ha、大部分が1ha未満の小農や、土地なし農民によって営まれている。その稲作は、日本で見慣れている整然と区割りされた平坦な水田に灌漑・排水路で水を調節して行なう稲作とは異なり、山の斜面を焼き払って行なう焼畑稲作、丘陵地の土地を高畦で囲み雨水を貯めて行なう天水田稲作、山の谷筋や扇状地で季節河川の水を引いて行なう半灌漑稲作、水深が1mを超す滞水が長期にわたって続く大河川のデルタやマングローブ湿地帯で深水イネや浮イネを栽培する深水稲作など、生態的にみて極めて多様である。その生態的多様性に加え、地域間で稲作技術や農民のイネへの接し方にも大きな違いがあり、それらが相まってアジア・アフリカ稲作の多様な世界を形作っている。

　実におびただしい数の農民が、様々な環境のもとで狭い農地にしがみついて、様々な方法でイネを栽培し、生活の糧を得ているのがアジア・アフリカ稲作の姿である。そういうところにも貨幣経済が浸透し、また経済グローバル化の影響が及んでくるなかで、ほとんどの稲作農民は貧しく、日々の生活に追われ、子供の教育もままならない状態に置かれている。生活のために、規制を超えて山林を焼き払って焼畑稲作を拡げたり、資源収奪的な稲作に向かったりすることで、環境破壊や農業持続性の喪失が問題化しているところも見られだした。それぞれの地域で生産性の高い持続的な稲作の姿を明らかにし、それを現地に適応できる方法で実現していくことがアジア・アフリカの稲作社会の発展に求められており、そのことは不確実性を増す21世紀の世界の食料安全保障や環境保全にも不可欠である。

　現在、途上国の食料・環境問題の解決を目指していろいろな提案を聞くことがある。すなわち、バイオテクノロジーによる収量性や環境ストレス耐性の飛躍的に高い品種の作出と導入、灌漑インフラの整備、肥料などの資源投入の増加、農業機械

化の促進、あるいはバイオマス・太陽光発電などのエネルギー利用などである。しかし、これらが直ちにアジア・アフリカの稲作社会の抱える問題解決につながるとはとても考え難く、これらはそれぞれの地域稲作の環境と発展段階に応じて適切に導入されていくことが重要である。農業は土地（資源、環境）、生物（作物や家畜）および人間（社会、経済）の3つを不可欠な構成要素として成り立つ産業もしくは生業である。それらの総体としての地域稲作を見つめ、生産の阻害要因を抽出し、現地に適応可能な技術・方法によってそれらを一つ一つ解決して、現状の改善を図っていくことが重要と考える。

　このような考え方のもとに、京都大学の若い研究者・大学院生達がアジア・アフリカおよびオーストラリアの様々な稲作地域に長期滞在して、その生産基盤である環境と生産技術の総体としての生産生態を調査し、生産性改善のための現地試験を行なった。この調査・研究はまた、土地—生物—人間系の統合科学としての農学の意味を自ら問い続けることでもあった。本書は、これらの調査・研究をもとに、アジア・アフリカの多様な地域稲作の生産生態と持続的発展のありようを、稲作の発展段階に沿って整理して述べたものである。著者らの調査が及んだ地域は、広大なアジア・アフリカの多種・多様な稲作のほんの一部に過ぎないが、本書がアジア・アフリカの多様な稲作の実態の理解を深め、ひいてはその持続的発展にいささかなりとも貢献できれば幸いである。

　2015年3月

執筆者を代表して　堀江　武

# 目　次

はしがき……………………………………………………………堀江　武　1

## 第Ⅰ部　アジア・アフリカの中のイネと稲作

### 第1章　イネと稲作の生産生態的特徴……………………堀江　武　14

1. 稲作圏の広がり……………………………………………………………14
2. 作物としてのイネの特徴…………………………………………………17
   - 2-1　イネは幅広い環境に適応できる作物……………………………17
     イネの生育に必要な気候条件　17／水陸両生作物としてのイネ　18／陸稲と水稲　19／開花の日長反応と水環境適応性　20
   - 2-2　優れた穀物としてのコメ…………………………………………23
     優れた必須アミノ酸バランス　23／コメ品質の多様性　24／優れた調理・加工適性　26
   - 2-3　イネは途上国への高い適応性をもつ作物………………………26
3. 水田稲作は最も優れた作物生産システム………………………………27
   - 3-1　高い生産性と安定性………………………………………………27
   - 3-2　高い生産持続性……………………………………………………27
4. 稲作の収量を決定する要因………………………………………………31
   - 4-1　収量を支配する品種と環境………………………………………31
   - 4-2　多収品種はなぜ多収か……………………………………………33
   - 4-3　収量は資源の獲得量に支配される………………………………35
   - 4-4　稲作収量の決定要因………………………………………………37

### 第2章　アジア・アフリカ稲作の多様な生産生態と課題…堀江　武　41

1. アジア・アフリカの地域別コメ生産と消費の動向……………………41
   - 1-1　逼迫するコメ需給と食料危機……………………………………41
   - 1-2　イネ収量の伸びの停滞……………………………………………43

2. アジア・アフリカの主要な稲作類型と直面する問題 …………………44
　2-1　稲作の類型 ………………………………………………………44
　2-2　灌漑水田稲作の「緑の革命」とその後の収量の停滞 …………47
　　　「緑の革命」のキーテクノロジー　47／世界の「緑の革命」は日本の水田稲作から始まった　49／「緑の革命」後の収量の停滞　50
　2-3　水環境が極めて多様で不安定な天水低地稲作 …………………52
　　　降雨と地形の圧倒的な支配下にある水環境　52／微地形に支配される天水田稲作の生産性　54／天水田稲作の生産技術　56／深水稲作　59
　2-4　持続性喪失の危機にある焼畑稲作 ………………………………62
3. 発展段階からみたアジア・アフリカ稲作の多様と課題 ……………64
　3-1　発展段階からみたアジア・アフリカの稲作 ……………………65
　　　粗放栽培段階　65／労働・土地集約栽培段階　66／資源多投段階（緑の革命段階）　68／品質・環境重視栽培段階　70
　3-2　アジア・アフリカ稲作の多様と課題 ……………………………72

# 第Ⅱ部　粗放段階の稲作

## 第3章　ラオス北部の焼畑稲作
　　　　─その現状と改善に向けた試み─　　　齋藤和樹・浅井英利　78

1. ラオス北部の自然環境と焼畑陸稲栽培 ………………………………79
　1-1　焼畑稲作の現状 …………………………………………………79
　1-2　焼畑陸稲栽培の方法 ……………………………………………81
2. 陸稲の生産阻害要因 ……………………………………………………83
3. 焼畑稲作の生産性の改善は可能か ……………………………………86
　3-1　休閑改善システムの開発 ………………………………………88
　　　スタイロの導入試験　89／キマメおよびギンネムの導入試験　91／カジノキの導入試験　93
　3-2　生産性改善へ向けてイネ品種からのアプローチ ………………95
　　　在来品種の選抜　95／エアロビックイネシステム　96
4. ラオス北部の焼畑農業地域における稲作発展の方向性 ……………98

目　次

## 第4章　東北タイの天水田稲作 ……………………… 本間香貴　103

1. 東北タイの環境と稲作 …………………………………………… 103
   - 1-1　自然環境―ノングが広がる大地 ……………………… 103
   - 1-2　民族と稲作の歴史 ……………………………………… 106
   - 1-3　栽培管理 ………………………………………………… 107
   - 1-4　水稲生産量とその変動性 ……………………………… 109
2. 天水田稲作の生産性制限要因 …………………………………… 110
   - 2-1　調査研究の概要 ………………………………………… 110
   - 2-2　水資源の制約―ノングの高低差と水ストレス ……… 110
   - 2-3　土壌の制約―粘土と有機物の流出 …………………… 113
   - 2-4　栽培管理の問題 ………………………………………… 115
     品種選択をめぐって　115／移植時期と方法をめぐって　115／施肥と除草をめぐって　116
   - 2-5　天水田稲作の生産性制限要因―まとめ ……………… 117
3. 天水田稲作の持続性・生産性の改善 …………………………… 119
   - 3-1　粘土質土壌の客土 ……………………………………… 119
   - 3-2　マメ科牧草を導入した乾期間作システム …………… 121

## 第5章　ケニアの稲作―天水畑稲作の可能性― ………… 浅井英利　125

1. ケニアの農業と稲作 ……………………………………………… 126
2. ケニアでのコメ需要の増加と天水畑稲作への期待 …………… 128
3. ケニア高地での天水畑稲作の導入試験より見えてきたもの … 129
   品種・標高と栽培体系から　130／トウモロコシとの収益比較から　131／技術普及対象農家の特性から　132
4. 天水畑稲作における根系の役割 ………………………………… 133
5. バイオ炭施用による土壌改良の効果 …………………………… 135
6. ケニア天水畑稲作の普及に向けて ……………………………… 137

第6章　西アフリカ稲作の多様と発展 …………… 堀江　武・齋藤和樹　140

1. 西アフリカの社会と稲作 ……………………………………………… 140
2. 西アフリカの環境、農業と稲作 ……………………………………… 142
3. 西アフリカ稲作の生産生態 …………………………………………… 144
　3-1　稲作の生態的多様性 ……………………………………………… 144
　3-2　天水陸稲栽培 ……………………………………………………… 146
　3-3　天水低地水稲栽培 ………………………………………………… 149
　3-4　灌漑水稲栽培 ……………………………………………………… 152
　　　内陸小渓谷の灌漑稲作　152／サヘル地域の灌漑稲作　156
4. 西アフリカ稲作の内発的発展と課題 ………………………………… 157
　4-1　西アフリカで生まれた新しいイネ・ネリカの可能性 ………… 158
　　　アフリカイネとアジアイネの種間雑種ネリカ　158／陸稲ネリカの特性
　　　159／水稲ネリカとこれからの品種開発　162
　4-2　天水稲作から半灌漑稲作そして灌漑稲作へ …………………… 163
　4-3　社会的・制度的な課題 …………………………………………… 165
　4-4　農業の実践教育と人材育成—西アフリカ稲作発展の最重要課題— …… 167

## 第Ⅲ部　労働集約段階の稲作

第7章　マダガスカルの稲作生態とSRI稲作 …………… 辻本泰弘　172

1. マダガスカルの地理的概要と自然環境 ……………………………… 173
2. マダガスカルの稲作生態 ……………………………………………… 174
　2-1　主食としてのコメ、生活基盤としての稲作 …………………… 174
　2-2　稲作の伝播とアジアとのつながり ……………………………… 174
　2-3　中央高地の移植水稲作 …………………………………………… 175
　　　メリナ族とベツィレオ族　175／移植水稲作の作業暦　176／乾期の水田利
　　　用　178／中央高地における陸稲栽培の拡大　179
　2-4　マダガスカル東部森林地域における水田と焼畑の複合稲作 … 179
　　　伝統的な焼畑陸稲栽培　179／森林保護政策の強化と人口圧にともなう土地

利用の変化　180
　2-5　コメ増産と森林保全の両立に向けて …………………………… 182
 3. マダガスカルの水稲生産性の制限要因と改善への期待 ………… 183
　3-1　イネの収量および生産量の推移 …………………………………… 183
　3-2　貧栄養土壌のもとでの低投入栽培 ………………………………… 184
　3-3　水田の水利条件と作付品種 ………………………………………… 185
　3-4　イネ収量の改善に向けた期待 ……………………………………… 186
 4. マダガスカルのSRI稲作 ……………………………………………… 188
　4-1　マダガスカルにおけるSRI実践農家の栽培技術 ……………… 188
　4-2　マダガスカルにおけるSRI実践農家の収量性 ………………… 190
　4-3　SRIの多収機構―日本の篤農稲作技術との類似性― ………… 192
　4-4　SRIは途上国の稲作発展の鍵となり得るか …………………… 194

## 第8章　中国四川省の集約的な土地利用と稲作 ………… 稲村達也　197

 1. 社会主義下での自由経済体制と農業生産 …………………………… 198
　1-1　人民公社の解体と農家請負制 ……………………………………… 199
　1-2　分権化による小規模農家の誕生 …………………………………… 199
　1-3　中国特有の地域農業経営―双層経営体制― …………………… 200
　1-4　分権化と市場化による食糧生産性の向上 ……………………… 200
 2. 農村調査の概要 ……………………………………………………………… 201
 3. 攀枝花市における地域農業システム ………………………………… 202
　3-1　農業経営の概要 ……………………………………………………… 202
　3-2　水稲と野菜作における施肥管理と収穫量 ……………………… 203
　3-3　土地利用と土壌の理化学性 ………………………………………… 203
　3-4　水稲収量に対する土壌窒素無機化量と前作作物残渣の影響 … 206
 4. 食糧生産の持続性と安定性 …………………………………………… 208

## 第Ⅳ部　資源多投段階の多収稲作

## 第9章　中国雲南省の超多収稲作 ……………………………… 桂　圭佑　212

1. アジアの最多収稲作地域としての雲南省 …………………………………… 212
2. アジア最多収稲作の村―雲南省永勝県涛源村― ……………………… 214
　2-1　雲南省の自然と稲作 …………………………………………………… 214
　2-2　涛源村の稲作 …………………………………………………………… 214
3. 京都・雲南比較栽培試験からみた多収イネの姿と多収要因 ………… 217
　3-1　試験方法の概要 ………………………………………………………… 217
　3-2　多収イネの姿と生育パターン ………………………………………… 218
4. ハイブリッド品種の特徴と生産力 ………………………………………… 220
5. 雲南省の多収要因を探る …………………………………………………… 223
6. 環境犠牲の下での雲南省の多収稲作 ……………………………………… 226

# 第10章　オーストラリア乾燥地の大規模多収稲作 …… 大西政夫　228

1. ニューサウスウエールズ州リベリナ地域の稲作の概要 ………………… 229
2. リベリナ地域の自然条件 …………………………………………………… 232
3. 水稲の栽培管理の概要 ……………………………………………………… 235
　3-1　輪作体系の中の稲作 …………………………………………………… 235
　3-2　水田の形状 ……………………………………………………………… 235
　3-3　栽培品種 ………………………………………………………………… 236
　3-4　3つの播種法 …………………………………………………………… 236
　3-5　施肥と水管理 …………………………………………………………… 238
　3-6　病害虫・雑草の防除 …………………………………………………… 239
　3-7　収穫・調製・出荷 ……………………………………………………… 239
　3-8　水稲栽培の収益性 ……………………………………………………… 240
4. リベリナ地域の稲作の多収機構
　　　―ヤンコ、長野、京都での比較栽培試験から― ………………………… 241
　4-1　リベリナ地域におけるイネの生育相の特徴 ………………………… 242
　　　播種から湛水開始までの生育　242／湛水開始から幼穂分化期までの生育
　　　243／幼穂分化期から出穂までの生育　244／出穂から成熟までの生育
　　　244
　4-2　アマローの品種特性 …………………………………………………… 245

　　　　発育特性　245／耐倒伏性　246／収量性　246／生態特性　247
　　4-3　リベリナ地域の多収要因 ................................................................ 248
　　　　乾物生産　248／収穫指数　249
　5. オーストラリア稲作のかかえる問題 ............................................... 250
　まとめ ................................................................................................ 251

## 第Ⅴ部　品質・環境重視段階の稲作

### 第11章　滋賀県にみる日本の稲作 ............................ 白岩立彦　254

　1. 滋賀県の稲作の概要と栽培品種 ...................................................... 254
　2. 滋賀県の稲作の生産性 .................................................................... 255
　3. 栽培技術の変遷と生産性 ................................................................ 258
　　3-1　品種の変遷および増収における貢献度 ................................ 258
　　3-2　生産性の向上と栽培技術および環境 .................................... 260
　4. 窒素施肥技術の発展 ....................................................................... 262
　5. 稲作技術の到達点をどうみるか ..................................................... 264
　　5-1　水稲収量の面から ................................................................ 264
　　5-2　コメの品質の面から ............................................................. 265
　　5-3　環境への負荷の面から ......................................................... 266
　6. 稲作の今後 ...................................................................................... 267
　　6-1　食味と多収を併せもつ品種開発と生産技術の確立 .............. 268
　　6-2　多様な稲作を持続させる耕地管理の確立 ............................ 269

# 第Ⅰ部

# アジア・アフリカの中のイネと稲作

# 第1章　イネと稲作の生産生態的特徴

堀江　武

## 1. 稲作圏の広がり

　稲作は中国雲南省からインドのアッサム州にかけての地域（渡部 1977；中川原 1985）、あるいは長江（揚子江）流域（佐藤 1992）で始まったとされ、その時期は今から1万年ほど前と推定されている。その後、稲作は人々の移動とともに長い年月をかけて世界に広まっていった。日本には縄文期に伝わり、イネは長い間、アワ、ヒエなどと並ぶ雑穀の一つとして焼畑などで栽培されていたと考えられる（渡部 1983）。縄文晩期になって、佐賀県唐津市菜畑や福岡市板付の水田遺跡にみられるような、灌漑技術を伴った水田稲作が大陸から伝来し（佐々木 1987）、やがて九州や本州各地に拡がり、弥生時代中期には岩手県江刺市の反町水田遺跡にみられるように東北地域にまで及んだ。一方、東南アジアに伝わった稲作は、マレー系の人々の移動にともない、紀元前後にはアフリカ大陸の東に位置するマダガスカル島にまで達した（Carpenter 1978）。ヨーロッパに稲作が伝わったのは6〜7世紀、そしてアメリカ大陸へは16世紀に入ってからである（星川 1985）。
　一方、西アフリカでは、このアジアに起源するアジアイネ（*Oryza sativa* L.）とは別種のアフリカイネ（*Oryza glaberrima* Steud.、写真1-1）が、3000年以上も昔からニジェール川流域で栽培されていた（Carpenter 1978）。しかし、アフリカでもヨーロッパの植民地時代以降、生産性の高いアジアイネがアフリカイネに次第に取って代わり、現在、アフリカイネは、河川の氾濫源など一部の地域で栽培されているに過ぎない。このようにして今や稲作は、北は北緯50度のアムール川河畔に位置する中国黒竜江省黒河市から、南はアルゼンチン、サンタフェの南緯35度付近までの広い範囲に広がり、世界人口の約3分の1を扶養するまでになった。
　現在の主要な稲作国を、その国の全穀物生産量に占めるコメの生産割合として、

第1章　イネと稲作の生産生態的特徴

アフリカ稲（ベナンで撮影）　　　　　アジア稲（コシヒカリ）

**写真1-1　アフリカイネ（左）とアジアイネ（右）**
アフリカイネは分げつが多く、生育旺盛であるが、穂は2次枝梗の発達が劣るため小さい。

図1-1に示した。稲作への依存度の高い国々は東アジアから東南アジア、インドにかけてのアジアモンスーンの支配地域、中央および西アフリカ地域、および中米から南米北部にかけての地域にあることがわかる。これ以外にも、アメリカのカリフォルニア州やミシシッピー川下流のデルタ諸州、オーストラリア・ニューサウスウェールズ州のリベリナ地域などに生産量100万トン前後の大きな稲作地帯があるが、それらは国全体の穀物生産量からみると極めて小さい。

一方、コメの消費量の多い国・地域も図1-1に示した生産割合の高い地域と重なっており、コメは生産されたもののほとんどが自国で消費される、地産地消型の穀物であることがわかる。実際、世界のコメ生産量のうち海外貿易に回される割合はわずかに7％程度であり、それが30％を越すダイズや20％にも及ぶコムギとは大きく異なる。地球上でコメを最も多く食べる国民はバングラデシュ、ミャンマー、ベトナム、マダガスカルの人々で、年間1人平均で約150kgも消費し、全摂取エネルギーの実に70％以上をコメから得ている。インドネシアやラオスなど他の東南アジア諸国もエネルギーの大半をコメに依存し、次いで中国、インド、韓国、北朝鮮、ギニアおよび南米のスリナムなどがコメへの依存度の高い国である。日本は昭和30年代には1人平均で約120kgものコメを消費していたが、現在はその半分の約60kgまで低下し、コメへのエネルギー依存度は28％となっている。この値は中近東、西アフリカおよび南米のコメ消費国よりわずかに高い程度である。

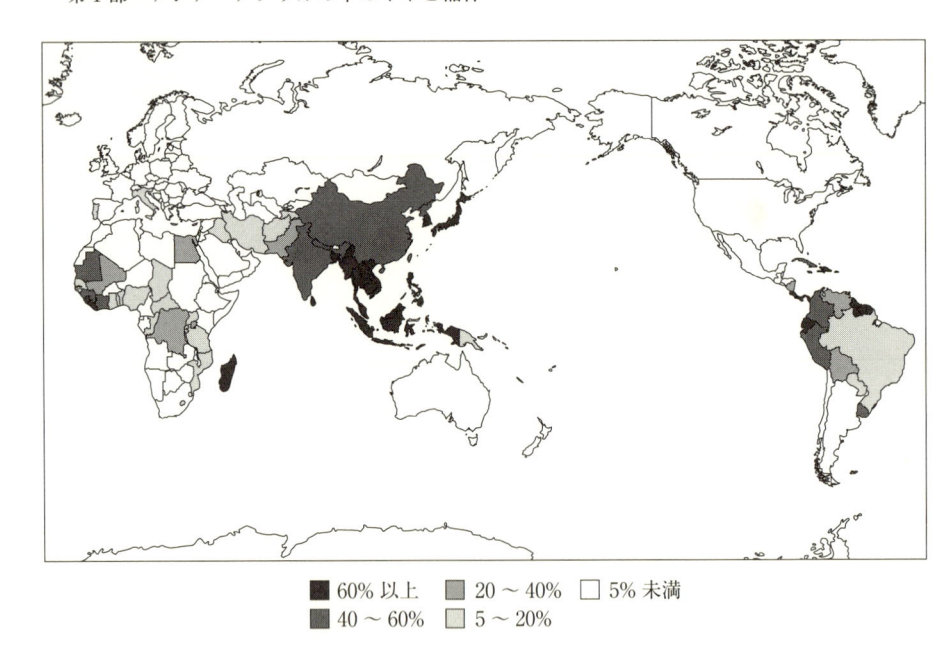

第 I 部　アジア・アフリカの中のイネと稲作

■ 60% 以上　■ 20～40%　□ 5% 未満
■ 40～60%　■ 5～20%

図1-1　世界各国の全穀物生産量に占めるコメの生産割合（FAO 2010 資料より作成）

　日本は稲作が農業の主要形態であるにもかかわらず、コメへのエネルギー依存度が低いのは、経済成長とともに食の多様化が進み、海外からの輸入農産物に依存した生活を営んでいるためである。この日本のような国は例外であり、世界を俯瞰したとき、農業の稲作依存度が高い地域ほどコメへのエネルギー依存度が高いという一般的な傾向が認められる。特に、稲作の歴史の長いモンスーンアジア地域では、コメは人々のまさに命の糧であり、稲作は過半の人々が従事する職業ないしは生業である。アフリカ諸国はマダガスカルを除き、アジアほど稲作への依存度は高くはないが、現在、稲作は拡大途上にある。
　図1-1に示した稲作への依存度の高い国は、いずれも次のような特徴をもっている。第1に高温多雨な気候をもつこと、第2に稲作地域の背後に大きな山地をもち、そこから流れ出る水によって形成された扇状地、デルタなど、肥沃な沖積土壌をもつこと（高谷 1987）。第3に日本など東アジアの一部の国を除き、いずれも開発途上国であること、そして第4に人口密度の高いことである。イネと稲作はこの4つの条件を備えた地域に高い適応力をもつ作物であり、農業形態である。そのこ

との背後には、作物としてのイネとその生産基盤としての水田が持つ、次に述べる特徴が密接に関係している。

## 2. 作物としてのイネの特徴

### 2-1 イネは幅広い環境に適応できる作物

**イネの生育に必要な気候条件**

　イネが生育を完結させるには、日平均気温が10℃度以上の期間において毎日の平均気温の積算値が約2400℃、そしてその間におよそ1000mm以上の降水量に相当する水が必要である。図1-1の稲作の分布は、これらの気候条件を満たす地域とほぼ重なっている。イネはこの気候のもとで、日平均気温が約12℃から40℃ぐらいまでの幅広い温度範囲で生育可能であるが、生長の適温は30℃前後の温度域にあり、さらに登熟期に限ると日平均気温22〜25℃のやや低い温度域で高い収量がえられる。このように、イネは高温を好む作物のようにみられがちであるが、収量の適温はやや低い温度域にある。実際、日本の多収稲作地域は秋田、山形、長野などにあり、四国や九州の収量はそれらに比べて低く、また熱帯のイネ1作当たりの収量は一般に温帯より低い。

　一方、イネには、収量を形成するうえで、低温、高温に最も弱くなる生育ステージがある。低温に関しては、出穂前10日頃の減数分裂期（厳密にいえば小胞子期）に当たる時期で、この時期に日平均気温が20℃を下回る日が数日続くと正常な花粉が作られず、不稔穎花が発生し冷害となる。高温に関しては出穂開花期で、この時期に最高気温が36℃を超える日が数日続くと受精が妨げられ、高温不稔が発生する。ただし、上に示した冷害や高温害が発生する限界温度は品種間で異なり、耐冷性の強い品種の冷害限界温度はこれより数度低く、高温耐性品種の高温害限界温度はこれより数度高い。

　世界の稲作の北限とされる中国黒竜江省黒河市は、冬期の最低気温が零下30℃、凍土が2mにも達する酷寒の地であるが、夏期高温の内陸性気候の短い夏に適応できる耐冷早熟品種を用いた稲作が行なわれている（写真1-2）。一方、アフリカのサハラ砂漠周辺のサヘル地域では、最高気温が45℃を越すような日が続くこと

**写真1-2** 世界の稲作北限地とされる中国黒竜江省黒河市(北緯50度)の水田

赤米など雑多な品種の混在がみられるが、これは自家採種で栽培を重ねるうちに耐冷性の強いイネが自然選抜されて残ったためと思われる。

もある酷暑のもとで灌漑稲作が行なわれている。このような砂漠周辺では空気が乾燥しているので、高温であっても、イネは水さえあれば蒸散を盛んに行ない、その気化熱で体温を気温より10℃近くも下げることによって生育を可能にしている。このようなイネのもつ特性が、幅広い気候帯での栽培を可能にしている。

## 水陸両生作物としてのイネ

作物としてみたイネの最大の特徴は、水分環境に対して幅広い適応力をもつことにある。コムギ、トウモロコシ、ダイズなどの畑作物は過湿土壌に弱く、土壌水分過多では生育が著しく阻害されるのに対し、イネは地表面が滞水するような条件下でも旺盛に生育するし、また滞水のない畑地でもよく生育する、水陸両生作物もしくは水陸両用作物(中川原1985)である。

イネが水の中でも畑地でも生育できるのは、イネには破生通気組織と呼ばれる空気の通り道となる隙間が、葉の付け根から茎を通って、根にまでつながっているためである(図1-2)。水を張った水田では、空気の流れが遮断されて土壌中の酸素が欠乏し、硫化水素などの還元生成物による根腐れが生じ、ひどい場合には作物は枯死する。イネは破生通気組織を通して葉から吸収した酸素を根にまで送り込むことができるため、湛水下でも根腐れの害をほとんど受けないが、破生通気組織の発達が劣る畑作物は、湛水が10日も続くと多く場合枯死する。東南アジアの大河川のデルタでは雨期に2mもの滞水が続く地域があるが、そこでも浮き稲を用いた稲作が行なわれている。浮き稲は水かさが増すにつれて節間を伸ばし、数枚の葉と穂を水面上に出して水に漂うようにして生育する(図1-3)。浮き稲は葉が水面上に出ている限り、葉から酸素を吸収して根に送り込むことで、このような深水での生育を可能にしている。浮き稲の中には5mを越す長さにまで成長するものもみられ

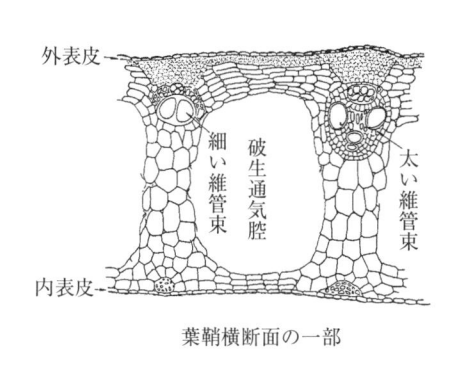

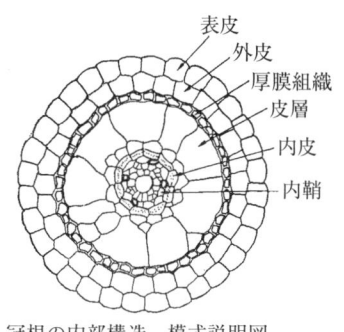

図1-2 イネの葉鞘（左）と冠根（右）の断面構造（星川清親 1975 を改写）

イネでは、葉で吸収した酸素が葉鞘の破生通気腔、稈および根の皮層（破生通気組織）を通して根面まで運ばれる。

る。

このように、イネが水の中でも畑地でもよく生育するという特性は他の作物にないものであり、作物としてみたイネの最大の特徴はこの水陸両生性にある。イネのこの特性が、アジア・アフリカの広い範囲で稲作を可能にしている。

**陸稲と水稲**

イネには水田で栽培される水稲と、畑地で栽培される陸稲の2つ

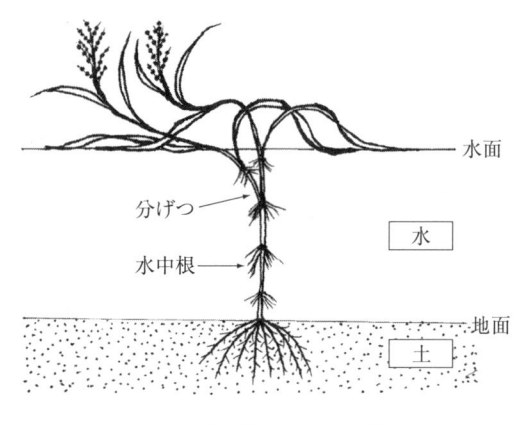

図1-3 浮きイネの外観

の生態型がある。一般に、陸稲は水稲よりも地中深くまで根を張ることができるので土壌の乾燥に耐える能力が高く、発芽後速やかに葉群を茂らせ、また草丈も高いので雑草との競合力に優れる。加えて陸稲は、畑条件で発生が多いいもち病への抵抗性も高い。これらの違いを反映して、湿潤土壌では水稲は陸稲よりも高い収量を示し、そして土壌が乾燥するにつれて両者とも収量は低下するが、水稲のほうがその低下の度合いが大きい。近年、水田と畑の両条件下で高い収量を示す畑水稲品種（エアロビックライス、Bouman ら 2001）が国際イネ研究所（IRRI）などで開発さ

IR55423-01　　　　　　　　タカナリ　　　　　　　Mak hin sung

**写真1-3**　国際イネ研究所（IRRI）で育成中の畑水稲品種（エアロビックライス）。IR55423-01（左）、インド型多収品種タカナリ（中）、ラオス在来陸稲品種マクヒンスン（右）の地上部と地下部〈写真提供：俵田智広〉

れ、注目されている。写真1-3に、ラオスの焼畑で栽培されている陸稲品種マクヒンスン（Mak hin sung）、日本で育成されたインド型の多収水稲品種タカナリ、およびIRRIで育成された多収性の畑水稲品種IR55423-01の、地上部と根の生育の違いを示した。陸稲マクヒンスンは分げつ数は少ないが草丈が高く、太い根を下方によく伸長させるのに対し、水稲のタカナリは分げつは多いものの草丈が低く、根を上層に片寄って分布させる。畑水稲品種IR55423-01では、地上部は水稲のタカナリ型の生育を示す一方で、密な根系を全層にわたりよく発達させる。

このようにイネ品種のもつ多様な生態型が、アジア・アフリカの多様な水環境への適応を可能にしている。

### 開花の日長反応と水環境適応性

イネが幅広い水環境に対して高い適応性をもつ仕組みとして、さらにイネ品種のもつ多様な日長反応性がある。イネは一般に、短い昼の長さに感応して花芽を分化

させる短日植物に分類されるが、その程度には大きな品種間差異があり、日長にほとんど感応しない中性型から、品種の要求する日長条件が満たされなければ永遠に花芽分化しない質的短日型まで、多様な品種分化が認められる。このイネ品種のもつ日長反応の多様性が、イネの水環境に対する適応の幅を広げている。その典型的な例が、雨期と乾期のある熱帯・亜熱帯で認められる。北半球の雨期は夏に相当し、イネは夏の盛りを過ぎて雨期が終わりに近づくころの短くなった日長に反応して花芽を分化させる。すなわち、イネは日長を雨期の終わりを示す季節信号としてとらえ、それに反応してそれまでの栄養成長から生殖成長に切り替えることで、水のある期間内に確実に生育を完結し次世代の種子を残すための巧みな仕組みを備えている。

図1-4に、タイの天水田で栽培される代表的な在来水稲品種カオドマリ105（Khaw Doc Mali 105；KDML105）およびIRRIで育成された日長感応性の低い多収性水稲品種IR36の、開花まで日数の日長に対する反応を示した。カオドマリ105は、12.8時間の限界日長を超える長日条件下では、永遠に開花しない質的短日型であるのに対し、IR36の開花反応は日長時間が14時間までは日長にほとんど影響されない中性型である。この両品種を、タイ東北部のコンケンで作期を変えて栽培したときの開花まで日数を図1-5に示した。強い日長反応性をもつカオドマリ105は4月から8月まで、いつ植えても雨期が終わりに近づく10月半ばに開花するのに対し、日長反応性の弱いIR36は、気温の高い熱帯・亜熱帯では植える時期にかかわらず、開花までの日数がほぼ一定しており、植え付け時期が遅れるとそ

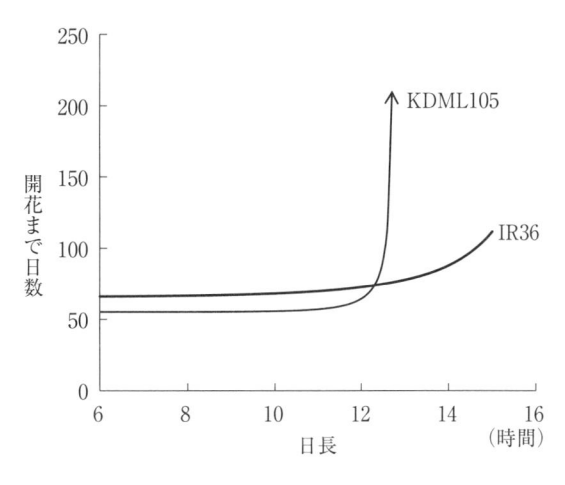

**図1-4** 改良インド型水稲品種IR36とタイ国在来品種カオドマリ105（KDML105）の開花まで日数に及ぼす日長の影響

KDML105は12.8時間以上の長日条件下では開花しないが、IR36の開花は日長にほとんど影響されない。

第Ⅰ部　アジア・アフリカの中のイネと稲作

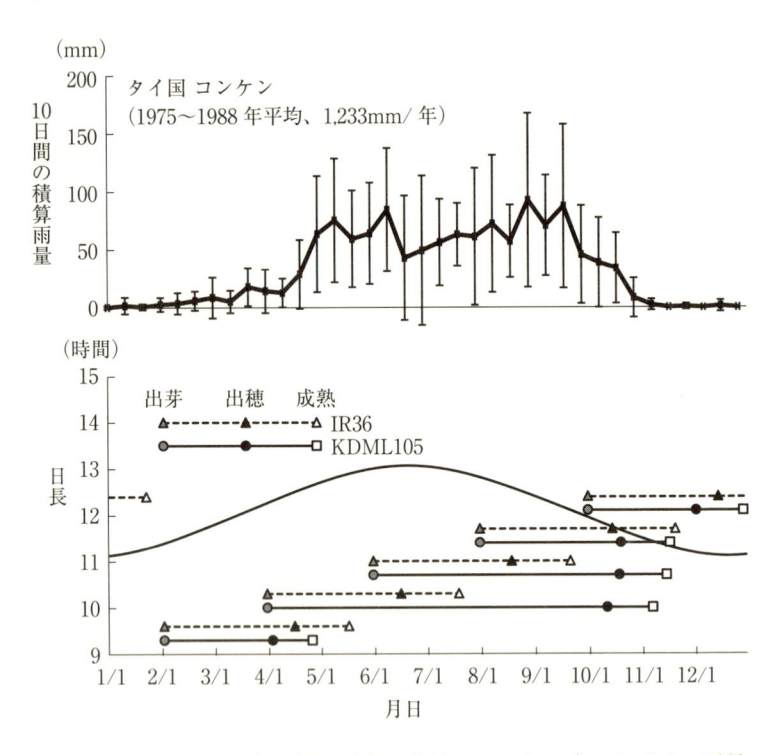

**図1-5**　タイ国東北部の天水田地域のコンケン市における、雨量とその標準偏差の季節変化（上）および日長時間の季節変化のもとで水稲品種IR36とKDML105を異なる作期で栽培したときの出穂日と成熟日（下）

水稲生育予測モデルSIMRIW（Horie 1987）による推定値。日長感受性の低いIR36はいつ播種しても生育期間は変わらないのに対し、日長感受性の高いKDML105は4月から8月まで、いつ播種しても出穂は10月中旬で変わらない。

れだけ開花も遅くなる。

　熱帯・亜熱帯では一般に雨期の始まりは年によって大きく変動するのに対し、その終わりは概して一定している。このような条件下で天水のみに依存してイネを栽培する場合、カオドマリ105は水のある期間内に生育を完結させることができ、大変好都合である。いっぽう、熱帯・亜熱帯でも灌漑栽培されるイネでは、日長反応性は無用であるだけでなく、冬（乾期）に栽培した場合、短い日長に反応して、植え付け直後の、イネがまだ小さいうちに花芽を分化し結実することになるので、生

産の妨げになる。この場合には、日長に反応しない中性型のIR36のような品種が用いられる。

　熱帯・亜熱帯地域で天水栽培に適応してきた在来品種は、それぞれの地域の雨期の終わり頃の日長時間に反応して出穂開花するという、カオドマリ105のような特性をもっているのに対し、灌漑栽培に用いられる近代的多収品種は、IR36のようにいつ植えても生育期間は変わらないという特性をもっている。このようにイネは日長反応に関して、多様な品種分化をとげることで、多様な水環境への適応を可能にしている。

## 2-2　優れた穀物としてのコメ

### 優れた必須アミノ酸バランス

　コメ（精白米）には約75％のデンプンと7％のタンパク質が含まれる。このタンパク質含量はトウモロコシ（約8％）と同等であるが、コムギ（約10％）やダイズ（約35％）に比べて劣る。しかし、十分な量のコメを摂取すれば、人間の生存に必要なタンパク質の量を満たすことができる。いま、人間の生存に必要とされる1日当たり30gのタンパク質量（FAOによる）を摂取するに必要なコメの量を求めてみると、30/0.07=429gとなる。このコメの摂取量は年間に換算すると、429×365/1000=156kgとなる。先に述べたミャンマー、ベトナム、バングラデシュの人々は年間1人平均150kgものコメを消費していることから、彼らはそれによって必要なタンパク質の大部分を摂取していることがわかる。日本人もかつてはこれに近い量のコメを食べていたが、それによって必要なタンパク質の大部分が供給されていた。

　コメの食物としてさらに優れた点は、そのアミノ酸バランスのよさにある。人間の生存には11種類のアミノ酸を食物として摂取する必要があるが、図1-6に示すように、コメはリジンがやや不足することを除けば、この必須アミノ酸を最もバランスよく含む穀物である。以上より、コメは人類が必要とするエネルギーとタンパク質をバランスよく供給できる栄養的に優れた食物であることがわかる。したがって十分な量のコメを摂取すれば、なにがしかの動物性タンパク質とミネラル、ビタミンなどを含む食物を加えることで、人間は十分に生活することができる。

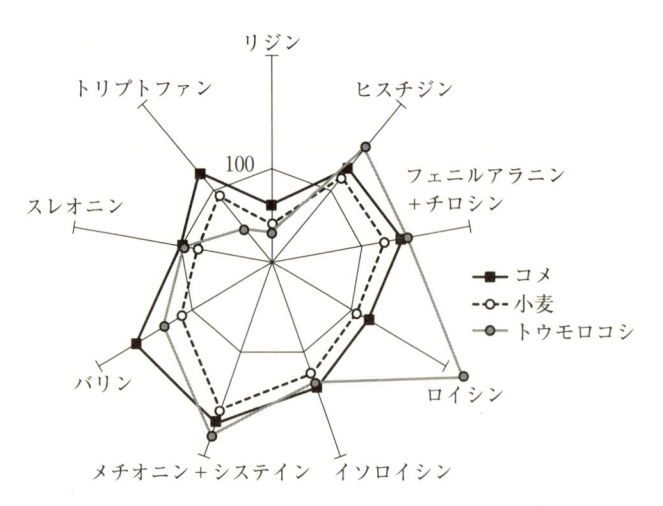

第 I 部　アジア・アフリカの中のイネと稲作

**図1-6** コメ、コムギ、トウモロコシのタンパク質の必須アミノ酸組成の分布（改訂栄養標準表、2004年より作図）

理想的な必須アミノ酸組成がそれぞれを100とする同心円で示されている。

## コメ品質の多様性

コメは品質において極めて大きな多様性が認められる。イネは遺伝的な特性に基づいて、日本型（ジャポニカあるいは温帯ジャポニカ）、インド型（インディカ）、ジャワ型（ジャバニカあるいは熱帯ジャポニカ）に大別される（写真1-4）。さらにこの各々のグループ内にも形質の異なるおびただしい数の品種があるため、コメには極めて大きな多様性がある（写真1-5）。

　日本人はもっぱら白いコメを食べているが、コメには白以外にも黄、赤、紫、黒など様々な色のものがある。さらにコメには、もち（糯）とうるち（粳）がある。この2つは、デンプンのアミロースとアミロペクチンの含量の比率で決まるものである。世界で栽培されるコメにはもち・うるち性に関し、デンプンのすべてがアミロペクチンで構成されアミロースを含まない完全なもちから、アミロース含量30％以上で、粘りけがないパサパサしたうるちにいたる様々なタイプが存在する。一方、もちコムギは、1995年に東北農業研究センターで交配により人為的に作出されるまでは存在しなかった。

　特有な香りをもつ香り米もある。先に述べたカオドマリ105やバスマテイは、東南アジアや南アジアでプレミアム価格のもとに取引される代表的な香りコメである。それぞれの民族の嗜好に応じて、様々なタイプのコメが食されている。例えば、中国雲南省南部からベトナム、ラオス、タイおよびミャンマーの北部にかけての一帯は、渡部（1977）が「もちイネ文化圏」と呼んだように、人々は年中もっぱ

第1章　イネと稲作の生産生態的特徴

**写真1-4　アジアイネの3タイプ**
左より右へ日本型水稲品種コシヒカリ、インド型多収水稲品種IR64およびジャワ型（熱帯ジャポニカ）陸稲品種Jaguaryの外観。

**写真1-5　多様な米品種**（写真提供：農研機構作物研究所）
上段左より右へ大粒「オオチカラ」、長粒「夢十色」、「日本晴」、低アミロース「ミルキークイーン」、もち「マンゲツモチ」、極小粒米「つぶゆき」、極小粒紫黒米「紫こぼし」の各品種。
下段左より右へ「日本晴」、紫黒米「朝紫」、「Kasalath」、赤米「紅衣」、巨大胚もち「めばえもち」、巨大胚「恋あずさ」の各品種。

らもちコメを食べている。

**優れた調理・加工適性**

コメの食物としてのもうひとつの優れた点は、その調理が簡単なことにある。すなわちコメはコムギやトウモロコシのように粉にひいてパンに焼く、といった手間のかかる作業は不要で、単に水を加えて炊くだけで食べられる。もちろん、コメも粉にひいて麺やパンに加工して食べることもできる。タイやベトナムではコメの麺が日常的に食べられており、最近日本でもコメ粉パンが注目されてきている。

これまで述べてきたように、コメは人間の生存に必要なエネルギーとタンパク質をバランスよく供給でき、また調理が容易であるだけでなく、多様な品質のものが様々な食品に加工できるので、先進国・途上国を問わず極めて優れた食物といえる。

## 2-3 イネは途上国への高い適応性をもつ作物

イネの生産が開発途上国で多い理由の1つは、すでに述べたイネのもつ幅広い環境適応性、特に水環境に対する適応性の高さにある。先進工業国と開発途上国とでは、工業の発達度合い、国民1人当たりのGDP、福祉や教育の普及度などの面での大きな差異に加え、国土を通過する水のコントロール度においてきわめて大きな違いが認められる。多くの先進工業国では、わが国に見られるように山に降った雨の多くはダムに貯えられ、網の目のように整備された河川や用排水施設を通して、農地の灌漑、工業、民生など様々な用途に配分利用できるようにコントロールされている。それに対し開発途上国では、水のコントロールがほとんどできない状況にある。例えばバングラデシュでは、雨期にはガンジス、ブラマプトラの両大河が氾濫し、国土の半分以上が水没し、乾期には水不足で旱ばつが起こる。これほど極端ではないにしろ、多くの途上国の農地は雨期に滞水、乾期に旱ばつを繰り返す。イネは、ムギ類やトウモロコシ、ダイズなどの畑作物と異なり、このような不安定な水環境のもとでも生育できる水陸両生作物である。

イネがアジア・アフリカの食料問題解決の鍵を握る作物として大きな期待が寄せられている最大の理由はイネの持つこの特性によるものである。

## 3. 水田稲作は最も優れた作物生産システム

### 3-1　高い生産性と安定性

　田に水を張ってイネを栽培する灌漑水田稲作は、人類がこれまでに創出した作物生産システムの中で最も持続性と安定性が高く、かつ生産性の高いシステムである。そのことは図1-7に示した、世界の異なる国・地域における最近の20年間の主要作物の収量の推移からも読み取れる。すなわち日本、中国および西アフリカのそれぞれにおいて、イネは収量が最も高く、また収量の年次トレンドに対する変動係数が小さい作物となっている。

　イネよりも高い効率で光合成を行なう装置（$C_4$光合成回路）を備え、高い生長速度をもつトウモロコシを灌漑栽培するアメリカでは、イネは収量ではトウモロコシに若干劣るものの、収量の変動係数はトウモロコシの2分の1以下であって、安定性において優れている。これは、水田に水をたたえてイネを栽培する灌漑水田稲作では、旱ばつによる収量低下がないことに加え、水によって雑草や土壌病原菌の発生を抑制することができるからである。トウモロコシやダイズを除草しないで栽培した場合、収穫皆無に近い雑草害をうけるが、水田稲作では、無除草でも収量減は多くの場合30〜40％にとどまる（Mercado 1979）。その理由は、畑では$C_4$光合成回路をもつメヒシバ、オヒシバ、チガヤ、アカザなど生育が極めて旺盛な雑草が繁茂するが、$C_4$光合成回路をもつこれら強害草は、ヒエなどごく一部を除き、水を張った水田では生きられないためである。水田稲作の収量とその安定性が高いのは、水田のもつこの優れた特性によるものである。

### 3-2　高い生産持続性

　水田稲作は短期的な収量変動が小さいばかりではなく、長期にわたる生産の持続性に優れた生産システムでもある。すなわち、コムギやトウモロコシなどの畑作では、毎年同じ作物を連作すると年とともに収量は次第に低下し、ついには収穫皆無に近い減収を招き、いわゆる連作障害が発生する。連作障害はその作物に特異的な線虫や病原菌など有害微生物の増加、特定の土壌養分の減少、あるいは作物から分

第Ⅰ部　アジア・アフリカの中のイネと稲作

(t/ha)
西アフリカ16ヵ国

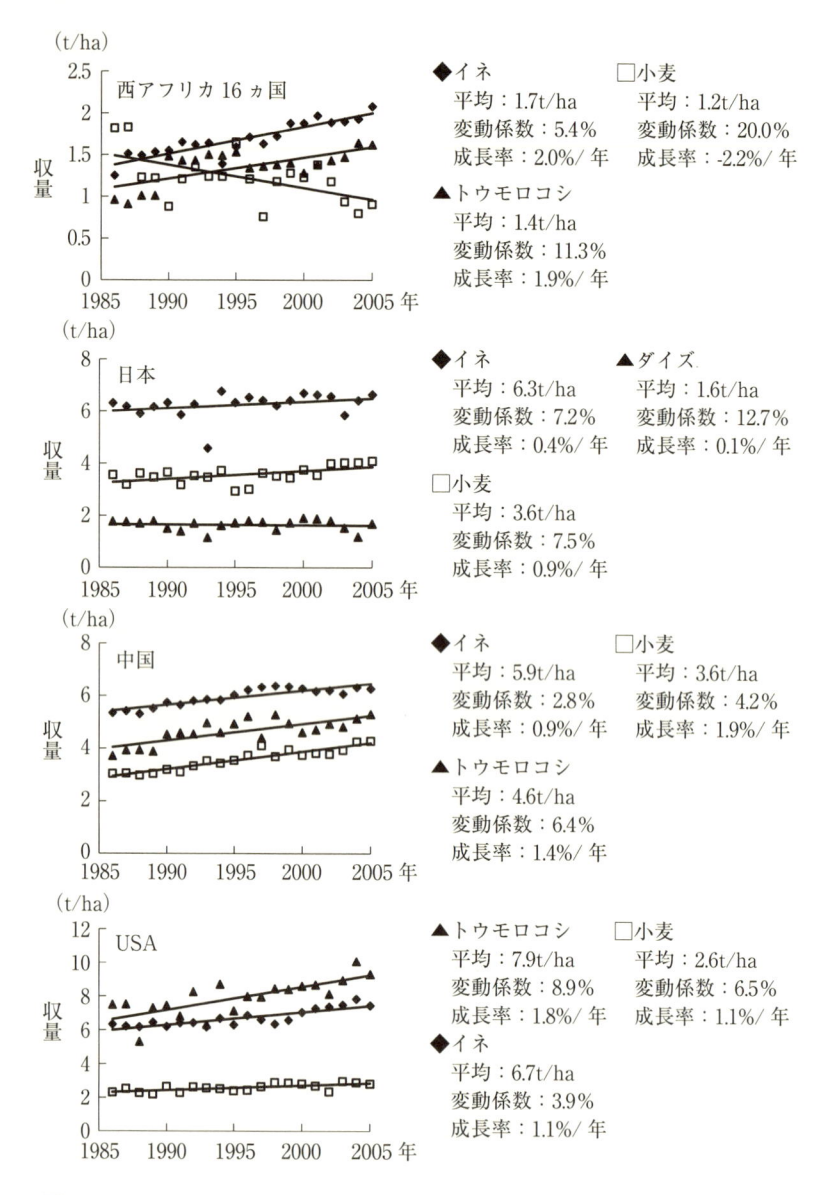

◆イネ
平均：1.7t/ha
変動係数：5.4%
成長率：2.0%/年

□小麦
平均：1.2t/ha
変動係数：20.0%
成長率：-2.2%/年

▲トウモロコシ
平均：1.4t/ha
変動係数：11.3%
成長率：1.9%/年

(t/ha)
日本

◆イネ
平均：6.3t/ha
変動係数：7.2%
成長率：0.4%/年

▲ダイズ
平均：1.6t/ha
変動係数：12.7%
成長率：0.1%/年

□小麦
平均：3.6t/ha
変動係数：7.5%
成長率：0.9%/年

(t/ha)
中国

◆イネ
平均：5.9t/ha
変動係数：2.8%
成長率：0.9%/年

□小麦
平均：3.6t/ha
変動係数：4.2%
成長率：1.9%/年

▲トウモロコシ
平均：4.6t/ha
変動係数：6.4%
成長率：1.4%/年

(t/ha)
USA

▲トウモロコシ
平均：7.9t/ha
変動係数：8.9%
成長率：1.8%/年

□小麦
平均：2.6t/ha
変動係数：6.5%
成長率：1.1%/年

◆イネ
平均：6.7t/ha
変動係数：3.9%
成長率：1.1%/年

図1-7　西アフリカ16ヵ国、中国、日本、アメリカ（USA）の主要穀物の単収の年次変化（FAO 2008より作成）

それぞれの国の作物について、単収の年次変化のトレンドの勾配から求めた成長率と、トレンドからの偏差から求めた変動係数が示されている。

泌される有害物質の土壌蓄積が原因で発生する。それゆえ、ヨーロッパの畑作農業では、ローマ時代の二圃式農業、中世の三圃式農業、近世のノーフォーク式農業と、1つの圃場に作物を栽培しない休閑年を設けたり、あるいは年毎にコムギやトウモロコシなどの穀物、マメ類、イモ類、牧草など、異なる作物をローテーション栽培する輪作を基本として発達してきた。

　ところが、水田では毎年イネを作り続けても基本的に連作障害はない。適切に管理されてきた日本の水田では、数百年にわたってイネが作り続けられているにもかかわらず、ごく一部の例外を除き、畑作でみられるような連作障害はみられない。それどころか、熱帯では、1年にイネを2、3回栽培する2期作、3期作が行なわれてきている。さらに水田稲作では、肥料無投入のもとでも畑作に比べて高い収量を維持することができる。ヨーロッパ、アメリカで行なわれているコムギ、トウモロコシの長期無肥料栽培試験では、年数を重ねるにつれ無施肥区の収量は施肥区のそれの20％程度になるのに対し、滋賀県の農家水田で50年以上にわたって続けられた水稲の無施肥・無農薬栽培の収量は、施肥区のそれの70％以上に維持されていた（堀江 2001）。日本各地で行なわれた肥料試験を整理した結果（川崎 1953）でも、水田でイネを無肥料栽培したときの収量は施肥栽培のそれの78％であるのに対し、畑作のムギでのそれは39％であった。

　水田稲作で連作障害がないばかりか、無肥料でも高い収量が維持されるのは、すべて水を湛えた水田で形成される特有の環境によるものである。すなわち、湛水下の水田では空気中の酸素の土壌への供給が妨げられ土壌は還元状態になるので、①好気的な環境を好む土壌中の有害微生物の多くは増殖が抑えられること、②有機物の酸化による分解が抑制され地力の消耗が少ないこと、③灌漑水とともに作物の成長に必要な養分が供給されること、および④水と土壌の境界面には様々な生物からなる豊かな生態系が形成され、その中には大気中の窒素を固定してイネに供給するなど有用な働きをするものもあること、などによるものである。

　①に関し、畑地で同じ作物を連作するとしばしば萎凋病や青枯病など好気性の土壌病害が発生し、作物に重大な被害を与えることがあるが、湛水した水田の嫌気的土壌ではそれらの病原菌の増殖が抑制される。

　②の水田が畑に比べて地力消耗が少ないことは、図1-8に示した水田から畑への長期転換試験の結果からも読み取れる。水田を畑に換えてダイズを連作すると、

第Ⅰ部　アジア・アフリカの中のイネと稲作

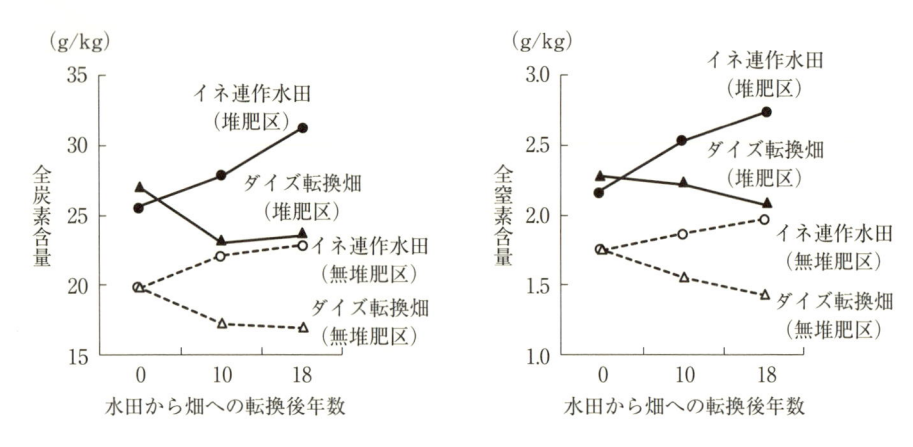

**図1-8**　イネ連作水田とダイズを連作した水田転換畑の全炭素含量（左）と全窒素含量（右）の、転換後の経年変化とそれに及ぼす堆肥施用の影響（住田弘一ら 2005）

多少の堆肥を投入したとしても土壌中の全炭素や窒素が減少し続ける。一方、イネを連作した水田では、堆肥無投入でもこれら2つの土壌成分は増加を続け、堆肥を投入するとその効果はさらに高まる。このことは畑が養分消耗的であるのに対し、水田は養分蓄積的であることを示している。

③の灌漑水による養分供給に関し、イネ1作当たり約1000mm（1000トン/10a）の水が灌漑されるが、日本の平均的な河川水の場合、これに伴って10a当たり8.8kgのカルシウム、1.9kgのマグネシウム、1.2kgのカリウムと19kgのケイ酸が水田にもたらされる（久馬 1987）。これらの流入量はイネが必要とする量に対し、カルシウム、マグネシウムで大きく上回り、カリウム、ケイ酸で20～30%に相当する。

④の有用微生物に関し、水田土壌と水の境界面には、窒素固定を行なう藍藻類などの光合成細菌や従属栄養微生物が活発に活動する、ミクロな生態系が形成される。これら微生物による窒素固定量は3～4kg/10a（久馬 1987）にもおよび、これは通常のイネ1作の吸収量の20%にも相当する。

水田のもつこのように優れた特性が、水田稲作の高い生産機能とその持続性を支えている。水田稲作のもつこの優れた特性こそ、資源が乏しく人口増加の著しい、多くの途上国の農業発展に最も必要とされるものである。

第 1 章　イネと稲作の生産生態的特徴

## 4. 稲作の収量を決定する要因

　本書全体を貫く中心的な課題は、アジア・アフリカのいくつかの特徴的な地域稲作を対象に、その単位土地面積当たりのイネの生産性すなわち収量がどのような要因に支配されているかを明らかにし、その改善の道筋を探ることにある。それについて分析を進めるうえでの基盤となる、稲作の収量がどのような要因に支配され決定されるかについての大筋をここに述べたい。

### 4-1　収量を支配する品種と環境

　イネの収量を決めるのは品種なのか環境なのか、という質問を受けることがある。この問いに答える意味で、筆者らがアジアの幅広い環境のもとで行なった、品種・地域比較栽培試験の結果を基に、イネ収量の支配要因について説明しよう。
　このイネ生育・収量の品種・地域比較試験は、2001、2002年の両年に、図1-9に示すように、北は岩手県北上市（北緯39°）から南はタイ国のウボンラチャタニ市（北緯15°）にいたる、気候が大きく異なる8地点に、水稲9品種を十分な肥培

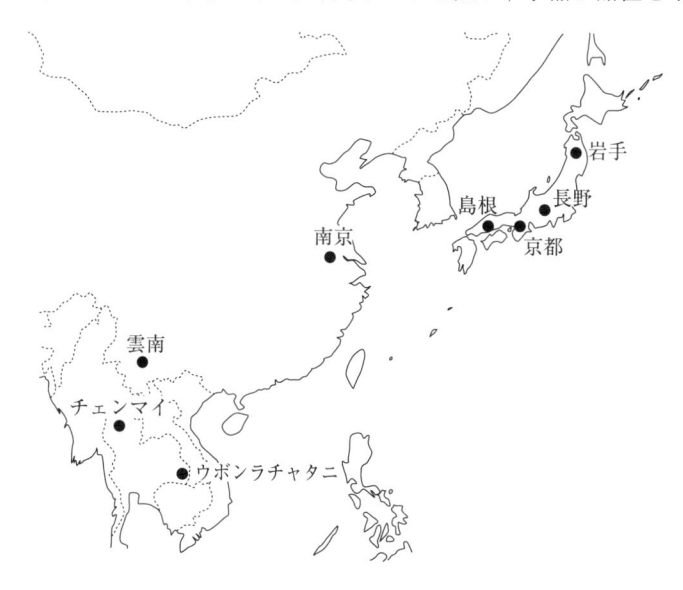

図1-9　アジアを対象にしたイネの品種・地域比較栽培試験の試験地

第Ⅰ部　アジア・アフリカの中のイネと稲作

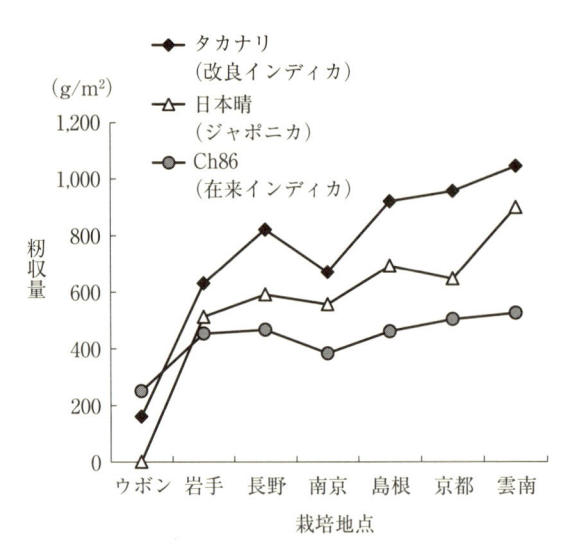

図1-10　アジアの異なる試験地における水稲品種タカナリ（改良インディカ）、日本晴（ジャポニカ）、Ch86（在来インディカ）の籾乾物収量（堀江ら2003より改写）

写真1-6　イネ品種・地域比較栽培試験の中国雲南試験地の栽培の様子

標高1200mの高地にあるこの試験地はアジアの最多収稲作地域の1つ。試験には中国在来のインド型品種Ch86、インド型多収品種タカナリなど10品種を供試した。

管理のもとに栽培して行なわれた（堀江ら2003）。図1-10に、その試験から得られた収量を、代表的な3品種、すなわちインド型多収品種のタカナリ、日本の標準品種の日本晴およびインド型の在来品種Ch86について、チェンマイを除いて、収量の高い地点順に並べて示した。全品種混みにして最も高い収量が得られた試験地は中国の雲南省永勝県涛源村（北緯26°）で、試験水田は標高約1200mにあり、亜熱帯の高地特有の強い日射、日較差の大きい気温に加え、堆肥多投によって土壌も肥沃であり、アジアでのイネの最多収地域（Yingら1998）とされるところである（写真1-6）。この試験地で、籾の乾物重で表した収量（通常の14%水分で表示される玄米収量とほぼ同等）はタカナリ、日本晴、Ch86でそれぞれ10.4、9.0、および5.3t/haであった。このように好適な環境条件下では、多収品種と在来品種とでは収量に2倍

もの差異が認められた。

　しかし、多収品種と在来品種の収量差は低収地域に移るにつれ次第に小さくなり、最も収量の低かった試験地であるタイのウボンラチャタニでは、在来品種が多収品種の収量を上回った。熱帯のウボンラチャタニの試験地は、イネの収量形成には高すぎる30℃前後の気温と、肥料を加えてもすぐ溶脱する砂質でやせた土壌で、イネ生産には劣悪な環境に属する。

　この例も含めて、一般に、イネ収量は環境と品種（遺伝子型）の相互作用によって決まること、多収品種の多収性は生育に好適な条件下で強く表れること、およびアジアのような広い環境を対象にした場合、収量は品種よりも環境により強く支配されるということができる。

## 4-2　多収品種はなぜ多収か

　イネ収量には大きな品種間差異が存在するが、その違いはどこから生じているのであろうか。この問いは作物研究者を引きつけてやまない課題であり、作物学、生理学、遺伝育種学、分子生物学などあらゆる側面から取り組まれてきた。それらを踏まえてこの問いに答えようとすると、それだけでゆうに1冊の書物に収まりきれないことになる。ここではアジア・アフリカ稲作の生産生態の理解に必要な、イネ品種の収量性を支配する要因について要点を述べる。

　イネを含めて、一般に植物の生長は、光合成反応により水と二酸化炭素を主原料にして作られる有機物が蓄積されていく過程ととらえることができる。ある植物群が1つのライフサイクルにおいて生産した有機物の総量はバイオマス収量とよばれ、それは成熟期の単位面積当たりの全植物体の乾物重としてとらえられる。われわれが収量とよんでいるのは玄米や塊根などバイオマス収量の一部である。バイオマス収量に占める玄米や塊根の収量の割合を収穫指数という。イネをこの図式に従って表せば、

　　玄米収量＝［収穫指数］×［バイオマス収量］…………（図式1）

と表すことができる。先に説明したアジア各地で行なったイネの品種・地域比較栽培試験で得られた全地点・年次の生育・収量データのうち、図1-10に示した3品種について、籾収量とバイオマス収量の関係を図1-11に示した。

図1-11より、多収品種と低収品種とではバイオマス収量にも違いがあるが、それよりも大きな違いは収穫指数にあることがわかる。実際、多収品種タカナリは生産した全有機物量の50%が籾に配分されるのに対し、低収品種Ch86ではその値はわずか34%にすぎない。この両品種の収穫指数の違いは、主として籾数と草型にある。タカナリは籾を多く分化させる能力が高く、低い草丈と直立葉の草型であるのに対し、Ch86は籾を分化させる能力が低く、高い草丈と湾曲葉の草型である（写真1-6）。低い草丈は重い穂をつけても倒伏し難いことに加え、光合成産物の稈への配分を減らして、その分を籾に割り当てることができる。直立葉は、収量の決まる生育後半になって葉が混み合った群落となったときに光を下葉までよく通すことで、イネ群落全体の光合成能力を高める上で有利である。タカナリのこのように優れた草型は、半矮性遺伝子の働きによるものである。最近、タカナリのように籾を多く分化させる能力に、植物ホルモンの一種サイトカイニンの分解を抑制する遺伝子の関与が示されている（Ashikariら 2005）。

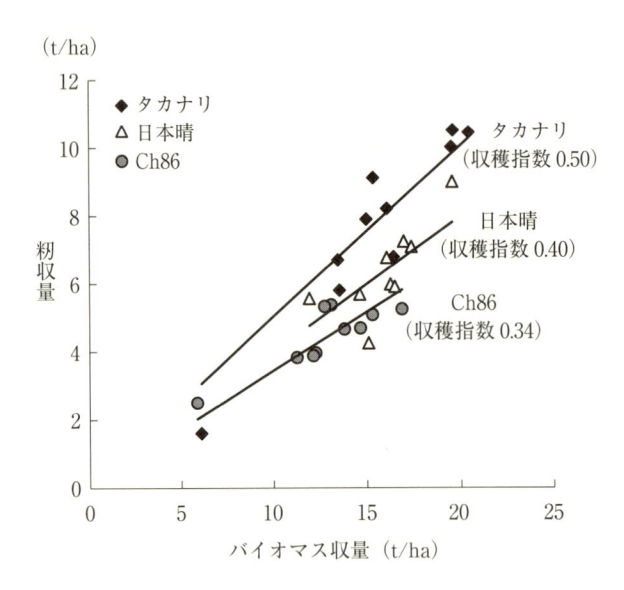

**図1-11** 水稲品種タカナリ、日本晴、Ch86を、図1-9に示したアジアの異なる試験地で栽培して得られたバイオマス収量と籾収量の関係

一方、タカナリとCh86にみられるバイオマス収量の違いは、両品種の群落光合成能力の違いによるものであり、それには先に説明した草型に加え、個葉の光合成能力の違いを反映している。タカナリはCh86よりも高い個葉光合成能力をもつが、それは主として葉身の窒素濃度（したがって高い炭酸固定酵素含量）と、二酸化炭素取り入れ口である気孔の拡散伝導度の両者が高いことに基づいている（Horieら 2003）。

この例からわかるように、多収品種がその能力を発揮するためには、高い窒素濃度をもつ葉が十分に生い茂ることが必要であり、それには十分な窒素施肥が必要である。さらに過不足のない水の供給や、病害虫・雑草防除も必要である。このような条件が整わない場合、近代的多収品種はその能力を発揮することができず、収量が在来品種に劣ることもありうる。

## 4-3 収量は資源の獲得量に支配される

作物収量が環境に大きく左右されるのは、収量は環境(土地)から供給される生長に必要な物質やエネルギーなど、資源の獲得量に支配されるためである。そのことを太陽エネルギーについて、先に述べたアジアでの水稲生育・収量の品種・地域比較栽培試験のデータをもとに調べてみよう。

この比較栽培試験では品種、地域、年次により収量に極めて大きな違いが見られたが、玄米収量のもとになるバイオマス収量と、それぞれのイネ品種が一生の間に受光した太陽エネルギーの総量の間には比例関係が認められた(図1-12)。つまり、単位面積当たりのイネのバイオマス収量ひいては玄米収量は、一生の間に受光した太陽エネルギーの量に比例し(堀江・桜谷 1985)、その比例係数を太陽エネルギー変換効率という。ここで太陽エネルギーの受光量は、その供給量と受光率の積として与えられる。作物の生長が太陽エネルギーの獲得量に比例するのは、植物の有機物生産(生長)が太陽光をエネルギー源とする光合成反応に基づいているからである。

今まで述べたことを整理すると、次のようになる。

玄米収量 ＝［収穫指数］×［バイオマス収量］
　　　　＝［収穫指数］×［エネルギー変換効率］×［受光率］×［太陽エネルギー供給量］……(図式2)

ここで、収穫指数、エネルギー変換効率および受光率は、温度などの環境条件とともに、品種、施肥・水管理などの栽培技術の影響を受ける係数である。この図式より、これらの諸係数を同一とした場合、収量は究極的には太陽エネルギーの供給量に支配されることになる。太陽エネルギーの供給量には大きな地域間差異があり、砂漠あるいはその周辺地域で特に大きい。実際、カリフォルニア(写真1-7)、エジプト、オーストラリアなど砂漠周辺で灌漑栽培される水稲が非常に高い収量を

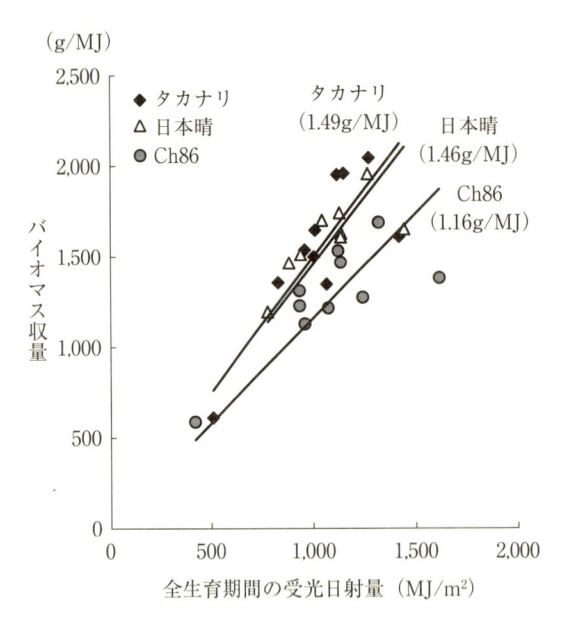

第Ⅰ部　アジア・アフリカの中のイネと稲作

**図1-12**　水稲品種タカナリ、日本晴、Ch86を、図1-9に示したアジアの異なる試験地で栽培して得られた全生育期間の受光日射量とバイオマス収量の関係

**写真1-7**　カリフォルニアの水田風景
等高線に沿って畦を作り、航空機を利用した湛水直播栽培が行なわれ、玄米収量750kg/10aの多収が得られている。

示すのはこのためである。

作物収量が資源獲得量に比例することは、水についてもいえる。作物のバイオマス収量が、大気の乾燥度で補正した蒸散量（したがって給水量）に比例することが分かっている（堀江1993）。イネ収量の大きな支配要因である窒素の獲得量（吸収量）と収量の間には、その獲得量があるレベルに達するまでは比例関係が存在するが、そのレベルを超すと、収量は頭打ち傾向を示すようになる（図1-13）。これは窒素獲得量があるレベルを超すと、収量は次第に太陽エネルギーなど窒素以外の要因に制限されるようになるためである。カリウムやリン酸など他の栄養素についても、その獲得量と収量の関係は図1-13に示した窒素に類似している。

図1-13で、在来品種のCh86の収量は低い窒素吸収量で頭打ちになるが、これは過剰な窒素吸収によって葉や草丈が伸びすぎて、過繁茂や倒伏

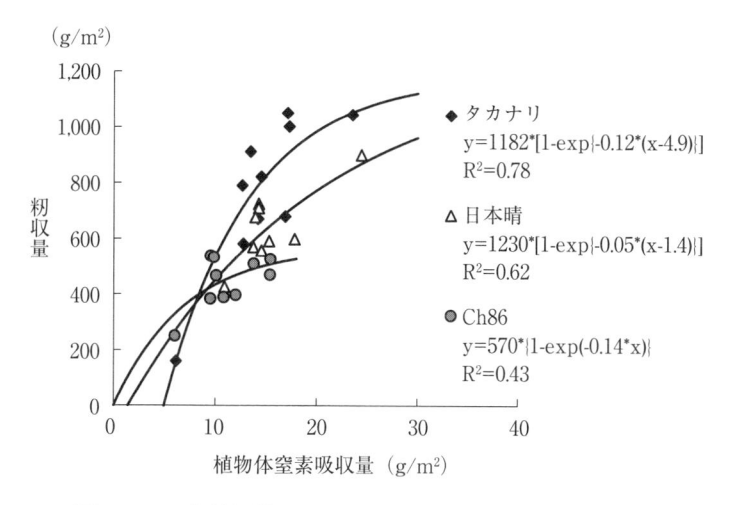

第1章 イネと稲作の生産生態的特徴

(グラフ)

◆ タカナリ
$y=1182*[1-\exp[-0.12*(x-4.9)]]$
$R^2=0.78$

△ 日本晴
$y=1230*[1-\exp[-0.05*(x-1.4)]]$
$R^2=0.62$

● Ch86
$y=570*[1-\exp(-0.14*x)]$
$R^2=0.43$

縦軸：籾収量（g/m²）
横軸：植物体窒素吸収量（g/m²）

図1-13 水稲品種タカナリ、日本晴、Ch86を、図1-9に示したアジアの異なる試験地で栽培して得られた窒素吸収量と籾収量の関係

の害を受けるためである。半矮性遺伝子をもつタカナリや日本晴では、窒素吸収量がかなり大きくならない限りそのような害は発生しない。これらの品種は、すでに述べたように高い窒素吸収のもとで高い収量性を発揮する。

以上のように、イネ収量は生長に必要な物質やエネルギーなど資源の獲得量に支配され、その獲得量は品種や栽培技術とともに、土地のもつ資源の供給力に支配されるところが大きい。稲作をアジアの広がりの中でみた場合、このことがイネ収量に大きな地域間差異を生じさせる大きな要因となっている。

### 4-4 稲作収量の決定要因

以上を踏まえて、それぞれの場所において、稲作の単位土地面積当たりの生産性すなわち収量がどのようにして決定されるかを、図1-14に示した模式図をもとに説明しよう。

作物が本来もっている生産能力はしばしば遺伝的最大収量とよばれ、それは多収性の作物品種が十分に高い日射量など、最適な環境条件下で生育したときの収量として定義される。この遺伝的最大収量は多分に仮想的なものであるが、私たちが考

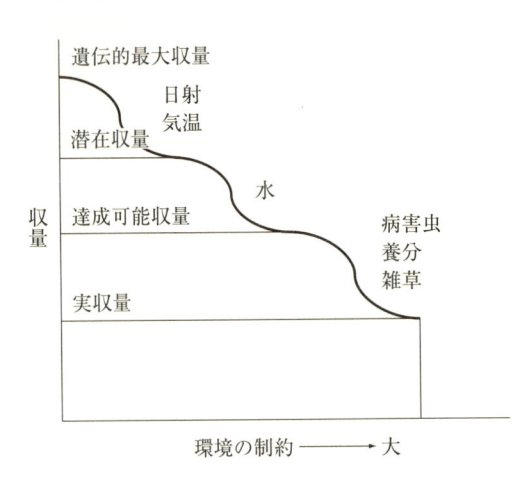

図1-14 様々な環境の制約がイネ収量に及ぼす影響の模式図
上位に位置する環境要素ほど人間による制御が困難。

える以上に高いものであることは間違いない。実際の作物収量は図1-14に示すように、人間による制御が可能なものから不可能なものまで、様々な環境の影響を受けた結果として成立する。すなわち、作物はその生育に好適な環境から外れるほど、生育への環境による制約が大きくなり、収量は低下する。図1-14で上位に位置する環境要素ほど人間の制御が困難な要素である。

これら環境要素のうち、主として作物の生育期間の長さを支配する気温と、生長に必要なエネルギー源となる日射は地域賦存のものである。それぞれの地域において、その地域の気候のもつ気温と日射条件を最大に活用できる品種を用い、水、養分、病害虫・雑草の管理を最適に行なったときに期待される収量は、「潜在(ポテンシャル)収量」とよばれる。各地域の稲作の潜在収量(籾の乾物収量)は、これまでの多収記録やモデルによる評価 (Horie 1987) などからみて、先に述べた温帯の砂漠地周辺の灌漑栽培でおよそ18t/ha、日本の本州で12t/ha、熱帯の乾期作と雨期作でそれぞれ12t/haおよび9t/ha程度と推定される。これより、作物収量の上限を決めるのは地域の気候ということができる。

しかしアジア・アフリカの広がりの中で稲作をみたとき、日本のように水が自由にコントロールできる灌漑稲作は約50%であり、残りは水供給が不安定な天水栽培や半灌漑栽培である。そこでの稲作収量は気温、日射に加え水供給によって制限される。各地域のこのような条件下での最大収量は、しばしば「達成可能収量」とよばれる。実際の農家の収量はこれに加え、さらに養分不足、病害虫や雑草、高・低温ストレスへの対応など栽培技術に応じて決まるが、それは「実収量」とよばれる。このように農家での稲作の実収量は、大きくはその土地の環境と、それに適応するための品種選択を含む様々な生産技術によって決定される。

各地域の実収量と潜在収量の間には大きな違い（ギャップ）が認められる。現在の日本の稲作でも実収量は潜在収量の約2分の1であり、多くの途上国ではそれは3分の1ないしはそれ以下であって、生産技術の改善によって生産性を高めうる余地は極めて大きい。しかし、アジア・アフリカの地域稲作の環境は極めて多様であり、しかもその環境も降水量にみられるように大きな年次変動を伴っている。そこでの潜在収量と実収量のギャップは、単に多収品種の導入や施肥量を増やすといった画一的技術で埋めることは困難である。このギャップを埋めるには、それぞれの地域稲作の生産生態を調査・分析し、生産阻害要因を明らかにしていくことから始めなければならない。

## 引用文献

Ashikari M. ら (2005) Cytokinin oxidase regulates rice grain production. Science 309: 741-745.

Carpenter A. J. (1978) The history of rice in Africa. In: Burdenhagen and Persley (eds.), Rice in Africa. Academic Press, London, pp.3-10.

久馬一剛（1987）土と稲作―水田選択の条件―．渡部忠世責任編集，稲のアジア史1．アジア稲作文化の生態基盤．小学館，pp.111-136.

川崎一郎（1953）日本主要耕地における三要素天然供給力．日本農業研究所，pp.6.

佐々木高明（1987）稲作文化の伝来と展開―照葉樹林文化と日本の稲作―．渡部忠世責任編集，稲のアジア史3―アジアの中の日本稲作文化．小学館，pp.41-96.

佐藤洋一郎（1992）稲のきた道．裳華房．

住田弘一ら（2005）田畑輪換の繰り返しや長期畑転換に伴う転作大豆の生産力低下と土壌肥沃度の変化．東北農業研究 103; 39-52.

高谷好一（1978）水田の景観学的分類．農耕の技術 1: 5-42.

中川原捷洋（1985）稲と稲作のふるさと．古今書院．

星川清親（1985）作物．養賢堂．

星川清親（1975）イネの生長．農文協．

堀江武・桜谷哲夫（1985）イネの生長の気象的評価・予測法に関する研究．個体群の吸収日射と乾物生産の関係．農業気象 40: 331-342.

Horie T. (1987) A model for evaluating climatic productivity and water balance of irrigated rice and its application to Southeast Asia. Southeast Asian Studies, Kyoto University, 25: 62-74.

堀江武（2001）食料・環境の近未来と作物生産技術の基本的な発展方向．農耕の技術と文

化, 23: 1-42.

Horie T. ら (2003) Physiological traits associated with high yield potential in rice. In: Mew T.W. et al., (eds.) Rice Science : Innovations and Impact for Livelihood. IRRI, Los Banos, pp.117-145.

堀江武ら (2003) アジア広域環境下におけるイネの生育・収量形成の遺伝子型・環境相互作用の解析 1. 日本作物学会紀事, 72 別号 2: 88-89.

Bouman B. A. M. (2001) Water efficient management strategies in rice production. IRRI Research Notes, 16: 17-22.

Mercado BL (1979) Introduction of Weed Science. Southeast Asian Regional Center for Graduate Study and Research in Agriculture. Laguna, Philippines. p.292.

Ying J. Y. ら (1998) Comparison of high-yield rice in tropical and subtropical environments I. Determinants of grain and dry matter yields. Field Crops Res., 57: 71-84.

渡部忠世 (1977) 稲の道. 日本放送出版協会. p.226.

渡部忠世 (1983) アジア稲作の系譜. 法政大学出版局, pp.60.

# 第2章　アジア・アフリカ稲作の多様な生産生態と課題

堀江　武

　私たち日本人が見慣れている稲作は、畦で囲って整然と区割りされた水田に水を引き込み、規則正しく一定間隔で移植した苗を育てる灌漑移植栽培稲作である。しかし、アジア・アフリカ地域を見渡したとき、このような稲作はむしろ例外に属し、山の斜面の叢林を焼き払って行なわれる焼畑稲作、丘陵地の窪地を畦で囲い降った雨をためて行なわれる天水田稲作、あるいは大河川河口のデルタで、雨期には1mを超す氾濫水が滞留する土地で行なわれる深水稲作など、様々な形の稲作が営まれている。そのいずれもが、引き続く人口増と貨幣経済の浸透に伴って増産が求められる一方で、水や土地などの資源制約の強まり、あるいは進まない生産インフラ整備と技術普及などにより、生産は低迷している。このことが農村の貧困や地域環境の破壊など様々な問題を生じさせている。

　本章ではアジア・アフリカの地域別にみたコメ生産と消費の動向を俯瞰し、次に主要な稲作類型についてその生産生態と直面する問題について述べる。さらにそれら多様な生産生態を稲作の発展段階という視点で捉え、持続的発展に向けた課題を述べたい。

## 1. アジア・アフリカの地域別コメ生産と消費の動向

### 1-1　逼迫するコメ需給と食料危機

　アジア、アフリカの地域別にみた、1960年以降のコメの生産と消費の動向を図2-1に示した。図に示したアジアの3地域とも、コメの生産量と消費量はともに、1960年から今日までの間に約3倍に増加した。この生産量の増加は、日本、中国、韓国などの東アジアでは大部分が収量の増加によるものであるのに対し、ベトナ

第Ⅰ部　アジア・アフリカの中のイネと稲作

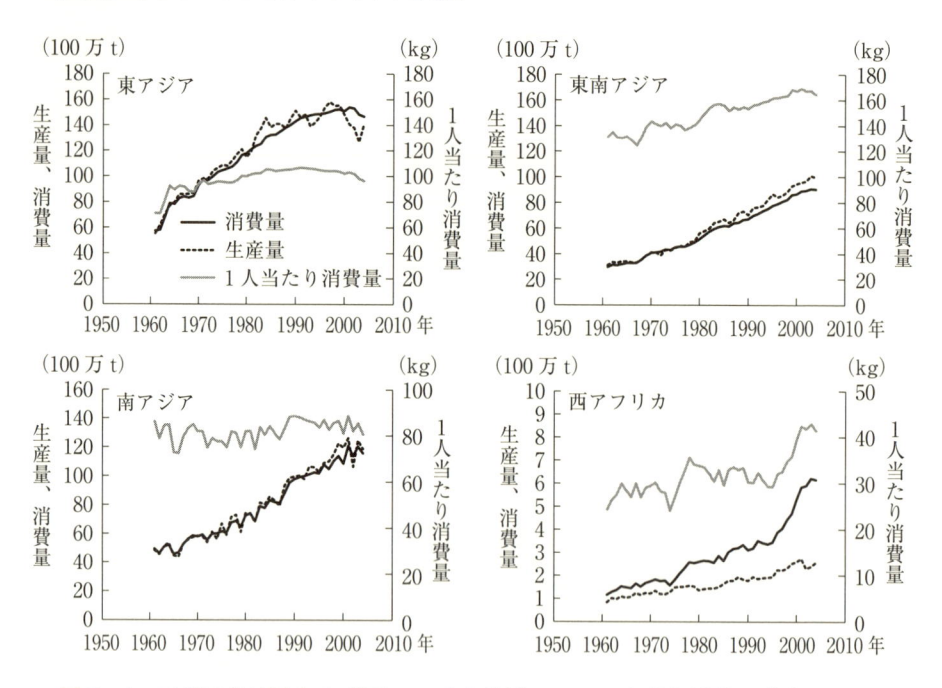

**図2-1**　アジア各地域および西アフリカ地域のコメの生産と消費の動向（FAO 2010をもとに作図）

ム、タイ、インドネシアなどを含む東南アジアおよびインド、バングラデシュ、パキスタンなどの南アジアでは、収量とイネ栽培面積の両者の増加によるものである。

ところが、生産量の増加が人口1人当たりの消費量の増加につながっているのは東南アジアのみであり、東アジア、南アジアではそれが認められない。この後者2つのアジア地域では、コメ生産は人口増加とほぼ同一速度で増加した。しかし、南アジアでは1人当たりのコメ消費量が約80kgの低い水準で停滞していることから、生産量がコメ消費量を制限していることがうかがえる。一方、東アジアでは、日本にみられるような食の多様化が、コメの消費量の増加を抑えているとみることができる。他方、西アフリカではコメの消費量は生産量を上回るスピードで増加を続けており、それに伴い輸入量が年々増加している。東南アジアは地域としてはコメ生産量が消費量を上回っているが、それはタイ、ベトナム、ミャンマーなど一部の国によるものであり、フィリピン、インドネシアなどはコメの輸入国であって、コ

メ事情は国によって大きく異なる。

　この図から浮かび上がってくるのは、アジア、アフリカでコメの輸出余力のある地域は東南アジアの一部の国のみであり、西アフリカと南アジアは慢性的なコメ不足の地域という現実である。このようにコメの需給関係が世界的に逼迫しだした状況のなかで、2008年にコメの国際価格の異常な急騰と、それによる食料危機が発生した。それまで1トン当たり3万〜4万円で推移していたコメの国際価格は2008年になって急激に上昇し始め、ピーク時には当初価格の3倍にも達した。その価格高騰の影響を受けて、ベトナム、インドなど、コメ主要輸出国はその輸出規制措置を発動し、コメ輸入国のフィリピンやアフリカ諸国に深刻な食料危機がもたらされたことは記憶に新しい。

　このコメ国際価格の急騰は、それに先立つ原油価格の高騰、トウモロコシのバイオ燃料への振り向け、投機的資金の穀物市場への流入が直接的原因とされているが、その背後には上に述べた世界のコメの需給関係の逼迫がある。実際、前世紀末には30％にも達していた世界のコメ在庫量は、今世紀になって18％近くにまで落ち込んでいる。そのため、コメ価格急騰が終息した2009年度以降になっても、コメの国際価格は前世紀末から今世紀初頭の2倍ないしはそれ以上で推移している。

## 1-2　イネ収量の伸びの停滞

　図2-2に、1950年以降のアジア・アフリカの主要稲作国の籾収量の年次変化を示した。西アフリカのコートジボアールを除く各国とも、イネ収量が著しく増加した期間の存在が認められるが、これは後述する「緑の革命」と呼ばれる農業技術革新によるものである。「緑の革命」の技術革新が世界で最も早く始まったのは日本の稲作においてであり、その期間は1955年から1975年頃にかけての約20年間に相当し、その間に日本の水稲収量はそれまでの50％も増加した。他のアジア諸国の稲作の「緑の革命」期は、インドネシアでは1960年代末から1980年代末まで、インドでは1975年頃から1995年頃まで、そして中国では1970年代末から1990年代末まで、それぞれ約20年間に相当する。アジア諸国はこれらの期間にイネ収量を大きく伸ばしたが、アフリカではまだ「緑の革命」に相当するような明瞭な収量の増加は認められない。

　アジア各国とも、「緑の革命」の生産技術がその適用可能な地域に一通りの普及

第Ⅰ部　アジア・アフリカの中のイネと稲作

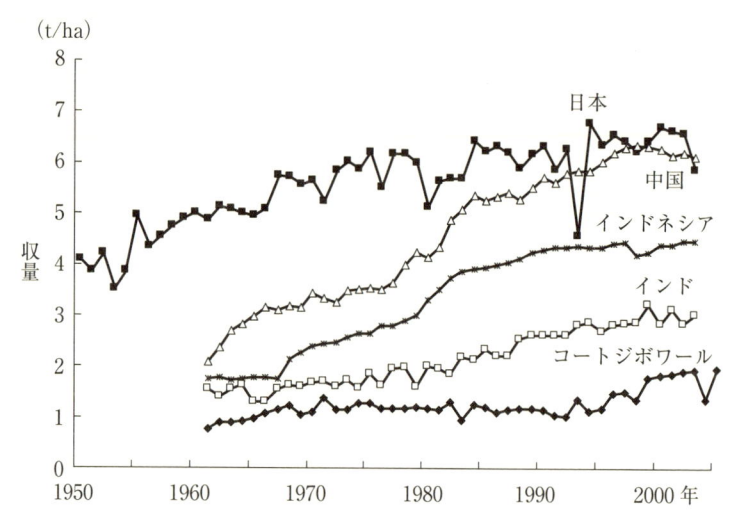

図2-2　アジア、アフリカの主要稲作国のコメ収量（籾重）の推移（FAO 2010をもとに作図）

を終えた後、イネ収量の伸びは鈍化した。その傾向は2000年代になってより強くなり、「緑の革命」を経ていないアフリカも含めて、世界のコメ収量の伸びが停滞した。この世界的な収量の伸びの鈍化ないし停滞はイネに限らず、コムギやダイズなど多くの作物で認められている。このことは、アジア・アフリカの引き続く人口増加や経済発展に伴う食料需要の増加を考えると、極めて深刻な問題である。

図2-2に示したすべての国とも収量が頭打ち傾向にある一方で、それらの国間で収量に大きな違いが認められる。このことは、それぞれの国・地域の稲作が置かれている状況は多様であり、また生産性を制限している要因も地域より異なることを示唆している。次に、そのことをアジア・アフリカの主要な稲作類型について調べてみよう。

## 2. アジア・アフリカの主要な稲作類型と直面する問題

### 2-1　稲作の類型

アジア・アフリカの稲作環境はきわめて多様であり、それに適応して多様な稲作

第2章 アジア・アフリカ稲作の多様な生産生態と課題

**写真2-1 稲作の3類型**
灌漑稲作（左上、長野県伊那市）、天水低地稲作（左下、タイの東北部）、天水畑稲作（右、ラオス北部山岳地帯の焼畑稲作）

が行なわれている。それらを類型化してとらえようとする試みが、高谷（1987）をはじめ、多くの先人によりなされている。ここでは水環境に着目した国際イネ研究所（IRRI 2002）の区分に従い、アジア・アフリカの稲作を、灌漑稲作、天水低地稲作よび天水畑稲作の3つの類型（写真2-1）に大別して話を進める。

　灌漑稲作は、均平化した土地を畦で囲い、そこに河川やダムなど安定した水源から水路を通して水を引き入れ、また過剰な水は排水することによって、水位を好適に保つことのできる水田での稲作を指す。これとは別に、畑地をスプリンクラーなどで灌漑して陸稲を栽培する灌漑畑稲作も日本の一部などで行なわれているが、それは世界的に見れば無視できる面積である。

　天水畑稲作は水田のような貯水機能のない畑地で、もっぱら降雨に依存して行なわれる稲作であり、これには固定した畑で行なわれる常畑稲作と、場所を変えながら叢林を焼き払って行なう焼畑移動稲作の2つがある。

　天水低地稲作は、降雨や季節的な氾濫水に依存して行なわれる低湿地の稲作であ

45

第Ⅰ部　アジア・アフリカの中のイネと稲作

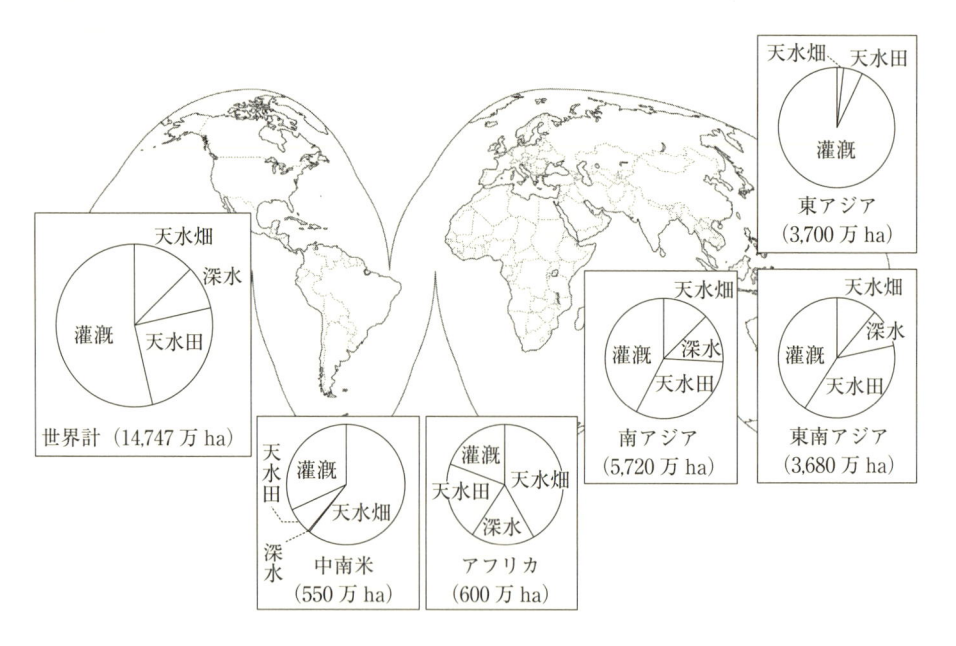

**図2-3**　地域別にみた世界の稲作類型の面積割合（IRRI 1996をもとに作成）

る。天水低地稲作が行なわれている圃場は、畦で囲まれているものの滞水がほとんどなく、畑地に近いようなものから、不完全ながらも灌漑水路を備えた半灌漑水田とでも呼ぶべきもの、あるいは毎年1mを超す深水が滞水する水田まで、その水環境は極めて多様である。ここでは天水低地稲作をIRRI（2002）に従い、水深50cmを基準に、それを超す深水にほぼ毎年遭遇する稲作を深水稲作とし、そのような深水に見舞われることがほとんどない浅い水深の稲作を天水田稲作として、以下、2つに区分して話を進める。

　図2-3に世界の灌漑稲作、天水田稲作、深水稲作および天水畑稲作の4つの類型の面積割合を地域別に示した。これらの稲作類型の全世界の面積割合は、灌漑稲作54％、天水田稲作25％、深水稲作8％、そして天水畑稲作13％であるが、地域によって大きく異なる。日本、中国など東アジアの稲作のほとんどが灌漑稲作であるのに対し、アフリカでは灌漑稲作は20％に過ぎず、大部分が焼畑を中心とする天水畑稲作（42％）や天水田・深水稲作である。中南米地域も灌漑稲作は32％と低く、ほとんどが天水畑稲作である。東南アジア、南アジアは稲作の多様性が最も

高く、両地域をこみにして灌漑稲作42%、天水田稲作34%、深水稲作と天水畑稲作それぞれ12%となっている。

図2-3に示した稲作類型のうち、収量が最も高く、したがって生産量の多いのは灌漑稲作であり、世界のコメの全生産量の約75%を占める。しかし、天水田稲作、深水稲作、天水畑稲作はおびただしい数の農民がそれに依存して自給的農業を営み生計を立てており、アジア・アフリカの農村社会の重要な基盤をなしている。これらの稲作は「緑の革命」の稲作技術革新の恩恵を受けることなく、極めて低収かつ不安定な状況に置かれ続けてきている。これらの稲作類型のうち、灌漑水田稲作、天水田稲作、深水稲作および焼畑移動稲作を対象に、それらの生産生態的特徴と直面する課題を以下に概説する。

## 2-2 灌漑水田稲作の「緑の革命」とその後の収量の停滞

### 「緑の革命」のキーテクノロジー

アジアでは国によって時期の早晩はあるものの、1960年代から1990年代にかけて「緑の革命」とよばれるイネ収量が大きく上昇した時期を経て、現在は収量の停滞期に入っていることは前述した（図2-2）。この「緑の革命」は、あたかも高収量品種の育成の単独の成果のように論じられることが多いが、その鍵となった技術について振り返っておこう。

「緑の革命」は短稈・多分げつ型の多収品種、灌漑、化学肥料および農薬の4つの技術の投入をセットにしたイネの多収生産技術である。この多収品種は草丈の伸長を押さえる働きをもつ半矮性遺伝子をもっており、肥料を多く与えてもそれまでの品種のように草丈が伸び過ぎて倒れる心配はなく、すでに述べたように窒素肥料多投のもとで高い群落光合成能力を発揮し、また多数の籾をつけることで高い生産力を発揮する品種である。この近代的多収品種がその能力を発揮するうえで、灌漑は不可欠である。なぜなら、水供給が不安定で旱ばつや冠水害が発生する地域では、肥料多投に見合う増収効果は期待できないので、このような品種は適さない。実際、タイでは、1970年代から本格化したチャオプラヤ川流域の治水事業とともに灌漑水田の造成が進み、その下流域にあるスパンブリ県のイネ収量は水田の灌漑率に比例的に増加していることがわかる（図2-4）。同じタイでも安定した水源のない東北部では水田の灌漑化はほとんど進まず、稲作はもっぱら天水田で行なわれ

第Ⅰ部　アジア・アフリカの中のイネと稲作

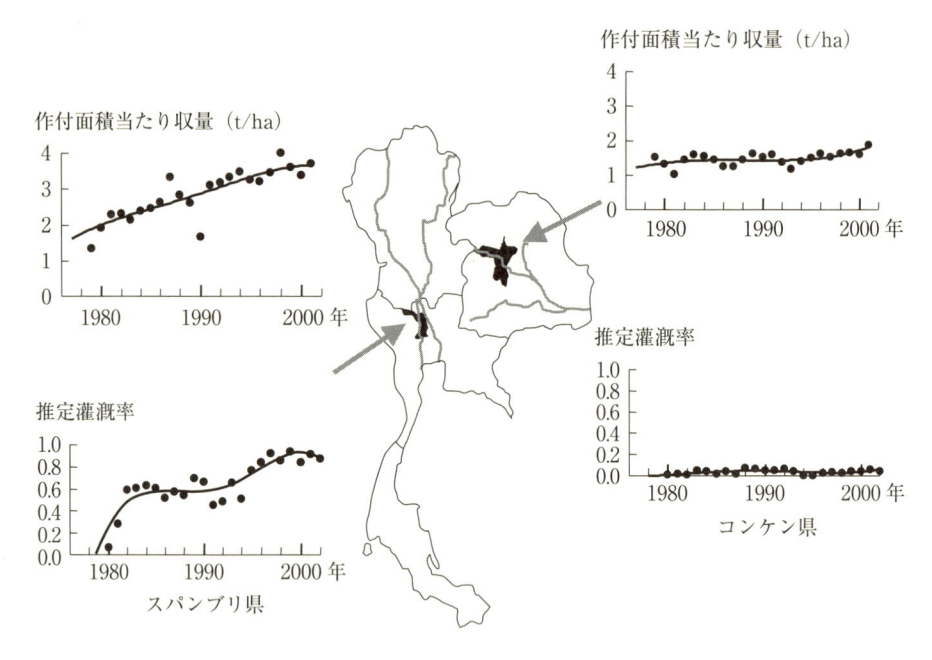

**図2-4**　タイ国スパンブリ県とコンケン県の水田灌漑面積比率と稲収量の推移
（白岩立彦原図）

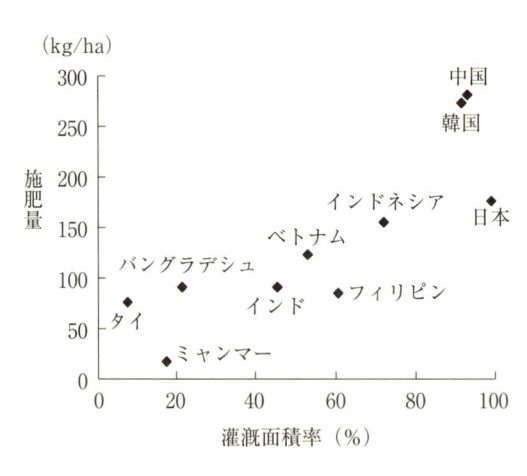

**図2-5**　アジア諸国の水田灌漑面積率と施肥量の関係（Panndy 1998）

ており、その中心に位置するコンケン県では、チャオプラヤ川流域でみられたような収量の増加はほとんど認められない（図2-4）。肥料多投のもとで近代的多収品種を栽培する「緑の革命」の生産技術の適用には灌漑が不可欠であることは、図2-5に示したアジア諸国についての灌漑面積率と肥料投入量の関係からも読み取れる。

さらに、窒素肥料を多投して育てたイネはいもち病などの病気に弱くなるとともに、植物体のタン

パク質含量が高まって害虫がつきやすくなるので、殺菌・殺虫剤も必要になる。加えて、近代的多収品種は草丈が低いので雑草との競争力に劣る。それゆえその高い生産能力を発揮させるには強度の除草が必要で、除草剤が用いられることが多い。

以上のように、「緑の革命」の生産技術は、灌漑、近代的多収品種、多施肥、および農薬の４つの技術をセットにして投入する技術体系である。このことは第１章の図１−14の収量決定要因の図式に従えば、灌漑により高められた達成可能収量のレベルを、多収品種と肥料・農薬の投入などにより実収量に反映させる生産技術といえる。アジア・アフリカの広がりで稲作をみたとき、この４つの技術、特に灌漑が可能な地域は約半分で、残り半分の稲作は「緑の革命」の枠外に置かれてきており、著しく低収かつ不安定な生産のままである。

**世界の「緑の革命」は日本の水田稲作から始まった**

灌漑、近代的多収品種、多施肥、および農薬の４つの技術をセットにして投入する「緑の革命」の生産技術はイネに限ることなく、1960年代半ば以降、まず工業化の進んでいた先進国のコムギやトウモロコシ生産に適用され、その後1970年代から1990年代にかけて途上国へも波及し、穀物収量をそれまでの２倍近くも高め、世界を飢餓から解放した。図２−２に示したように、日本の水田稲作の「緑の革命」は、世界のそれに10年も先立つ1950年代半ばから始まっていた。日本で世界に先駆けて「緑の革命」が起こったのは、戦後の食糧難からコメの増産圧が高かったこと、半矮性遺伝子をもつ短稈・多分げつ型品種の育成などそれまでの技術蓄積が多かったこと、この時期までにほとんどの田が灌漑水田化されていたこと、戦後の工業技術の急速な発展により硫酸アンモニウムなどの合成化学肥料の安価な利用が可能になったこと、そして何よりもイネ作りに熱心な高い技術力をもつ農民がいたことによるものである。日本では大正10年に富山県で選抜されたイネ品種銀坊主に由来する半矮性遺伝子が、すでに多くの品種に導入されていたのである（京都大学の谷坂名誉教授による）。

インドネシア、インドなど東南アジアと南アジアの「緑の革命」には、フィリピンに開設された国際イネ研究所（IRRI）で1964年に育成されたIR8などの短稈・多分げつ型品種が大きく貢献した。この「緑の革命」のシンボルとなっているIR8の育成には、その育成者であるJennings（2007）が述べているように、田中明博士（北海道大学名誉教授）により伝えられた日本の多収水稲品種の考え方が大きく

## 第Ⅰ部　アジア・アフリカの中のイネと稲作

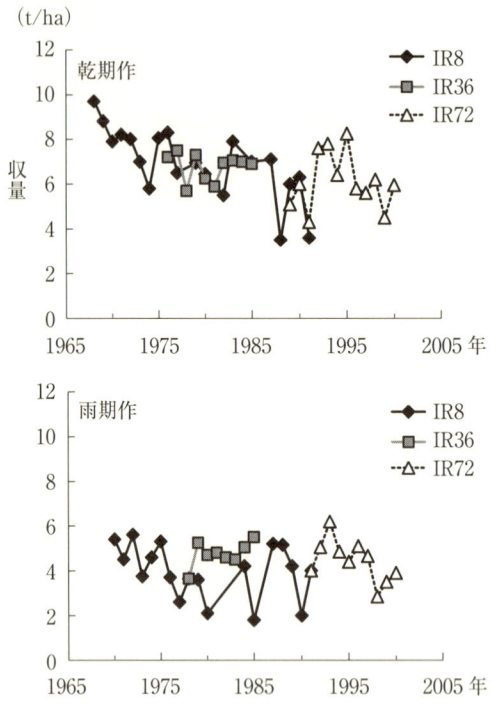

**図2-6** 国際稲研究所（IRRI）で育成された歴代品種の収量の推移（Padilla 2001）

貢献した。さらに、水稲に続いてコムギでも、半矮性遺伝子をもつ多収品種の農林10号が昭和10年に稲塚権次郎氏により育成された。ノーベル賞受賞者ノーマン・ボーログ博士らが、この農林10号を親に用いて育成した多収性コムギ品種が、1960年代半ば以降の世界のコムギの「緑の革命」につながったことはよく知られている。日本稲作の「緑の革命」はこれらより10年も早く、世界の「緑の革命」は日本の水田稲作から始まったということができる。

### 「緑の革命」後の収量の停滞

「緑の革命」の稲作技術が、それの適用可能な地域に一通り普及を終えた1990年代以降、世界のイネ収量の伸びが停滞したことは図2-2に示した通りである。この背後には、イネの遺伝的な収量ポテンシャルの伸びの鈍化という深刻な問題がある。図2-6は、IRRIが行なってきた水稲品種の長期比較栽培試験のデータを整理したものである。アジアの「緑の革命」のシンボルとなっているIR8は育成直後には非常に高い収量を示したが、その栽培年数を重ねるにつれて次第に収量が低下したことが図2-6から読み取れる。これは、この品種が連年栽培されることにより病害虫に侵されるようになったためである。そのためIRRIではIR8を上回る多収水稲品種の育成を目指して、懸命な研究が50年にもわたって続けられてきたにもかかわらず、図2-6にみられるように、IR8を上回る多収品種はいまだ開発されていない。実際、新しく育成された品種は、それまでの品種が病害虫に侵されて収量が低下するのを補完しただけである（Peng 1999）。熱帯地域のイネ収量の伸びの停滞の背後には、イネの遺伝的な収量の伸びの停滞という深刻な問題が認められる。

第2章　アジア・アフリカ稲作の多様な生産生態と課題

熱帯地域でイネ収量の停滞の背後には、施肥効率の低下というもう1つの深刻な問題がある。「緑の革命」後の熱帯地域では、灌漑により年間に水稲を2、3回作付けする2期作、3期作が行なわれるようになったが、その年数を重ねるとともに、投入した肥料当たりのコメの増収量、すなわち肥料のコメ生産効率に低下がみられるようになった。そのことは図2-7に示した、IRRIがフィリピンのルソン島の3試験地で行なってきた水稲2期作・3期作の長期試験のデータに明確に表れている。このIRRIの3試験地とも、水稲の長期連作試験の開始時の1960年代には、窒素1kgの施肥に対し40kg前後のコメ増収が得られていたが、現在その約半分まで施肥効率が低下した。これは2期作、3期作を長年続けたことにより、地力が低下したこと、および病害虫が増加したことによるものである。そのため、このような水田で収量を維持するには、より多くの肥料や農薬の投入が必要になってきている。

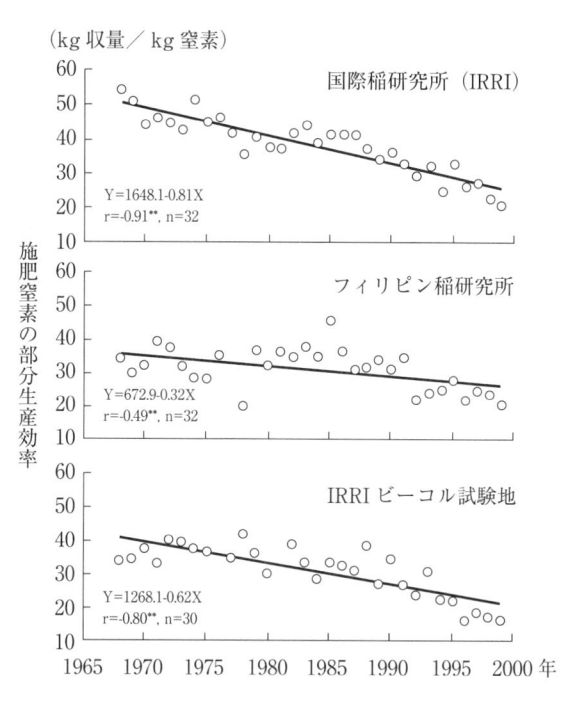

図2-7　国際稲研究所（IRRI、ロス・バノス）、フィリピン稲研究所（ムノス）およびIRRIビーコル試験地における施肥窒素の籾生産効率の推移（Padilla 2001）

　以上に述べたように、「緑の革命」の稲作技術はアジアの灌漑稲作の収量を飛躍的に高めたが、それが一通り普及し終えた今日、生産性をさらに高めるのに有効な技術は品種開発も含め、いまだ見当たらないのが現状である。それどころか、2期作、3期作と土地の酷使のもとで生産性を高めてきた熱帯の灌漑稲作の中には、地力低下や病害虫の増加の問題に直面するものも見られだした。いかに水田稲作は持続性が高いとはいえ、このような土地の酷使のもとでの水田稲作では、持続性低下

が懸念されるようになってきている。

## 2-3 水環境が極めて多様で不安定な天水低地稲作

### 降雨と地形の圧倒的な支配下にある水環境

天水低地稲作は東アジアを除くアジア・アフリカで最も面積の大きい稲作類型であるが、その中にはスマトラやボルネオなど東南アジア島嶼部の海岸湿地の稲作、西アフリカ沿岸部マングローブ沼沢地の稲作、深水が長期にわたり滞水する大河川デルタの深水稲作、河川中流低地の減水期稲作、内陸部の河川源流域や比較的雨の多い台地での天水田稲作など、様々なものが含まれる。その水環境は極めて多様で、イネの全生育期間を通して滞水がほとんどないような地域から、水深が2mにも達する深水地域までを含んでおり、また季節により水位は大きく変動する。水田の形状も、畦が全くなく湿地としか言いようもないもの（写真2-2）から、一応畦はあるがほとんど貯水機能のないもの、立派な畦はあるが灌漑水路のないもの、畦と灌漑水路を備えているが水源となる川の水量が不安定なため水のコントロールがほとんどできず半灌漑水田と呼ぶべきものまで、様々である。そのため、天水低地稲

**写真2-2** 道を挟んで両側に広がる西アフリカ・コートジボアールの畦なし天水田

雨期になると水が流入して湿地となるところでイネが栽培される。湿地全体は数十家族で分割耕作されているが、畦がないため外見にはその境界線は分からない。

**表2-1** 東南アジア・南アジアでの天水低地稲作の水環境区分とその面積比率　　（Mackillら1996）

| 水深からみた水環境 | 面積（100ha） | 面積（%） |
|---|---|---|
| 浅い水深（0～25cm） | | |
| 　好適水環境 | 7,115 | 14.5 |
| 　旱ばつ多発環境 | 12,970 | 27.3 |
| 　旱ばつと冠水多発環境 | 5,270 | 10.9 |
| 　冠水多発環境 | 5,739 | 12.7 |
| やや深水（25～50cm） | 4,812 | 9.2 |
| 深水（50～100cm） | 6,775 | 14.5 |
| 極深水（100cm以上） | 5,290 | 10.9 |
| 合計 | 47,972 | 100 |

作は、ほとんどの地域で旱ばつもしくは冠水、あるいはその両者の被害を受けることになる（表2-1）。

　天水低地稲作の水環境は、降水量とその季節分布、および地域の水田面積に対する集水域の面積比率、土地の傾斜度、起伏、標高や海岸からの距離などの地形要因、さらには土壌の透水性、および畦や灌漑・排水路の有無などの水田インフラなどに支配される。このなかで、アジア・アフリカの途上国では降水量と地形の影響が圧倒的に大きい。

　タイ国東北部に広がる広大なコラート台地では、乾期には水量が激減するムーン川とチー川が同地域を横切るだけで、とても灌漑稲作に必要な水は得られない。しかし、そこにはタイ語でノングと呼ばれる窪地が無数に連なっており、その窪地にたまった雨期の降水を利用した稲作が行なわれている。その水田面積に対する集水面積の比率は1をわずかに上回る程度であり、稲作はもっぱら水田に降った雨に依存して行なわれ、水田水位は概して浅い。

　一方、西アフリカの河川の源流部に当たる山間部や、丘陵地の枝分かれした谷筋とその下流の扇状地で稲作が行なわれているが、そこでの集水域の面積は水田面積の10〜20倍（若月 1998）もあり雨期の水量は十分にあるが、土地に傾斜があるため水田の水深は概して浅い。アジアではこのような谷筋で、土地の傾斜を利用した重力灌漑による稲作が古くから行なわれてきているが、アフリカでは、水のコントロールがほとんど行なわれない湿地としか言いようのないものから、半灌漑水田と呼ぶべきものまで多様な形態の稲作が営まれている。他方、メコン川下流のメコンデルタ、ガンジスとブラマプトラ両河の河口のベンガルデルタなどアジアの大河川の河口には、100万haを超える広大な稲作地帯が広がっており、アフリカでもニジェール川流域の内陸デルタには大きな稲作地帯がある。そこでは、雨期にデルタ面積の数十倍もの集水域に降った多量の雨水が流れ込み、しかも土地の傾斜が緩やかなため、1mを超す滞水が長期にわたって続く。

　小規模な投資により灌漑が可能なアフリカの谷筋の天水田稲作を除き、天水低地稲作の灌漑には日本では想像できないほどの大規模な河川改修とダム建設などが必要であり、とても近未来の実現は期待できない。アジア・アフリカの天水低地稲作は、圧倒的に大きな気候と地形の支配下にあり、それに適応した稲作が食料を得る主要な手段となっている。このような天水低地稲作の生産生態の概要を、比較的に

浅い水深のもとで営まれる天水田稲作とそれの深い深水稲作について以下に述べたい。

## 微地形に支配される天水田稲作の生産性

天水田稲作は、天水低地稲作のうちの、水深が50cmを超すことはほとんどない低地での稲作の総称である。この区分に属する稲作は内陸部の谷筋や扇状地、平原台地の窪地、デルタの深水地帯の周縁部などにあるが、アジアでは一般に、雨水や自然流入水を貯めるために水田を高い畦で囲っているものが多い。西アフリカでは、河川の集水域にあたる内陸小渓谷で、自然流入水を利用した稲作が行なわれている。そこでは畦がなかったり、あったとしても不完全で、アジアの天水田のように水を溜める機能が低く、とても水田とは呼びがたい（若月 1998）形状をしているが、水深は数十cm以下と浅いものが多いことから、ここでは西アフリカの内陸小渓谷の稲作もこの区分に位置づけておくことにする。

一口に天水田と言っても、その水環境は地域により、また同一地域内でも水田の位置する微地形の違いにより大きく異なる。イネの生育全期間が好適な水分状態にある天水田は少なく、多くは旱ばつ、冠水あるいはその両者の害を受ける（表2-1）。さらに水環境に連鎖して、土壌の肥沃土にも大きな違いがある。例えば、東北タイのコラート平原台地には総面積500万haもの天水田が、台地上に連なって存在する窪地（ノング）のなかに開かれている。1つのノングの水田面積は数haから数百haと大小様々であるが、その頂部と基部との標高差は小さく、5mを超えるものは少ない（図2-8）。高い畦で囲った天水田がノングの緩やかな傾斜のある斜面上に連なっており、過剰な雨水は田越しに上部から下部へと流れていく。そのため斜面下部の水田では、大雨時にイネはしばしば冠水するのに対し、上部の水田では

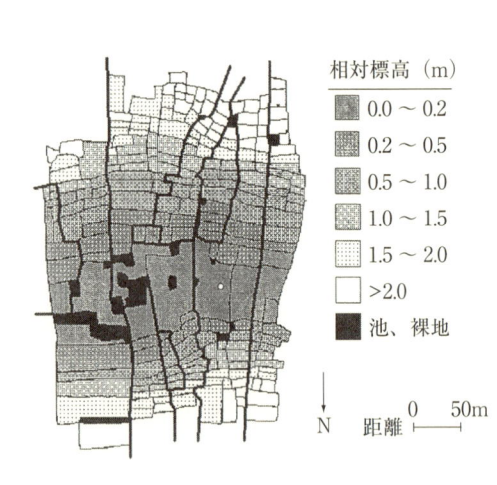

**図2-8** タイ国東北部のフアドン村の天水田の標高分布（Hommaら 2001）

標高差約3mの谷筋にそって244筆の小さい天水田が開かれている。

第2章 アジア・アフリカ稲作の多様な生産生態と課題

大雨時を除きほとんど滞水がないなど、水環境にはきわめて大きな違いが認められる（写真2-3）。加えて、上部の水田では長い年月の間に粘土が流亡して砂質土壌となり、また土壌水分が少ないので有機物分解が進み痩せた土となっているのに対し、下部の水田では上部から流れ出た粘土が蓄積し、また水分が多いので有機物の分解が抑制され肥沃な土となっている（Homma ら 2001）。同様なことは、アフリカの内陸小渓谷の稲作でも認められる（Carsky and Masajo 1992）。

このように天水田では、一般に水環境と肥沃度は地形に連鎖して変異しており、わずか数 ha の狭い範囲内でも、数 m の標高の違いがイネの生育環境に極めて大きな違いを生じさせ、収量に大きな違いをもたらす（図2-9）。天水田稲作の改善には、それぞれの局所環境に高度に適応できる生産技術が求められる。

**写真2-3** 東北タイの窪地（ノング）で行なわれる天水田稲作の収穫風景

写真左奥より手前に向かって緩やかな傾斜があるため、最下部の水田には水が残っている。右奥で子供が魚を捕っているが、上部の水田では旱ばつが発生する。

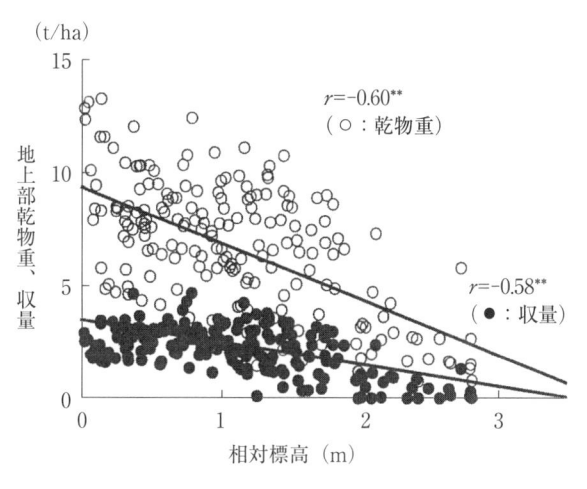

**図2-9** 図2-8に示したフアドン村の天水田のイネ収量の標高に伴う変化（Homma ら 2001）

天水田稲作では、わずかな水田の相対標高の違いが収量に極めて大きな差異をもたらす。

## 天水田稲作の生産技術

### ①品種

天水田稲作で用いられる品種は、次のような特性を備えている。

熱帯や亜熱帯地域では一般に雨期の始まりは年による変動が大きいのに対し、終わりは概して一定していることが多い。そこでは、すでに第1章の図1-5に示したように、雨期の開始が遅く、田植え時期が遅くなっても水のある期間中に確実に生育を終えることのできる、感光性の強い品種が栽培される。天水田稲はさらに、深水に遭遇したとき節間を伸長させたり、冠水により倒伏しても、ちょうど蛇が鎌首を持ち上げるように先端部を起き上がらせるなど、変動する水環境に適応できる特性を持っているものが多い。さらに、深水に耐えて生長し、雑草競合性の高い長稈品種が適応性が高い。また、旱ばつや冠水害リスクの高い天水田では、施肥はそれに見合う増収効果の保障がないので、ほとんど行なわないか、施肥したとしてもごく少量である。そこでは、肥料多投のもとで高い収量性を発揮する近代的多収品種は用をなさず、土壌から少しずつ無機化してくる乏しい養分を、水環境の許容する範囲で、できるだけ長い期間をかけて吸収・利用できる少肥向き品種が用いられる。

### ②直播と移植

アジア、アフリカとも、天水田稲作では直播、移植の両栽培法が存在する。インドの畑作農耕技術の影響を受けたインド、バングラデシュ、スリランカなど南アジアの天水田地域では直播が卓越し、東南アジアでは内陸部で移植、河口デルタ地域で直播が卓越する（田中 1987a）。直播、移植のどちらが採用されるかは稲作の歴史やイネへのこだわりの違いなどにもよるが、アジア、アフリカを俯瞰したとき、一般に旱ばつや冠水の危険度の低いところでは移植が、危険度の高いところでは直播が卓越するというようにとらえることができる。ただしアジア、アフリカとも、海岸低湿地の稲作は例外である。そこでは雑草が多く直播は困難で、移植されることが多い。

移植栽培の場合、本格的な雨期の到来前に、池の近くなど水の便のよいところに苗代を作って種籾を播種し、育苗される。直播の場合、雨期の開始期の田がまだ乾いた状態で行なう乾田直播と、それより遅く、水田が湛水するようになった時期に行なわれる湛水直播の両者がある。直播ではイネの発芽後、旱ばつにより苗が枯死

することもしばしば発生し、そのときは再度播きなおしが行なわれる。

③本田の準備

　本田の準備は、雨期の本格的な開始に先立つ走り雨で、土地が少し膨軟になった時の耕起で始まる。耕起はアジアでは牛による犂耕が大部分であるが、インドネシアなど島嶼部の一部では、鍬による人力耕が行なわれている。一方、西アフリカではアフリカ鍬と呼ばれる柄の短い鍬による人力耕がほとんどである。西アフリカ低湿地稲作の人力耕の担い手は女性であることが多い。これは、アフリカでの財産所有が夫婦別々であることが多く、畑地（焼畑）の耕作権が男に帰属するのに対し、遅れて利用が始まった湿地での稲作の耕作権が女性に帰属することが多いことを反映している。スマトラ島やマダガスカルなどの島嶼部では、数頭の牛で水を張った水田を踏ませることで、雑草の土中への埋込み、土の軟化および鋤床の形成のための踏耕も一部で行なわれている。最近、東北タイの天水田地帯などで、トラクターによる耕起も一部でみられるようになってきた。アフリカでも牛耕や耕耘機によるロータリー耕も始まっているが、それは灌漑田においてであり、天水田ではもっぱらアフリカ鍬が耕起の主役である。

　アジア・アフリカとも、一般に耕起に引き続いて砕土・均平作業が行なわれるが、その作業の前に雨期が到来して水田が滞水するような場合、この作業は省略されて、ただちに田植えが行なわれることもしばしば認められる（写真2-4）。砕土・均平作業はアジアでは多くの場合、馬鍬を牛にひかせて行なうが、アフリカでは鍬による人力作業がほとんどである。アジアの天水田稲作では、降雨や自然流入水をできるだけ長く水田に貯めるため、高さ30cm前後の固定畦畔の畦塗りが入念に行なわれることが多いのに対し、西アフリカでは固定畦畔をもつ天水田は少なく、畦畔はその都度作られる粗雑で貯水機能の低いものや、あるいは畦そ

**写真2-4　東北タイ天水田の田植え**
雨期が始まると整地・代掻きもそこそこに田植えが始まる。

のものがないものも多い。施肥は一般に旱ばつや冠水の危険度の高いところでは行なわれず、危険度の低いところで、堆肥や少量の化学肥料によって行なわれる。先に述べた東北タイでは、施肥は主として、ノング内の標高が中位にある水田に対して行なわれていた。

④栽培と収穫・調製

イネの移植は、雨期が本格化し、水田が滞水するようなった時点から始められる。天水田での移植苗は概して大苗であり、草丈が50cmを超えるものも珍しくない。アジアでは移植が遅れて苗がさらに大きくなった場合、苗の頭を切って移植されることが多い。植え傷みの害を少なくし、また分げつ数を増やすには、日本で行なわれているように若い苗の移植が望ましいが（Horieら 2005）、それでも天水田で大苗が移植されるのは、イネの水没のリスクや雑草害を回避するためと考えられる。

本田での管理は、除草と畦の修理が主要な作業である。除草は東南アジアやアフリカでは手取りがほとんどであるが、インドの直播水田では、牛に引かせた犂による稲の間引きを兼ねた中耕・除草も行なわれる。イネの収穫は鎌による株刈りが一般的だが、日本のように株もとから刈り取るのではなく、高刈りされることが多い。残った刈り株や後から生えてくる雑草は、牛を放牧して餌として利用される。刈り取ったイネは天日乾燥の後、脱穀される。脱穀は地面にむしろを引いてその上にイネを置き、棒でたたいたり、牛に踏ませたり、あるいは人の足で踏んだりして行なわれていたが、最近では、足踏み式や動力式の回転脱穀機の利用も拡がってきている。籾すり・精米はつき臼あるいはすり臼で行なうことが伝統的であったが、最近ではアジア・アフリカとも精米所に持ち込んで行なわれることが多くなっている（写真2-5）。

写真2-5 西アフリカ、ベナンの精米所前の広場での籾の天日乾燥と風選

天水田稲作の収量は多くの

場合2t/ha（日本の約3分の1）と低く、しかも降雨の年次変動や病害虫の発生などに大きく影響されて、極めて不安定である。東北タイの天水田稲作の村のひとつドンデン村の収量を調査した結果では、村の平均収量が2t/haを超した年は、11年中わずか5年であった（宮川1996）。加えて、上述したように場所（水田の地形連鎖上の位置）による収量の変異も大きい。天水田稲作社会の持続的発展には、生産性の向上と安定化が不可欠である。しかし天水田稲作の立地環境はきわめて多様であり、その改善には画一的な技術の適用ではなく、社会の発展段階に応じた水田のインフラ整備と、それぞれの水田が置かれている局所環境に応じた品種や栽培技術の適用が求められる。東北タイの天水田稲作の実態とその生産性改善を目指して行なった調査研究の報告が、本書の第4章に載せられている。

**深水稲作**

①深水稲と浮稲

ガンジス、ブラマプトラ両河の河口のベンガルデルタには、日本の全水田面積にも匹敵する広大な深水稲作地域が広がり、メコン川やチャオプラヤ川のデルタにもそれぞれ100万haおよび50万haを超す深水稲作地域がある。また、西アフリカのニジェール川流域のマリ、ニジェール、ナイジェリアの内陸デルタでも深水稲作が行なわれている。雨期に河川が氾濫し、1mを超すような滞水が長期にわたって続くこれらの地域では、深水稲作が人々の生存と生活の基盤となっている。

そこで栽培されるイネは、深水稲と浮稲の2つの生態型に大別される。この両者とも日々増加する水深に反応して節間を伸長させ、頭部を水面上に露出させることができる性質をもっているが、その性質は浮稲でより顕著である。一般に深水稲が栽培できるのは水深1.5mくらいまでであり、それ以上の深水地域では浮稲（写真2-6）が栽培される。浮稲の中には草丈が5mを超すものもある。深水稲は自力で直立で

**写真2-6　水に漂う浮稲（フィリピンのIRRI試験地）**

水深は2mもある。

きるのに対し、浮稲は水の浮力で体を支えており、水が引くと地面に倒れ込む。浮稲が水かさが増すにつれ節間を伸長できるのは、水中にある節間に植物ホルモンのエチレンが蓄積し、それによって節間を伸長させる遺伝子が発現することによることが最近の研究（Hattoriら 2009）から明らかになった。しかし、浮稲といえども水深の増加に反応して節間が伸ばせるのは1日当たり25cmくらいまでとされ、それ以上の急激な水深増加には対応できず水没し、水没期間が長引くと枯死する。深水稲は、田から水が引くときの水流によってしばしば倒伏する。倒伏しても頭部を持ち上げることのできるイネは、減収が小さいとされる。

② 2回移植法

深水稲作ではアジア、アフリカとも直播栽培が大部分であるが、一部で移植栽培も行なわれている。深水稲作の移植栽培のなかには、次に述べる2回移植という独特な方法がベトナムのメコンデルタ、タイのチェンマイ盆地およびスマトラ島やボルネオ島の海岸部低湿地などで行なわれている（田中 1987a）。この方法では、まず冠水のおそれのない高みにある水田で第一の苗代が作られる。そこで数十日間育苗した苗を第二の苗代に間隔を空けて仮植えし、1〜2ヵ月生育させて1m近くまで育てる。そのイネを引き抜き、充分間隔を空けて、株ごとに本田の深水田に再移植する。この2回移植法は、深水田でのイネの冠水害や雑草害を回避するために工夫されたイネの栽培法と考えられる。

③ ベンガルデルタの伝統的稲作

アジアの代表的な深水稲作地帯であるベンガルデルタでは、乾期に当たる冬期から春先にかけて降雨はほとんどなく、地表面は乾いた状態で推移する。6月から7月初旬にかけて雨期の氾濫水が水田に到達し、以後水田は徐々に水かさを増して1mを超えるような水深に達した後、9月半ば頃から徐々に水が引き始める。そこでの伝統的な直播による深水稲作の概要は次のようである。

用いられる品種には、生態型の異なるアマン（Aman）、アウス（Aus）およびボロ（Boro）の3つのグループがある。これは栽培される時期の違いに基づいた区分であり、したがって品種の開花の日長反応性や早晩性の違いに基づく分類でもある。アマンは雨期が始まる4〜5月に播種し、氾濫水が退く11〜12月に収穫される、強い日長反応性をもつ生育期間の長い品種群であり、アウスは4〜5月に播種し7〜8月の雨期のさなかで収穫される、日長反応性の低い早生の品種群である。

いっぽうボロは、氾濫水の残り水や井戸水灌漑を用いて12～1月に移植し、4～5月に収穫される、日長反応性の低い早生の短稈品種群である。

深水稲のアマン、アウスはいずれも散播されるが、播種時の水田の水条件に応じて、乾田散播、湛水散播および深水散播のいずれかの方法が用いられる（安藤1996）。乾田散播、湛水散播とも、播種前後の圃場管理は先に述べた天水田の乾田直播栽培と同様であり、少量であるが施肥も一部で行なわれる。また、アマンとアウスの混播栽培も行なわれている。

早生の深水稲のアウスの収穫は、7～8月の50cmを超す水深の中で、イネを水面上5～10cmの高さで刈り取って行なわれる。アマンの収穫は水田から水が消える11月末から12月初旬にかけて行なわれる。草丈の高いアマンは同化産物の多くが茎葉の成長に使われるため籾収量は低く、多くの場合1.5トン/ha前後であるのに対し、アマン、アウスの混播栽培の合計収量は3トン/haにもなる（安藤1996）。アマン、アウスに加え、水条件に恵まれた圃場では、アマン収穫後に雨期の残り水を利用したボロイネや野菜、豆類などの栽培を行なうのが伝統的な作付体系であった。

④変容したベンガルデルタの稲作

ところが、人口が増加した1980年ごろから、井戸水のポンプ灌漑による近代的多収ボロ品種の乾期移植栽培が急速に拡大した。この場合、110kg/haもの化学肥料に加え農薬も施用され、5t/haを超す高い収量が得られるようになってきている。その結果、現在、深水の中での収穫など、多労の割には収量の低いアウス栽培は激減し、雨期の深水稲アマンと乾期の近代的多収品種の灌漑移植栽培の2期作が、ベンガルデルタの深水稲作地域の主要な作付体系となっており、そのため耕地利用率は175％にも達している（IRRI 2002）。

深水稲作は大量の水が運んでくる栄養分や粘土に依存した稲作であり、生産性は低いが持続性の高いものである。しかし、今日のベンガルデルタの稲作は集約的な土地利用に加え、稲わらも燃料として持ち出されるなど資源収奪的であり、また1年を通して水田にイネが存在するため、病害虫や雑草の害が問題になってくる。さらに、地下水を汲み上げて行なうボロイネの灌漑栽培の拡大につれて地下水位が低下し、井戸を深くしなければならないことに加えて、塩害の発生などの問題に直面する地域も生じてきている。人口増加が著しいベンガルデルタ地域では、高い食料

増産圧が続くことになり、そこで持続可能な稲作をどのように築いていくかが極めて重要になってきている

## 2-4 持続性喪失の危機にある焼畑稲作

　焼畑稲作は、山の斜面や丘陵地の森林あるいはブッシュを定期的に場所を変えながら焼き払い、その跡地で行なわれる稲作で、アジア・アフリカの天水畑稲作のかなりの部分がこのタイプに属する。焼畑（移動）稲作は、人類が稲作を開始した当初の原始的な稲作形態と考えられている。ベトナム北部から、中国雲南省、ラオス、タイ北部、ミャンマー北部にかけての東南アジア内陸部やフィリピン、インドネシアなど島嶼部の山岳地域では、現在も焼畑稲作が様々な少数民族によって営まれており、それに広大な土地が使用される。アフリカでも、サハラ砂漠以南の西アフリカから東アフリカにかけて、雨期にまとまった降雨が得られる丘陵地で広く行なわれている。アジア、アフリカとも焼畑稲作の収量は多くの場合2トン/ha以下であり、不安定な降雨の影響を受けて、年次間の変動が大きい。

　東南アジア内陸部の焼畑稲作とアフリカのそれとは、次の点において違いが認められる。

　ラオスなど東南アジア内陸部では、乾期に叢林を刈り払い乾燥させた後に火入れし、雨期の開始期に焼け跡に掘り棒で植え穴を開け、種籾を点播してイネを栽培する。施肥は行なわず、生育期間中に数回の除草を行ない、イネの成熟期をまってイネを刈り取って収穫する。イネ1作のみでその土地は放置（休閑）し、次の年には場所を移動して同じことを繰り返す。一方、西アフリカ準平原台地で現在多くみられる焼畑は、叢林を焼き払った後、イネ、トウモロコシ、ワタ、キャッサバなどを数年間輪作した後、別の場所に移動して同様な輪作を行なう。東南アジアの焼畑稲作がイネへの強い執着のもとで行なわれているのに対し、アフリカのそれでは、イネは多くの輪作作物のひとつに位置づけられているに過ぎない。

　森林の回復に必要な十分に長い期間の自然休閑のもとで行なわれる焼畑稲作は、休閑期間中にイネの生育に必要な十分な量の養分を貯えることができるので、種籾と労働力をのぞいては、資源投入ゼロの、究極の自然農法といえる。かつて人口が少なかった時代には、アジア、アフリカともに20年をこえる休閑のもとで焼畑稲作が営まれており、十分な養分蓄積のもとで、それなりの収量が安定的に得られて

いた。一方、叢林を焼くと土壌中の根や有機物の多くが分解されて二酸化炭素として排出され、その回復には十数年の自然休閑が必要と推定されている。それゆえ20年を越すような長期休閑のもとで行なわれる焼畑稲作は、休閑期間中の樹木生長により炭素が再蓄積されるので、地球環境に悪影響を及ぼすこともない。加えて、焼畑稲作は数千年も続けられてきたことからみても、持続性の高い農業形態といえる。

　このように伝統的な焼畑稲作は、生産性こそ高くはないものの、資源無投入の持続性の高い自然農法であり、また環境に対し悪影響を及ぼすものではなかった。ところが、人口が大幅に増加し、また森林保護のため焼畑の拡大に制限が加えられるようになったアジア内陸部では、焼畑の密度が高まり、休閑期間は2～3年にまで短縮してきている。このように短いサイクルのもとでの焼畑移動稲作はもはや持続的ではなく、土地は疲弊し、収量の著しい低下と不安定化を招いている。さらに、雑草害が年々ひどくなり、農民は命綱が必要なほどの急峻な斜面上の焼畑で、イネの生育期間中に少なくみても3回もの手取り除草に追われている。これは、畑と森とでは生える雑草の種類が異なり、十分に長い休閑のもとでは畑の雑草は死滅するのに対し、その期間が短いと前の稲作時の雑草種子が残っていて、叢林を焼き払って再び稲作を行なうと、その種子が一斉に発芽するためである。短い休閑期間での焼畑稲作を繰り返すと、土壌中に蓄積される畑雑草の種子が増加し、雑草害が激しさを増すことになるのである（写真2-7）。山や丘陵地の斜面上で主として行なわれる焼畑では、土壌の侵食を防ぐため、耕さないで掘り棒で地面に植え穴を掘り、そこに播種する不耕起栽培が行なわれているが、短い休閑サイクルのもとで焼畑稲作が繰り返されると、

**写真2-7**　雑草に覆われた焼畑稲作圃場と除草風景
（ラオス北部の山岳地域、斎藤和樹氏提供）

緑色の部分が雑草に覆われたところで、土の見える部分が除草を終えたところ。中腹に除草者が見える。

地盤がゆるみ土壌が侵食されるところも生じてきている。

　同様なことはアフリカでも認められ、多くの地域で10年を待たずして叢林を再び焼かなければならない状態になってきている。コンゴ共和国のルワンダとの国境に接するブシュンバの民族バシ人による焼畑では、人口密度が高まった今日、休閑期間は2年にまで短縮してきている（末原1995）。

　この焼畑稲作のような焼畑移動農業は、いまなおアジア、アフリカで多くの農民によって広く営まれている農業形態である。人口増加の著しいこれらの地域では、休閑期間は減少の一途をたどっており、そこでは生産性の低下と不安定化、さらにはその持続性が脅かされる事態にいたっている。数千年は続いてきたこの農業形態は、崩壊の危機にあると言っても過言ではない。それが崩壊したとき何が起きるか。農民は住み慣れてきた土地を捨て、より山奥の本来自然林として保護されるべき森林地帯に移動して焼畑を行なうか、あるいは農業難民となって都市のスラムの住人となるかのいずれかであろう。現に、この両方ともがアジアでもアフリカでも発生しつつある。焼畑稲作の現状の中から、生きるための農業と環境のせめぎ合う姿が見えてくる。

　このような焼畑稲作の発展方向として、山や丘陵地の斜面に沿っていくつかの平坦な土地からなるテラス畑にし、そこで緑肥作物など多様な作物を組み込んだ常畑輪作システム、あるいは水の便のよい沢筋では棚田稲作が考えられる。しかし焼畑農民は一様に貧しく、その日の生活のための労働に追われる状態で、将来の農業に向けた基盤作りに向かう余力がないのが現状である。焼畑稲作の現状を改善し、少なくとも農民が食うには困らない程度のコメを安定して生産できる方法を開発することが、現在最も必要なことであろう。このような考えのもとに、ラオスの焼畑稲作の改善に向けて取り組んだ調査・研究（Saitoら2006）が、本書の第3章に述べられている。

## 3. 発展段階からみたアジア・アフリカ稲作の多様と課題

　アジア・アフリカの稲作環境は極めて多様であり、それに応じて様々な稲作が営まれている。しかしそのいずれもが、人口増加、資源の枯渇、さらには貨幣経済の浸透などの影響を受け、深刻な問題を抱えていることはすでに述べたとおりであ

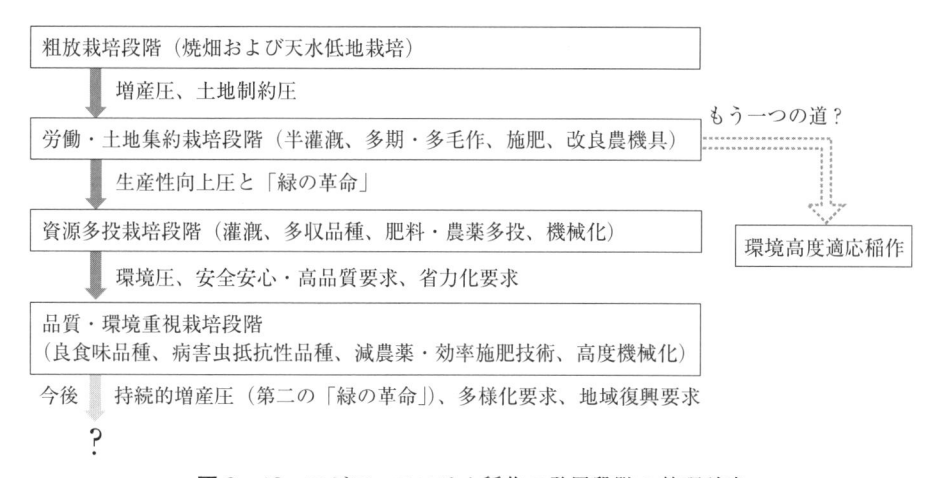

```
┌─────────────────────────────────────────────────┐
│ 粗放栽培段階（焼畑および天水低地栽培）          │
└─────────────────────────────────────────────────┘
    ↓ 増産圧、土地制約圧
┌─────────────────────────────────────────────────┐         もう一つの道？
│ 労働・土地集約栽培段階（半灌漑、多期・多毛作、  │- - - - - - - - ┐
│ 施肥、改良農機具）                              │                ┊
└─────────────────────────────────────────────────┘                ┊
    ↓ 生産性向上圧と「緑の革命」                                   ┊
┌─────────────────────────────────────────────────┐                ↓
│ 資源多投栽培段階（灌漑、多収品種、肥料・農薬    │       ┌────────────────┐
│ 多投、機械化）                                  │       │ 環境高度適応稲作 │
└─────────────────────────────────────────────────┘       └────────────────┘
    ↓ 環境圧、安全安心・高品質要求、省力化要求
┌─────────────────────────────────────────────────┐
│ 品質・環境重視栽培段階                          │
│ （良食味品種、病害虫抵抗性品種、減農薬・効率施  │
│ 肥技術、高度機械化）                            │
└─────────────────────────────────────────────────┘
  今後 ↓ 持続的増産圧（第二の「緑の革命」）、多様化要求、地域復興要求
   ?
```

図2-10 アジア・アフリカ稲作の発展段階の整理試案

る。ここではこれらの多様な稲作をその発展段階という視点でとらえ、アジア・アフリカ稲作の持続的発展に向けた課題について考えてみたい。

## 3-1 発展段階からみたアジア・アフリカの稲作

現在の日本稲作は、肥料・農薬による環境汚染を極力抑えるような環境配慮のもとで、安全・安心で良食味など品質を重視した稲作が営まれている。ここに至るまでの発展過程は図2-10のように整理できる。アジア・アフリカの多くの地域稲作は、日本とは環境が大きく異なる基盤上に成立していることは既に述べた通りであるが、ここであえてそれらを日本の稲作の発展過程という尺度に当てはめることで、それぞれの稲作の置かれている状況と発展に向けた課題を浮き彫りにしたい。

### 粗放栽培段階

原初の稲作は、現在西アフリカの河川の氾濫原や低湿地での天水栽培および丘陵地での焼畑栽培などにみられるような、粗放なものであったことは想像に難くない。原初稲作の重要技術に、栽培に先立つ雑草除去のための火入れがある。この火入れは焼畑にとどまらず、河川の氾濫原や低湿地でも行なわれていたことは、前漢時代の司馬遷の『史記』にある「火耕水耨」の記述（池橋 2009）や、19世紀末のタイのチャオプラヤ・デルタの稲作記録（高谷 1987）などに見られるだけでなく、西アフリカの氾濫原などで現在も行なわれている重要な雑草防除法である。人口密

度が低い段階では、場所を変えながら労働力の及ぶ範囲の広さの森林や氾濫前の低湿地の植生を焼くなどの除草手段のもとに、掘棒、鍬、鎌などの簡単な農具を用いてほとんど無肥料でイネを栽培し、食料を得て生活していたと考えられる。このような粗放な稲作は、現在もアジア・アフリカ各地で広く行なわれており、既に述べたように様々の問題に直面している。

**労働・土地集約栽培段階**

①日本の集約稲作の成立

　粗放栽培段階の稲作は相当長期にわたって続き、今なお行なわれている地域も少なくないが、人口増加の著しい地域では、次第に土地制約が強まる中で、食料増産の必要性から稲作は集約の度を強めていき、労働・土地集約栽培段階に移行した。この集約化は、全くの天水任せの状態から多少とも土地基盤に手を加え、半灌漑ないしは灌漑水田を造成することで始まったと考えられる。その初期の形態は、わが国の弥生水田に色濃く残されている。すなわち緩やかな傾斜地で、畳数枚ほどの平坦な小区画を畦で囲って水田を築き、そこに重力にそって流れる水を引き込んで行なう、半灌漑ないしは灌漑水田稲作である。このような小区画水田は、現在でもスマトラ島や西アフリカなどでみることができる。このような水田の造成が、有機物の投入や、水田裏作としての麦類や野菜栽培などを伴う集約化の道を開いたといえる。

　わが国の稲作は、律令の昔から新田開発と稲作技術の集約化という歴史をたどってきているものの、集約化が大きく進んだのは安土桃山時代から始まる近世紀以降（田中 1987b）とされ、江戸時代から昭和初期にかけての稲作がこの段階に位置づけられよう。この時期に、それまで主として河川の上・中流域にとどまっていた灌漑水田が、大規模な土木工事のもとに下流域にまで拡げられ、湿田の乾田化が進み、二毛作による土地の集約利用が拡がった（田中 1987b）。さらに畜力を利用した犂耕による深耕や、馬鍬による丁寧な代掻き、より生産性の高い品種の選抜や導入、乱雑植えから正条植えへの移行と田打車による除草、刈敷や堆肥などの有機物や油粕などの金肥の投入、きめ細やかな水管理、千歯こきや回転式脱穀機の利用などを伴う、精緻で労働集約的な日本型稲作が成立した。これにより、イネ収量の増加と、ムギ類やナタネなど水田裏作の生産とを合わせた土地生産性が著しく高まった。

②他のアジア・アフリカ地域の集約稲作

稲作の集約化は、アジアの人口密度の高い地域で共通的に認められる。中国の稲作の集約化は日本よりも古く、南宋時代（1127〜1280）に大きく進展した（游 1987）。すなわち北宋が滅び、中原地域から多くの人々が江南の地に移り住んだことに伴う、人口密度の増加と中原の畑作主体の農業技術との融合により、太湖周辺の江南地域の稲作の集約化が進んだと考えられる。この時代に、洪水から守るために高い堤防で囲んだ、圩田（うでん）や囲田（いでん）とよばれる水田の造成、竜骨車など人力灌漑装置の利用、裏作にコムギを導入した二毛作化、堆肥や油粕の投入、「占城稲」などの多収品種の利用、きめ細やかな水管理などが進み（足立 1987）、江南の地に、当時としては極めて先端的な土地生産性の高い集約的稲作技術が形成された。この時期に端を発する集約的稲作技術はやがて中国全土に伝播し、そこで新しい技術の受容や改良を加えられながらも、基本的には文化大革命のころまで続くことになる。現在の中国稲作の状況については、本書の第8章と第9章に述べられている。

　韓国での集約的稲作への移行期は、畑の水田化や直播栽培から移植栽培への移行が進んだ李王朝後期の18世紀（宮島 1987）ととらえることができる。一方、現在、イネの2作にトウモロコシや野菜作を加えた、年3作の集約度の極めて高い水田農業が営まれているベトナム紅河デルタでの集約化は、堤防建設などのデルタ改造が進んだチャン朝（1225〜1400）の時代（桜井 1987）以降と考えられる。

　先に説明したベンガルデルタの稲作も、集約段階の稲作に位置づけることができよう。雨期に1mを越す深水が滞水し、乾期には旱ばつが発生する地域で、雨期の深水稲のアマンやアウスの天水栽培と、乾期の早生多収稲ボロの井水灌漑栽培を組み合わせ、耕起・整地・中耕除草を畜力一貫作業体系のもとで行なう稲作は、地域の環境に高度に適応をした集約稲作といえる。バングラデシュは、この労働・土地集約的な稲作によって、日本の3倍を超す高い人口密度の国民を扶養している。

　マダガスカル中央高地のベツレオ族やメリナ族の営む、人力労働に依存した精緻で土地利用率の高い稲作も、この集約段階の稲作に位置づけられる。特に1980年代にフランス人宣教師ローラニエ（Laulanié）によって体系化されたSRI（System of Rice Intensification）と呼ばれる稲作は、戦後の米作日本一の稲作技術にも匹敵する、極めて精緻で労働集約な稲作技術である（Horieら 2005）。マダガスカルの

第Ⅰ部　アジア・アフリカの中のイネと稲作

写真 2-8　SRI 稲作の田植え（インドネシア、ジャワ島、佐藤周一氏提供）

SRIは、人力のみで25〜40cmもの深耕、有機物の多投および極めて均平度の高い代掻きを行なった水田に、播種後15日以内の乳苗を $m^2$ 当たり16株、1株1本の疎植で丁寧に手植えし、以後、間断灌漑をしながら3〜4回の手取り除草を行なう稲作技術である。マダガスカルのSRI稲作については本書の第7章に紹介するように、その実践農家は周囲の慣行栽培農家よりも2〜3倍も高い収量を得ていた。このSRI稲作は、途上国の資源不足を労働力で補う稲作と捉えることができる。SRIは現在アジア・アフリカの途上国に普及しつつあり、その動向が注目される（写真2-8）。

以上のようにアジア・アフリカの途上国稲作は人口密度の高まりとともに集約の度を強めてきた。ただし、食糧自給というより商業生産を目的に、アジアよりもずっと遅れて稲作が始まったアメリカや、本書の第10章で説明されるオーストラリアの稲作の発展過程は、この図式には当てはまらず、そこでは集約栽培段階を経ることなく、次に述べる資源多投型の稲作が行なわれている。

**資源多投段階（緑の革命段階）**

わが国の戦後の食糧難が続く中で、半矮性多収品種を化学肥料、農薬の多投のもとで灌漑栽培する「緑の革命」のイネ生産技術が世界に先駆けて確立され、約20年の短期間の内に水稲収量を50％も高めたことはすでに述べた。この「緑の革命」の生産技術は、大量の化石エネルギーを用いて合成される化学肥料や農薬の多投に支えられた技術であり、資源多投型稲作技術といえる。日本稲作の「緑の革命」期はまた日本の工業化の進展期と重なっており、発展しつつある工業は農村から大量の労働力を必要としていた。そのため、それまでの極めて労働集約的な稲作からより労働生産性の高い稲作へと、その省力化が求められる時期でもあった。かさばる堆肥から容量の小さい化学肥料へ、そしてつらい人力除草から除草剤への転換はそ

第2章　アジア・アフリカ稲作の多様な生産生態と課題

れに応えるものでもあった。加えて、日本稲作の「緑の革命」期後半には機械化が飛躍的に進み、ぬかるんだ水田で農作業が行なえる、世界でも例を見ない小型耕耘機やトラクター、田植機、自動脱穀機や自脱型コンバインなどが次々と開発され、稲作の省力化が一挙に進んだ。

これらの技術革新により10aのイネ栽培に必要な労働時間は、1960年頃の約180時間から2000年頃の約30時間にまで、6分の1に縮小した。これら農業機械もまた、その製造と稼働に大量の化石エネルギーを必要とするものである。これらは総じて、「緑の革命」期に達成された。それまでに比較して労働生産性の飛躍的に高い日本の稲作技術は、人間の労働を、エネルギーなど資源の多投で置き換えることによって達成されたということができる。1955年から1980年頃にかけての約25年間が、日本稲作の資源多投栽培段階といえよう。

**写真2-9　中国雲南省での稲ハイブリッド種子の採種風景**

優勢不稔系統の母株数列に花粉親株1列の割合で栽培し、刈り取り後直ちに母株の穂をかごの内側面に打ち付けてハイブリッド種子が採種される。中国ではハイブリッド稲に、日本の2倍もの肥料を施肥する資源多投型の多収栽培が行なわれている。

この「緑の革命」と形容される日本発の資源多投型の稲作技術は、10年ほど後にはイネにとどまることなくコムギやトウモロコシなどにも適用され、世界に拡がっていった。アジア・アフリカ地域でも灌漑稲作に限ってみれば、ほとんどの国が化学肥料や農薬など資源多投化の道をたどりつつある。特に中国では文化大革命以降、ハイブリッドライス（イネの一代雑種品種）を中心にしたイネの増収計画が進められ（写真2-9）、そこでは現在の日本の2倍以上の10a当たり18～24kgもの窒素肥料（Pengら2006）や、多くの農薬の使用のもとでコメの増産が図られている。また、小型耕耘機やトラクターなどの農業機械も、アジアだけでなくアフリカでも一部の灌漑水田地域に普及しつつあり、中国では田植機の導入も始まってい

る。これらのことから、現在、アジア・アフリカの灌漑稲作の大部分は資源多投栽培段階、もしくはそれへの移行期にあるといえよう。

日本の2倍以上もの窒素肥料を与える中国では、その大半がイネに吸収されずに流出して、河川の富栄養化などの環境汚染を引き起こしつつある。一方、資源多投のもとにイネの2期作や3期作を続ける熱帯の稲作では、図2-7に示したような施肥効率の低下に加え、除草剤や殺虫剤に耐性をもつ雑草や害虫などの出現など、持続性を脅かすような問題が生じつつある。生産性を低下させることなく高い持続性と環境調和性をもつ水田農業をどう構築するかが重要になってきている。

**品質・環境重視栽培段階**

①日本の品質・環境重視稲作への移行

「緑の革命」と形容される資源多投型技術により、わが国稲作は大きく生産力を伸ばし、戦後の食糧難からの解放に貢献した。やがて食の多様化が進みコメ消費は減少に転じ、コメの過剰生産が問題になるようになった。ついに1970年に、わが国の歴史上初めての、コメの生産調整と呼ばれる減反政策が導入された。この減反政策が強まる中で、日本稲作はそれまでの収量至上主義が次第に薄れ、良食味性など品質重視へと向かい始めた。すなわち、それまでの地域ごとに異なる多様な品種の栽培から、食味のよいコシヒカリやササニシキなど特定品種への集中が進んだ。

日本人が好む良食味品種には、低タンパク質含量と低アミロース含量という2つの特性が認められる。このうち低タンパク質含量は窒素施肥を控えるなど栽培技術で対応できるが、低アミロース含量は品種に支配されるところが大きい。そのため新規に育成される品種もあきたこまち、きらら397など、低アミロース含量のものが中心となった。このことは図2-11に示すように、北海道で育成された品種のアミロース含量が、品種

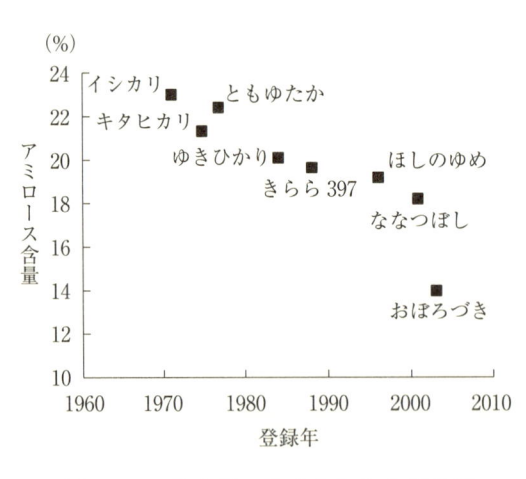

図2-11　北海道で育成された水稲品種の登録年度とコメのアミロース含量
（北海道立農業試験場の資料をもとに作成）

の登録年度が若くなるにつれて低下していることからもわかる。

　日本の稲作が品質重視に向かい始めた時期はまた、人々が環境や食品の安全に目を向け始めた時期とも重なっている。農業に関係した分野でも、農薬の使用がもたらす環境汚染問題を扱ったレイチェル・カーソン（1962）の『沈黙の春』や、有吉佐和子（1975）の『複合汚染』などが社会の注目を集めていた。また化学肥料の大量使用がもたらす、河川や湖沼の富栄養化などの水系汚染も問題視された。これらを受けて資源多投型の水稲生産を見直す動きが強まり、減農薬・減化学肥料栽培など環境保全型稲作へと向かっていった。

　この時期に開発された減化学肥料栽培技術として、施肥効率の高い肥効調節型肥料の側条施肥技術などがある。これらの技術の普及により、窒素肥料の投入量は大幅に削減された。これを滋賀県についてみると、1970年代末には県平均で10a当たり約10kg施用されていた窒素肥料は、現在では約7kgにまで減少し、収量を落とすことなくコメ品質を向上させた（Horieら2005）。また、いもち病抵抗性のコシヒカリBLなど、病虫害に対する抵抗性品種の開発は、農薬使用量の削減に大きく貢献した。これをさらに進めて、省農薬や有機栽培稲作を行なう農家も増加した。このように日本稲作は、それまでの資源多投栽培段階から次第に脱却し、1980年頃から稲作の環境影響への配慮と安全・安心で良食味など品質に重きを置いた水稲栽培、すなわち品質・環境重視栽培段階に至った。この段階に入って、先に示した図2-2に見られるように、日本の平均収量の伸びは停滞した。

②他のアジア諸国の状況

　資源多投型稲作から品質・環境を重視する稲作への移行は、韓国でも認められる。「緑の革命」期のコメ増産時代の韓国では、日本型水稲とインド型水稲を交配育成した統一（トンイル）型と呼ばれる多収品種により収量が飛躍的に高まり、コメの自給が達成された。しかしこのタイプの水稲は冷害に弱いことに加え食味が劣ることから、大冷害が発生した1980年頃を境に次第に作られなくなり、代わって日本型の良食味品種の栽培が中心となった。現在、全国的な良食味品種としての雲光に加え、全羅北道の一味、京畿道の秋晴などの地方銘柄品種が高い市場評価を得ている。これらの品種を、慣行栽培の70％程度の窒素減肥栽培することも日本の状況に似ている。

　中国の現在の稲作は、増産を目的にハイブリッド品種の多肥栽培など資源多投段

階にあるといえるが、主として日本型水稲を栽培する東北部の一部では、品質を重視した栽培も行なわれるようになってきている。例えば、黒竜江省の松粳2号や松粳香2号、吉林省の宏科67号や吉粳509が良食味品種とされ、それらの中でも、五常（黒竜江省）や延辺（吉林省）など特定の産地のものが高い市場評価を得ているという。それらの栽培法として、疎植、有機物多投や減化学肥料栽培の傾向がみられる。このように中国では東北部で品質・環境重視稲作への移行兆候が認められる。

他のアジア諸国でも、例えばパキスタンでは主として輸出用に、プレミアム価格で取引される香り米のバスマティーの灌漑栽培が行なわれ、タイ東北部の天水栽培地帯でも香り米のカオドマリ105が栽培されるなど、食味重視の栽培が行なわれているところは少なからず存在する。しかし、アジア・アフリカでは、その国の大部分の稲作が資源多投型から品質・環境重視型に移行したのは、現在のところ日本を除けば韓国のみといえよう。

## 3-2 アジア・アフリカ稲作の多様と課題

わが国は明治期以降、欧米の科学技術を日本の集約稲作技術の中に消化吸収し、日本独自の稲作技術を構築しつつ生産性向上を目指し、世界に先駆けて「緑の革命」を成し遂げた。さらに、「緑の革命」の資源多投型稲作がもたらす環境負荷の軽減を図りながら高品質なコメ生産を目指す、品質・環境重視の稲作段階にいち早く移行した。このように、わが国の稲作は明治期以降、稲作のトップランナーとしてアジア・アフリカの稲作を先導してきた。

この日本稲作の発展段階の視点からみると、現在アジア・アフリカには日本稲作がたどってきた粗放栽培段階、労働・土地集約栽培段階、資源多投栽培段階、および品質・環境重視栽培段階の4段階すべての発展段階の稲作が存在していることになる。しかも稲作技術の均質化が進んだ日本と韓国を除けば、同一国でも地域により様々な段階の稲作が混在する。例えば、タイでは北部山岳地域の焼畑稲作などの粗放栽培段階にあるもの、チェンマイ盆地周縁でみられる裏作に野菜などを組み込んだ精緻な稲作は労働・土地集約栽培段階に位置づけられ、チャオプラヤ川流域の灌漑稲作地域などでみられる資源多投栽培段階の稲作、そして少例ながらも食の安全・安心や環境への配慮に重きを置いた有機農業や自然農業の稲作などは、品質・

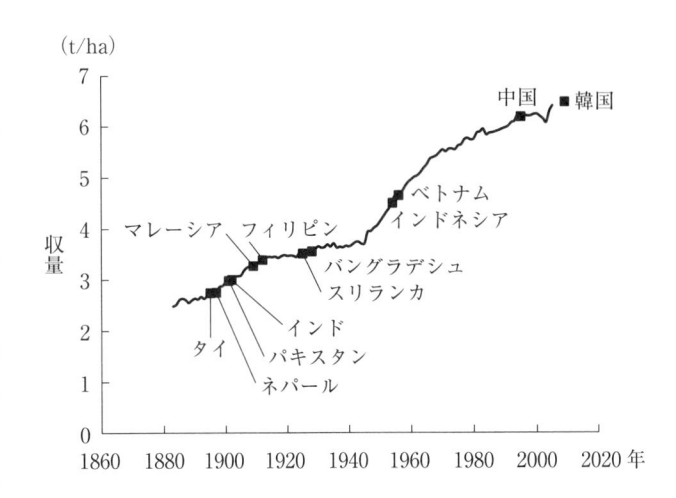

環境重視栽培段階といえなくもない。アフリカ諸国でも、同一国内に、焼畑や低湿地での稲作など粗放段階のものから灌漑稲作地域での資源多投型稲作まで、様々な段階ものが混在している。アジア・アフリカの稲作はその立地環境が多様であるとともに、発展段階からみても極めて多様である。

**図 2-12** 明治以降の日本の水稲籾収量の推移曲線上にプロットした、2009 年のアジア各国の籾収量（農林水産省および FAO の資料をもとに作成）

このように、同一国でもその稲作には様々な発展段階が存在するが、それらを込みにした現在のアジア・アフリカの国別平均収量を、明治以降の日本稲作の歴史的な収量の増加曲線上にプロットすると図 2-12 のようになる。この図から、韓国、中国の稲作収量は現在の日本と同水準にあり、ベトナム、インドネシアが、日本の「緑の革命」開始当初の今から約 50 年前の収量に相当し、インド、タイ、ネパールが約 100 年前の明治末期の収量水準にあるといえる。アフリカ諸国の多くは現在の平均収量は 2t/ha 以下であり、この図からははみ出るが、その収量レベルは江戸時代以前ということになる。日本が今日の稲作にたどり着くまで要した年数の長さを考えると、東アジアを除くアジア・アフリカ諸国の稲作収量を高めることがいかに大変なことかが理解されよう。

しかし、すでにみてきたように、ほとんどすべての国・地域とも稲作の収量は停滞しており、そのことが食料の安全保障を不確かにしたり、農村社会の貧困や衰退を招いたり、あるいは稲作の持続性や環境を脅かすなどの深刻な問題を生じさせている。それゆえ、アジア・アフリカのそれぞれの地域稲作の立地環境と発展段階を踏まえて、より生産性と持続性の高い稲作への発展の道筋を明らかにすることが極めて重要になっている。このことは、日本とて例外ではあり得ない。1970 年頃か

らのコメ生産過剰を受けて、品質・環境重視栽培段階へと進んでいった日本稲作も、食料不確実性が増す21世紀の世界にあって、これまでの発展段階の上に、より生産性の高い稲作や水田農業への発展が求められる。そのようなアジア・アフリカの稲作発展の道は、それぞれの地域稲作の生産生態のつぶさな調査と分析によってのみ浮かび上がってくるであろう。このような問題意識のもとに取り組んだ、アジア・アフリカのいくつかの地域稲作の生産生態についての調査・研究から得られたものが、次章以下に述べられる。

## 引用文献

足立啓二（1987）宋代以降の江南稲作．渡部忠世責任編集，稲のアジア史 2，アジア稲作文化の展開．小学館，pp.201-234.

有吉佐和子（1975）複合汚染．新潮社．

安藤和夫（1996）バングラデシュのアウス稲・アマン稲の混播栽培．渡部忠世監修，稲作空間の生態．大明堂，pp.49-64.

Cersky RJ and Masajo TM (1992) Effect of toposequence position on performance of rice varieties in inland valley of West Africa. Resource and Crop Management Div., IITA. pp.1-24.

Hattori Y. ら (2009) The ethylene response factors Snorkel1 and Snorkel2 allow rice to adapt to deepwater. Nature 460: 1026-1030.

Homma K. ら (2001) Quantifying the toposequential distribution of environmental resources and its relation with rice productivity. ACIAR Proceedings 161: 281-291.

Horie T. ら (2005) Can yield of lowland rice resume the increases that they showed in the 1980s ? Plant Prod. Sci., 8: 259-274.

池橋宏（2009）稲作の起源からみた水田の再評価．農業および園芸，84：22-28.

IRRI (2002) Rice Almanac. pp.16-17. および pp.99-100.

Jennings P. (2007) Luck is the residue of design. IRRI-Rice-Today-Pioneer Interview (http://archive.irri.org./publications/today/Jennings.asp)

Mackill DJ ら (1996) Rainfed rice improvement. IRRI, p.234.

宮嶋博文（1987）朝鮮半島の稲作展開―農書資料を中心に―．渡部忠世責任編集，稲のアジア史 2．アジア稲作文化の展開―多様と統一．小学館，pp.277-308.

宮川修一（1996）東北タイ天水田の生産量変異．渡部忠世監修，稲作空間の生態．大明堂，pp.65-84.

Padilla, J. E. (2001) Analysis of long-term changes in rice productivity under intensive cropping systems in the tropics and improvement of nitrogen use efficiency. 京都大学学位論文, p.156.

Pandey S. (1998) Nutrient management technologies for rainfed rice in tomorrow's Asia: economic and institutional considerations. In: Ladha JK et al. (eds.), Rainfed Rice: Advances in Nurient Management Research. IRRI, pp.3-28.

Peng S. ら (1999). Yield potential trends of tropical rice since the release of IR8 and the challenge of increasing rice yield potential. Crop Sci., 39: 1552-1559.

Peng S. ら (2006) Strategies for overcoming low agronomic nitrogen use efficiency in irrigated rice systems in China. Field Crops Res., 96: 37-47.

Roder W. (1997) Slash-and burn rice systems in transition: Challenges for agricultural development in the hills of northern Laos. Mountain Research and Development 17: 1-10.

Saito K. ら (2006) Stylosanthes guianensis as a short-term fallow crop for improving upland rice productivity in northern Laos. Field Crops Res. 96: 438-447.

桜井由躬雄（1987）ベトナム紅河デルタの開拓史．渡部忠世責任編集，稲のアジア史2．アジア稲作文化の展開．小学館，pp.235-276.

末原達郎（1995）バシ人の焼畑農業．渡部忠世監修，農耕の世界，その技術と文化II．アフリカ熱帯圏の農耕文化．大明堂，pp.41-68.

高谷好一（1987）東南アジア大陸部の稲作．渡部忠世責任編集，稲のアジア史2．アジア稲作文化の展開——多様と統一．小学館，pp.35-80.

高谷好一ら（1996）渡部忠世監修，農耕の世界，その技術と文化III．稲作空間の生態．大明堂，pp.138-160.

田中耕司（1987a）稲作技術の類型と分布．渡部忠世責任編集，稲のアジア史1．アジア稲作文化の生態基盤．pp.215-276.

田中耕司（1987b）近代における集約稲作の形成．渡部忠世責任編集，稲のアジア史3．アジアの中の日本稲作文化．小学館，pp.291-348.

遊修齢（1987）中国古代稲作史．渡部忠世責任編集，稲のアジア史2．アジア稲作文化の展開——多様と統一．小学館，pp.167-202.

若月利之（1998）生態環境の修復と農村の再生のためのオンファーム実証研究．廣瀬昌平・若月利之編著，西アフリカ・サバンナの生態環境の修復と農村の再生．農林統計協会，pp.373-420.

# 第Ⅱ部

# 粗放段階の稲作

## 第3章　ラオス北部の焼畑稲作
### ―その現状と改善に向けた試み―

齋藤和樹

浅井英利

　ラオスは、東南アジア大陸部に位置し、タイ、ミャンマー、カンボジア、ベトナム、中国に囲まれた内陸国である。国土は日本の本州程度、70％以上が山地で、北から南に向かってメコン川が流れている。人口はおよそ690万人で、60を超える民族が住む多民族国家である。人口の大半は農村部に住み、農業を営む。人口密度は29人/km$^2$ほどで決して高くはないが、近年の人口増加は年率2.5％と非常に高い。主食はコメであり、その摂取カロリーに占める割合は、日本（23％）の3倍以上の70％超である。その主食のコメは、一部の民族を除いて「もち米」であり、もち米を国全土で主食としているのは、ラオスだけである。もち米を主食としている民族または地域はタイやベトナムなどにも見られるが、それらは国の一部にすぎない。だから、ラオスを一言で表現するなら、「カオニャオ（もち米のラオス語の発音）の国」であり、そのもち米がとにかくやみつきになるくらいおいしいのである。その中でも特にラオス人においしいと思われているのが、畑で育っている陸稲のもち米である。それは、特にラオス北部の写真3-1のように、山をパッチ状に切り開いた焼畑栽培で作られている。

　若干楽観的に文章を書いてきたが、実はこの焼畑陸稲栽培は、環境と食料安全保障の面で現在深刻な事態を招いている。焼畑は二酸化炭素を放出し、森林のその吸収能力を奪い、地球温暖化の一因とされている。さらに、そこに棲む生物を絶滅に追いやり、生物多様性を喪失させるとされ、環境に非常に好ましくない農業として国際的に非難されている。一方で、そこで焼畑を営む農民は頻繁にコメ不足におちいり、大半が貧困にあえいでいる。しかし、焼畑にとってかわる作物生産システムが確立・普及しておらず、人口増加に伴った栽培環境の悪化が陸稲の生産性を低下させ、それがさらなる貧困を生み出すという悪循環に陥っている。

第3章　ラオス北部の焼畑稲作―その現状と改善に向けた試み―

　著者らは2001年から2007年までこのラオス北部のルアンパバン県に長期滞在し、焼畑陸稲栽培の実態を調査し、陸稲生産性の改善と環境負荷の小さいイネ生産技術の開発を目的に、現地で圃場実証試験を行なってきた。本章では、ラオス北部の焼畑陸稲栽培の現状

写真3-1　ラオス北部の焼畑陸稲栽培

を述べ、著者らの調査・研究の概要を紹介し、それらを踏まえてラオス北部の焼畑農業地域の発展方向について述べたい。

## 1. ラオス北部の自然環境と焼畑陸稲栽培

　ラオス北部の気候は熱帯と亜熱帯の中間くらいの気候であり、5月から10月までが雨期、11月から4月が乾期となる。最近20年のルアンパバン県中心部の年間雨量は1000〜2000mmと、年次変動が大きい。その80%程度が雨期に降るが、年によっては雨期であるにもかかわらず、5〜7月には1週間ほど雨の降らない雨期中断がある。降水量は7、8月に最も多く、9月以降、次第に減少していく。また、気温は標高によって変化するが、ルアンパバンでは、雨期の最高と最低気温の平均値はそれぞれ32℃と23℃となっている。焼畑土壌はアクリソル（Acrisol）が多く、大半の土が赤茶色で、粘土含量が30%以上、弱酸性とされる（Roder 2001）。

### 1-1　焼畑稲作の現状

　ラオスの稲作は雨期天水畑稲作、雨期天水水田稲作、雨期灌漑稲作および乾期灌漑稲作に大別され、大部分が天水稲作である。乾期に灌漑が可能な水田（乾期灌漑稲作）は、全水田のうちわずか20%程度にすぎない。ラオス全土では水稲がイネ作付面積に占める割合は高いが、北部では天水畑での陸稲の作付面積が約50%を

占めている。特に、ルアンパバン県ではイネ作付面積のおよそ70％が陸稲となっており、そのほとんどが焼畑である。ラオス北部では、人口に対するコメ生産量が低く、年間1〜3ヵ月は、焼畑農民がコメ不足におちいることは珍しいことではない。

ラオス北部の陸稲は、写真3-1のような標高1000m内外の山の斜面で、不耕起・無肥料で栽培される。収量は1.7t/ha程度である。一般に、焼畑農業とは、森林や叢林を伐採後、火入れして農地を作り、そこで一定期間作物を栽培した後、土地を放棄して他の場所へ移動して、同様の作物栽培を繰り返す農業である。放棄された土地は、休閑地となり、何年後かに再び利用される。十分に長い休閑期間を設けることによって、土壌肥沃度が回復し、作物栽培時の病害虫や雑草の発生が抑制される。焼畑農業が持続的であるか否かは、作付期間と休閑期間の長さによって決まる。人口密度が低い条件下で長期の休閑を伴った焼畑農業は、土地生産性は低いものの、高い労働生産性を示し、かつ、それが数千年も続いてきたことから十分に持続的であったといえる。

ラオス北部では、1950年代には40年近い休閑年数であったが、1990年代前半には5年と、著しく減少している（表3-1）。1990年代後半から焼畑抑制と森林保全を目的に、土地林野分配事業が開始された。各村で焼畑が可能な農業用地と保全林地が設定され、各農民に1〜2haの土地1〜4枚程度の利用権が認められる代わりに、それ以外の土地での焼畑が禁止されることとなった。さらに市場経済の導入に伴い、農業用地がゴムやチークなどのプランテーションへと転用され、焼畑での土地利用の集約化が著しく進んだ。一部の地域では2000年以降、休閑年数は2〜3年にまで短縮し、さらに短期休閑後に陸稲の連作が行なわれるようになってきた。このような短期休閑では、作付期間中に失った土壌養分の回復は見込めず、病

**表3-1** ラオスにおける人口と焼畑の休閑年数の推移（Roder 2001）

|  | 1950年代 | 1970年代 | 1990年代 |
|---|---|---|---|
| 人口（100万人） | 1.8 | 2.3 | 3.9 |
| 人口密度（人口/km²） | 8 | 13 | 18 |
| 休閑年数（年） | 38 | 20 | 5 |
| 陸稲栽培への労働投入（日/ha） | 226 | 239 | 290 |
| 除草回数 | 1.8 | 3.0 | 4.2 |

害虫の発生や雑草の繁茂などイネ生産に悪影響が生じ、持続性の喪失が懸念されるようになった。

## 1-2 焼畑陸稲栽培の方法

ラオス北部の焼畑陸稲栽培の方法は、多少の地方差や民族間の違いはあるが、おおよそ類似している。1月半ば〜2月に叢林の伐採を行ない、3〜4月に火入れを行なう。この時期に雨が降った場合、降雨後の数日は火入れをすることができず、また、雨期の到来が早い年では火入れがうまくいかないこともある。火入れに失敗した畑でイネを育てると、雑草の繁茂がひどく、除草作業の回数が増える可能性が高いため、前年の土地に戻ってイネを育てる場合もある。逆に、非常に乾燥していたり、風が強いと、火入れは非常に危険である。火は森林の落ち葉やチガヤなどに移り、山一面の落ち葉を燃やすこともある。1回目の火入れで、必ずしもすべて焼き尽くせるわけではなく、農民は燃え残りを何箇所かに山のように積んで、再び火入れを行なう。

4月後半から5月いっぱいまでが陸稲の播種期である。たいていの場合、男が掘り棒で地面に孔をあけ、女がそこに籾を5〜20粒ずつ入れる。栽植密度は平均すると、およそ10〜13株/m$^2$であるが、同じ農民であっても場所による変異は大きい。覆土を行なう農民と行なわない農民がある。播種後すぐに雨が降らないと、播種した籾はアリやネズミの餌となってしまい、欠株だらけになってしまう。その場合、播種を再度行なう者、雨が降るのを待って密度の高いところから株を抜き取り、移植を行なう者がいる。各農民は、1〜5品種くらいのイネを植える。その中には早生、中手、晩生があり、早いもので8月下旬から収穫可能であり、遅いものでも10月下旬には収穫が終了する。生育期間の違う品種を植えるのは、危険分散や収穫時期の労働分散といった意味があり、特に早生は食料が不足しがちな農民にとって早く収穫できるので重要である。農民は、自分の畑にイネ以外にも、トウモロコシ、ゴマ、ハトムギ、ラッカセイ、ダイズなどの作物を栽培する。

ラオスの陸稲には改良品種はなく、すべて在来品種であり、その大半はジャポニカ型とされている。在来品種は一般的に草丈が高く、穂数が少なく、収穫指数（全乾物生産量に占める籾重の割合）が小さい。在来品種の収量は低いものの、条件不利地でも安定した収量を得られると考えられている。そのような在来品種の中でも

農民は、穂の大きい、倒伏しにくい、大粒の品種を好む。

除草は主に手作業で行なわれるが、前述のように近年の休閑期間の減少によって、除草作業への労働投入が著しく増加し、1ha当たりおよそ150人日となっており（Roder 2001）、焼畑陸稲栽培の労働投入の半分を占めている（表3-1）。この数字は、夫婦2人で1haの陸稲栽培を行なっている場合、イネ播種後75日間、2人で1日8時間くらいの除草を毎日行なうことを意味する。近年では労働力の不足を補うため、除草剤（パラコートやラウンドアップ）の普及が急速に広がり始めている。十分な知識がないまま除草剤を使用することが多く、それにともなう農薬中毒が増加しつつあるという。除草作業はイネ播種前か播種後すぐに1回目が行なわれ（写真3-2）、8月半ばまたは9月まで、炎天下であろうが、多少雨が降っていようが、ほぼ毎日のように行なわれる。雑草を除去することができなければ、イネ収量は皆無になってしまう。

**写真3-2　焼畑陸稲栽培における除草**

このような栽培環境下においても、農民は限られた資源の中で焼畑を営んでいかなければならない。そこで、農民はどのように焼畑を行ない、どのようにイネ品種を選び、他の換金作物を植えるのか、焼畑農業とそれに関連した土壌の在来知識に関する農民への聞き取り調査を行なった（Saitoら2006b）。

その調査結果から、大半の農民が自分の畑の土壌に対して関心を抱き、良し悪しをつけていることがわかった。また、その評価にしたがって、特定のイネ品種や作物を植えていた。農民が土壌を表現する際に用いる基準は色や土性が多かったが、特定雑草の発生程度や火入れの良否をその基準にしている農民もあった。一般的に、農民は赤や黄色よりも黒色の土壌を好み、砂質よりも粘土質の土壌を好んでいた。土壌条件のよいと思われるところには、早生で自分たちの好みの大粒のイネ品種を、土壌条件が悪いと思われるところには、晩生で嗜好性の低い小粒のイネ品種

と換金作物を植えていた。その理由だが、土壌条件が悪ければ、早生品種および大粒品種は十分に生育することができない。だから、農民は大粒の品種を好むからといって、そればかり植えるようなことはできない。また、条件のいいところに晩生や小粒品種を植えると倒伏すると考えているようであった。さらに、保水性が低く土壌条件の悪いところでは、9月後半から10月にかけて降雨が減少し土壌水分が少なくなるので、それまでに収穫できる早生の品種を植えなければならないという農民もおり、話を聞いていると様々な考えを教えてくれる。また、雑草が繁茂しやすい場所には、初期成長のよいイネよりも、粗放的に栽培のできるハトムギやゴマを植える農民もいた。

このようにそれぞれの農民たちは置かれている栽培環境に適応しようと、限られた資源の中で戦略を立てて、焼畑を営んでいるようであった。

## 2. 陸稲の生産阻害要因

次にラオス北部の陸稲の生産阻害要因について述べていこう。焼畑陸稲栽培の現状で述べたように、近年、休閑期間が著しく減少しており、除草作業の労働投入が増加し、それが労働生産性の低下につながっている。雑草が陸稲生産を阻害する要因の1つであることは疑いもない。それ以外の要因として、土地利用の集約度の増加（休閑期間の減少および作付期間の増加）に伴う土壌肥沃度の低下、不十分な降水量、ネアブラムシ（*Thetraneura nigriabdominalis*、写真3-3）や線虫（*Meloidogyne graminicola*）の発生、ネズミによる食害、土壌侵食などがあげられる（Saitoら2006a）。

陸稲を連作すると、適切に雑草を管理しても、収量は連作年数の増加に伴って減少する。試験場で行なわれた長期試験の結果では、初年度の収量が2.3〜3.3t/haであったのが、5年目になると0.3〜1.0t/haとなった。この現象は、

**写真3-3** ネアブラムシ

第Ⅱ部　粗放段階の稲作

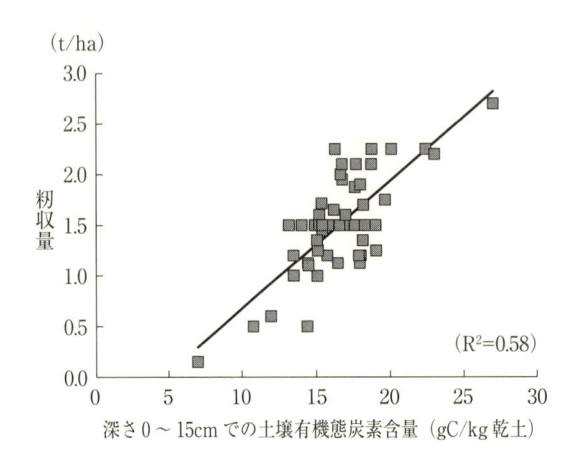

図3-1　土壌有機態炭素含量と陸稲収量との関係（Asaiら2009、著者ら未発表）

縦軸：籾収量（t/ha）、横軸：深さ0〜15cmでの土壌有機態炭素含量（gC/kg乾土）、$R^2=0.58$

ラオスの焼畑に限らず、他の熱帯地域において無肥料・無灌漑条件、または、化学肥料を与えて灌漑栽培を行なった試験においても認められ、イネの収量は数年もすれば皆無となっている。その原因については、土壌養分の減少、土壌物理性の悪化、病害虫の発生などが考えられるが、そのメカニズムははっきりとはわかっていない。しかし、連作障害は単一の要因に支配されるのではなく、それらが複合的にイネ収量に影響を与えるのではないかと考えられる。

　上述したように、焼畑での陸稲の生産性は様々な要因に影響を受けており、その収量の空間変動を単一の阻害要因で説明することは極めて難しい。しかし、圃場試験や農民の圃場の調査から得られた土壌および収量データをまとめてみると、土壌の有機態炭素含量と密接な関係があることが明らかになった（図3-1、Asaiら2009、著者ら未発表）。有機態炭素が豊富な土壌は、団粒構造（大小さまざまな土壌粒子の集合体）を形成するため、通気性・保水性にすぐれる。さらに、そのような土壌はイネに必要な養分をより多く保持し、多種多様な微生物の活性を高めることにより、土壌病害の発生を抑制すると考えられる。特に焼畑陸稲栽培のように、水・肥料・農薬などの外部からの資源投入が困難な栽培環境では、有機態炭素が果たす役割は極めて大きいと考えられる。

　そこで、焼畑稲作の土地集約化が土壌の有機態炭素に及ぼす影響について調査を行なった。有機態炭素は植物体の落葉や落枝、枯死した細根から土壌に供給される一方で、その減少は、微生物による土壌有機物の分解に伴う二酸化炭素の放出や雨による土壌流亡によって生じる。図3-2に、陸稲栽培時と休閑20年目での炭素循環を示した。休閑期間中に植生が回復するにつれて、土壌への有機態炭素の供給量は増加する。一方で、陸稲の作付期間中では、植被が未発達のため、降雨による土

第3章 ラオス北部の焼畑稲作—その現状と改善に向けた試み—

作付1年目／休閑20年目の炭素循環図：

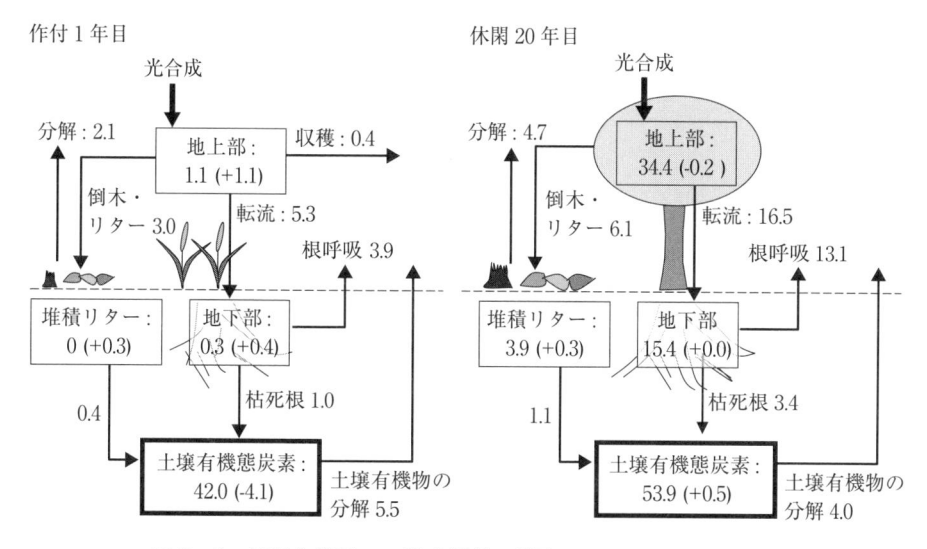

**作付1年目**
- 光合成 → 地上部：1.1 (+1.1)
- 分解：2.1
- 倒木・リター：3.0
- 収穫：0.4
- 転流：5.3
- 根呼吸：3.9
- 堆積リター：0 (+0.3)
- 地下部：0.3 (+0.4)
- 枯死根：1.0
- 0.4
- 土壌有機態炭素：42.0 (-4.1)
- 土壌有機物の分解：5.5

**休閑20年目**
- 光合成 → 地上部：34.4 (-0.2)
- 分解：4.7
- 倒木・リター：6.1
- 転流：16.5
- 根呼吸：13.1
- 堆積リター：3.9 (+0.3)
- 地下部：15.4 (+0.0)
- 枯死根：3.4
- 1.1
- 土壌有機態炭素：53.9 (+0.5)
- 土壌有機物の分解：4.0

**図3-2　焼畑生態系での炭素循環の様子**（浅井ら2012を一部改編）

□で囲まれた4つが炭素（C）の主なプールで、炭素現存量と、括弧内に年間の変化量を示す。矢印は炭素の流れで、数値は年間の変化量を示す。いずれも単位は（tC/ha）。

壌侵食量が大きく、地温上昇による有機態炭素の分解も大きい。そのため土地利用の集約化が進めば、相対的に土壌の有機態炭素は減少していくこととなる。

こうした現地調査から得られた炭素の供給および分解量と休閑年数の関係をもとに焼畑稲作システムの炭素収支を計算したところ、土壌の有機態炭素の維持には1年の作付けに対しておよそ11

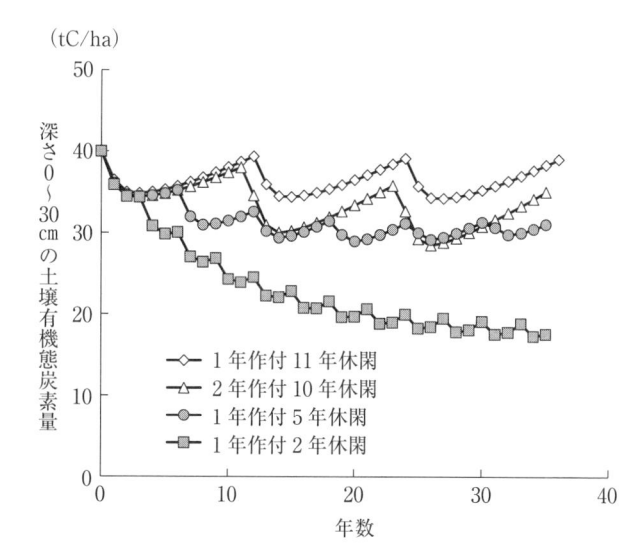

**図3-3　作付および休閑期間が異なる焼畑における土壌有機態炭素含量の時系列変化**（Asaiら2007）

凡例：
- 1年作付11年休閑
- 2年作付10年休閑
- 1年作付5年休閑
- 1年作付2年休閑

縦軸：深さ0〜30 cmの土壌有機態炭素量 (tC/ha)
横軸：年数

年の休閑期間が必要であり、休閑期間が短縮するにつれて、土壌有機態炭素はより大きく減少することが明らかになった（図3-3）。実際、政府による土地利用区分制度によって、10年前に焼畑用地（平均的な作付体系は2年連作と3年休閑）と保全林区に区分されたそれぞれの土地の表土15cmを採取し有機態炭素含量を測定したところ、焼畑用地は保全林区に比べて有機態炭素含量が約25％も低かった。以上より、現行の短期休閑のもとでの焼畑稲作では土壌の有機態炭素は減少の一途をたどり、そのことが焼畑稲作の持続性に重大な影響を及ぼしていると考えられる。

## 3. 焼畑稲作の生産性の改善は可能か

これまでに述べてきたように、ラオス北部の焼畑陸稲栽培は、気候変動および近年の休閑年数の減少・作付年数の増加による影響を受け、イネ生産は不安定で低収となっており、そのシステムは悪循環に陥り（図3-4）、崩壊の危機に瀕しているといえる。その崩壊を防ぐために、持続的で安定した生産のための作付体系の開発が必要不可欠である。一方で、ラオス中南部の水稲作地域の生産性を高めて、そこ

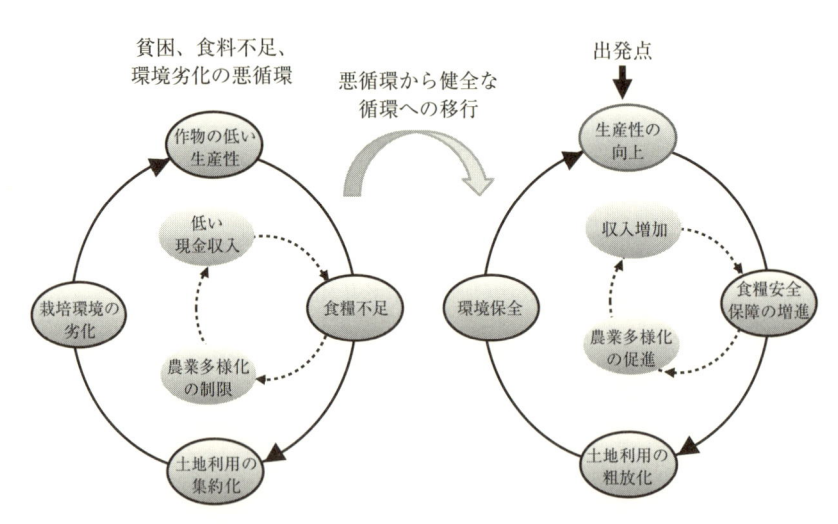

図3-4 貧困、食料不足、環境劣化の悪循環（左）から健全な循環（右）への移行（Pandey 2003）

## 第3章　ラオス北部の焼畑稲作—その現状と改善に向けた試み—

からコメを輸送することで北部山岳地域の農民は焼畑をやめ、その土地に多年生の換金作物や牧草を栽培し、プランテーション農業や畜産を営めばよいという考えもある。しかし、北部山岳地域へのコメ輸送は経済・環境的にみて有効な手段とは言い難く、さらに、大半の農民が最低限の自家消費用のコメを確保しようとするのは至極妥当なことである。他のアジアの国々を見ても、農民は自分の食料自給を達成してから、多様な農作物を栽培し始めている。言い換えれば、コメの自給達成こそが、農営の多様化の出発点であると思われる。

ラオス北部では、1990年代初頭から国際イネ研究所（IRRI）などの研究・開発機関がイネを中心とした様々な作付体系試験を行なってきているが、残念ながらそういった技術が確立・普及されるに至っていない（Roder 2001）。このことは、他の熱帯の焼畑地域を見渡しても同様である。さらに、日本人研究者による文化人類学、経済学、そして、土壌学からアプローチした焼畑研究は数多くあるが、焼畑の生産性改善に関する知見はほとんど得られていない。

さて、そのイネ生産性を高める手段として、どのような戦略があるだろうか。その戦略は土地条件によって異なるだろう。土壌が肥沃で、土地が平坦な所では常畑化し、様々な作物を組み合わせて輪作を行なうことも可能であろう。ルアンパバンで見られた耕耘機を用いて畑を耕す農民は、10年以上その畑で作物を栽培しているが、いまだ、作物の生産量は落ちていないという。棚田の上部にある焼畑地の一部を、水田に造成しようという農民も見られる。しかし、これらのような条件のよい場所は限られており、さらに、その日の生活に追われるような貧困に苦しむ農民に、耕耘機や生産基盤造成などの大きな投資は望むべくもない。

そこで、著者らは焼畑陸稲栽培の現状を探り、生産阻害要因を明らかにするにとどまらず、現地で可能な手段でそれらを克服する方法を見出し、持続的な作物生産を可能にする生産技術を探る、さまざまな現地試験を行なった。そこで目指したことは、環境負荷を高めることなく、焼畑システムの生産性を改善することであった。すなわち、現状のもとで高いイネ収量を可能にする生産技術を構築しようとした。こうすることで、毎年のイネ生産に必要な農地面積を減らし、余分な土地を休閑地にすることができる。休閑年数を延ばすことは、土壌肥沃度の回復と雑草の抑制につながる。さらに、現在のシステムでは不足していた労働力に余裕が生じ、農民は陸稲栽培以外の畜産や果樹栽培などの農業活動、または、非農業活動に時間を

充てることができるようになる。この考え方はPandey（2003）が示した図3-4の右半分の図式とも符合し、これにより、現在の焼畑社会が陥っている悪循環が打開できると考えられる。その成否の鍵は、イネ生産性の改善にかかっている。はたしてどの程度イネ生産性の改善が可能なのであろうか、以下に、行なった試験内容とその結果を述べていきたい。

## 3-1 休閑改善システムの開発

著者らがまず行なったのは、休閑期間中の生育に優れ、雑草の抑制と土壌肥沃度を高める効果をもつ休閑作物を組み込んだ、休閑改善システムの開発である（図3-5）。この技術は熱帯の多くの地域で有望な技術として試験されており、現行の作付体系からまったく異なった技術を導入するよりも、農民にとって受け入れやすいと考えられている。著者らが行なった試験は図3-5のとおり、休閑作物をイネ栽培期間中に間作作物として導入し、イネ収穫後の休閑期間中に除草作業をすることなく粗放的に栽培し、休閑後には、現行のシステムと同様に伐採の後に、イネを栽培するものである。

その場合、休閑作物に要求される特性は、①簡単に導入できること、②イネ収穫後に植被を広げ、雑草を抑制し次作のイネ栽培時の雑草害を抑えること、③休閑期間中のバイオマスが大きいこと、④次作イネ栽培時に残渣の分解が早いこと、⑤イネが吸収できない下層土から養分を吸収できること、⑥休閑作物自体が雑草化しないこと、そして、⑦次作イネの生産性を高めること、などである。さらに、それらが窒素固定のできるマメ科作物であれば、窒素を供給することができる。また、休閑作物がイネの間作として導入される場合、間作時のイネ収量を低下させないことが重要となり、その導入方法（播種量、播種方法、密度、導入時期など）も考慮する必要がある。さらに、休閑終了時に休閑作物をどのように処理（火入れ、マルチなど）するか、また、次作イネ栽培時に、休閑期間中に地面に落ちた休閑

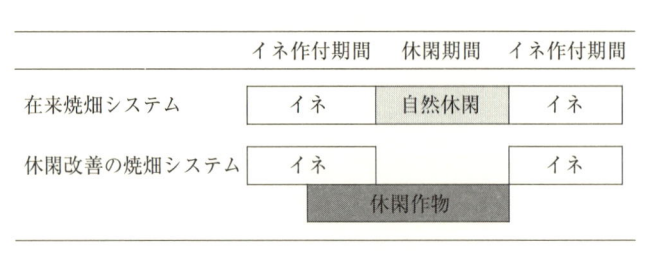

図3-5 在来焼畑システムと休閑改善の焼畑システム

作物の種子が出芽してくる場合や再萌芽する場合には、その管理をどうするかといったことも重要となる。

　試験を行なった休閑作物は、スタイロ（*Stylosanthes guianensis*）、キマメ（*Cajanus cajan*）、ギンネム（*Leucaena leucocephala*）、カジノキ（*Broussonetia papyrifera*）である。以下、それぞれの作物の特徴と試験の内容および結果について説明していく。

### スタイロの導入試験

　スタイロはマメ科の多年生の牧草である（写真3-4）。土壌中の栄養素含量が少ない状態でも、リンなどの栄養素類を植物体に蓄積できるといわれており、1990年代前半に、ラオスの試験場で行なわれた牧草の生育試験において、優秀な成績が収められている。しかし、その試験以降、近年にいたるまで、それが農民によって利用されているという報告がなく、最近になって、国際熱帯農業研究所（CIAT）などの研究・開発機関が、ラオスで牧草として普及活動に力を入れ始めた。しかし、スタイロを焼畑休閑作物として利用した試験は、いまだ行なわれていない。スタイロを休閑作物として育てることにより、ある程度の間隔で家畜を放牧したり、刈り取って豚や鶏のえさにしたりすることで、休閑地の有効利用が可能になると考えられる。

　本試験では、特にイネ作付期間にスタイロを導入するにあたり、スタイロの播種時期がイネ収量とスタイロの生育に及ぼす影響を検討した。また、スタイロによる1年休閑と乾期のみの半年休閑が、次作のイネ収量、土壌および雑草発生に及ぼす影響も調べた。スタイロによる1年休閑と乾期休閑の試験は異なる圃場で行ない、スタイロ播種はイネ播種後0から83日の間で時期を変えて行なった。また、乾期休閑の試験では休閑後

**写真3-4**　休閑期のスタイロの生育状況

第Ⅱ部　粗放段階の稲作

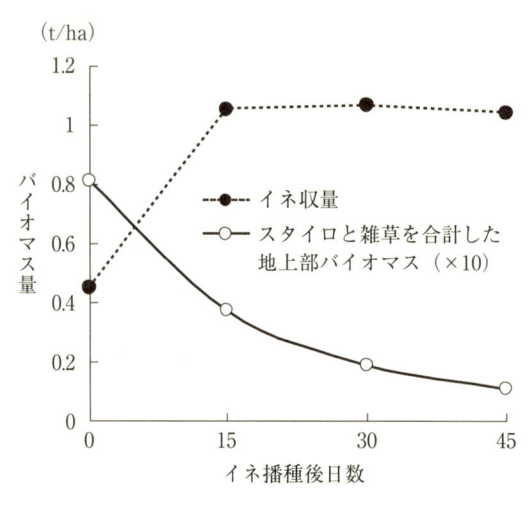

**図3-6**　スタイロの播種時期が混作したイネの収量と、休閑終了時におけるスタイロと雑草の総バイオマス量に及ぼす影響（Saito ら 2006c）

の処理に、火入れと、刈り取ったスタイロをイネのマルチにする処理の2つを設けた。どちらの試験においても、スタイロとイネの同時播種は、両作物の競合からイネの収量を著しく減少させ、その減少率は55％にも達した。イネ播種後15日以降のスタイロ播種は、イネの収量に大きな影響を及ぼさなかった。スタイロの播種が遅れるにつれ、休閑後の伐採時のスタイロの生育量が低下し、スタイロと雑草を含んだ地上部バイオマス量が減少した（図3-6）。

休閑後の伐採時のスタイロと雑草を含んだ地上部バイオマス量が大きいほど次作イネの雑草量が小さく、イネ収量が大きかった（図3-7）。スタイロ休閑システムによって、イネ収量を在来の作付体系より最大で0.6t/ha増加させ、雑草量を最大で60％減少させることができた。また、スタイロ休閑後には、土壌無機態窒素含量が在来の作付体系より増加する傾向が認められた。休閑後のスタイロの火入れとマルチ処理を比較した場合、イネ収量に処理による違いは認められなかった。

以上の試験結果より、休閑作物として導入するスタイロの播種時期は、イネ収量を低下させず、スタイロ伐採時にそのバイオマス量が比較的大きかった、イネ播種後15日が妥当であると考えられた。スタイロを導入した休閑システムが長期的に見て持続的かどうかはさらなる検討が必要であるが、スタイロを用いた短期休閑システムは、在来の作付体系に比べてイネ収量を増加させ、雑草発生を抑制する効果があることがわかった。この試験ではスタイロによるマルチ処理が火入れ処理よりも優れていることは示されなかったが、火入れではスタイロに蓄積された養分の大半が大気中に失われるのに対し、マルチ処理ではそれを土壌中に還元ができるという効果が期待され、土壌流亡を防ぐ焼畑の代替農業方法の1つとなりえる。さら

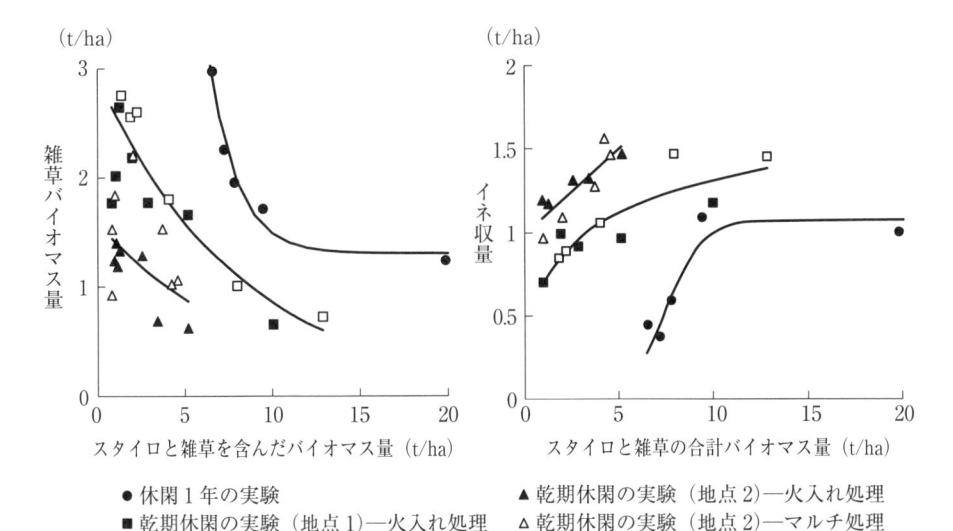

図3-7 スタイロを導入した休閑システムにおいて、休閑後伐採時の地上部バイオマス量と次作のイネ作付期間中に発生した雑草バイオマス量（左図）およびイネ収量（右図）との関係（Saitoら 2006c）

● 休閑1年の実験　　　　　　　　　　▲ 乾期休閑の実験（地点2）—火入れ処理
■ 乾期休閑の実験（地点1）—火入れ処理　△ 乾期休閑の実験（地点2）—マルチ処理
□ 乾期休閑の実験（地点1）—マルチ処理

に、木本類に比べて、スタイロなどの草本類はマルチに利用しやすい。

しかし、マルチをした後にイネを播種する場合、マルチに大きな穴を開けて播種しなければ、出芽したイネがマルチから出てこられない。さらに、土壌への養分の還元にはマルチの量は多いほどよいが、マルチの量が多いと出芽後再度マルチに穴を開けてイネをマルチから出してやらねばならず、非常に手間がかかる。実際、一緒に働いてもらった農民はこのスタイロによるマルチ処理を嫌がり、何度もライターを出しては燃やそうかと聞いてくる始末であった。かといって耕してすきこむことも傾斜地であるからできない。伐採後に燃やさずにもち出してしまえば、養分は土壌に還元されない。やはり、傾斜地にイネを植える限り、火入れは必要なのかもしれない。

**キマメおよびギンネムの導入試験**

キマメとギンネムはともにマメ科の早生樹であり、熱帯の作付体系の改善に広く用いられている作物である（写真3-5）。キマメはラオス北部には在来種が自生し、農民は豆を未成熟の状態で料理に用いたり、染料、薬、接着剤、塗料などに用いら

写真3-5 イネ収穫期の休閑作物として導入したキマメ

表3-2 異なる休閑システムが及ぼすイネ収量およびイネ生育期間中の雑草バイオマス量への影響

|  | 2001 | 2003 | 2005 |
|---|---|---|---|
| | イネ収量（t/ha） | | |
| 1年自然休閑 | 2.3 | 0.9 | 0.5 |
| キマメ休閑 | 2.0 | 1.1 | 0.4 |
| ギンネム休閑 | 2.3 | 0.8 | 0.5 |
| | 雑草バイオマス量（t/ha） | | |
| 1年自然休閑 | 0.6 | 1.1 | 1.7 |
| キマメ休閑 | 0.4 | 1.1 | 1.3 |
| ギンネム休閑 | 0.5 | 1.0 | 1.2 |

れる有用昆虫のラックカイガラムシの寄生樹木に利用したりする。キマメ、ギンネムともに、葉は飼料として、幹は薪として利用できる。キマメおよびギンネムを焼畑の休閑作物に導入する試験は、5年間（2001～2005年）にわたって行ない、1年の自然休閑、キマメ休閑、ギンネム休閑システムがイネ収量および雑草におよぼす影響を調査した（Saitoら2008）。イネは1年の休閑をはさみ、2001、2003、2005年に栽培し、キマメとギンネムは、2001年イネと同時に1.25×1.25mの間隔で播種した。また、2003、2005年には、伐採・火入れ後のイネ生育中に萌芽したギンネムの若枝を、定期的に刈って土に戻した。一方、キマメは伐採・火入れ後には萌芽しないので、2003年に再度播種した。

　これらのシステムのもとでの3年間のイネ収量とイネ生育期間中の雑草量を、表3-2に示した。2001年にイネと同時に播種したキマメとギンネムは、当作のイネ収量に大きな影響を与えなかった。1年休閑後（2003年）のイネ収量はキマメ休閑が他処理よりも若干大きかったが、前作の2001年のイネ収量よりも著しく小さかった。2005年にはイネ収量に処理間で大きな違いは認められず、0.4～0.5t/haと2001年に比べて5分の1ほどに収量が低下した。以上の結果より、短期間のキ

マメとギンネムを用いた休閑改善システムの導入によって、休閑年数の短縮によるイネ収量の低下を防ぐことはできないと考えられた。

**カジノキの導入試験**

最後に紹介するのは、日本でも古くから和紙の原料として利用されているカジノキである（写真3-6）。この作物はマメ科ではなく、クワ科コウゾ属に属する落葉低木であり、ラオス北部に自生している。農民はこの内皮をはぎとり、乾燥させ、売ることができる。これは製紙や服飾の繊維として利用される。それ以外に、葉は飼料として、幹は薪として利用できる。このようなメリットに加えて、栽培も粗放的にできることから、カジノキ栽培がラオス北部で、1990年代半ばから急速に広がってきている。

**写真3-6** 火入れ後に再萌芽したカジノキと生育初期のイネ

その導入方法には、苗の移植、株分け、根挿しなどがあるが、大半の農民は株分けを用いる。雨期の始まりの5、6月にカジノキの自生しているところから株を集め、他の作物が植えてある土地に適度な間隔で植える。イネの間に植えた場合、イネ収穫時には、カジノキはイネと同じ程度の草丈であり、イネ収量にはほとんど影響はない。また、イネ収穫後には、年1、2回カジノキ周辺を簡単に除草するだけの粗放的管理でカジノキは育つ。農民はカジノキの収穫を導入後1年くらいから行ない、数年にわたって同一個体から収穫できる。その内皮の収量は、本数密度、胸高直径および高さによっておおむね決定される（Saitoら2009）。

このカジノキは、導入後ある程度の年数が経つと生育が悪くなるので、農民は火入れを行なう。カジノキは火にも強く、伐採・火入れ後も萌芽するから、農民は火入れによって、再び生産性が高まると考えている。火入れ後、萌芽したカジノキは、導入時に比べて生長が早く、そこにイネを播種した場合、イネと競合する。再萌芽したカジノキは、収穫期にはイネの草丈よりも明らかに大きくなる。農民の圃場で調査したところ、カジノキの本数密度が高く、草丈が高いほど、イネ収量は低かった。これにより、カジノキとイネを同時に栽培する場合、イネ収量を低下させ

ないために、カジノキの本数密度を適切に管理する必要がある。実際に農民に話を聞いてみると、生育の悪いカジノキを間引いたり、若枝を刈り取ったりして、競合を抑制しようとしている。

　これまで述べてきたように、このカジノキはすでに一部の農民によって焼畑システムの中に組み込まれている。そういった意味では、このシステムは在来の休閑管理システムなのかもしれない。カジノキを組み込んだ休閑システムでのカジノキの生育年数（つまり、カジノキ休閑の年数）はわりと自由度が高く、毎年ある程度の収入が期待できる。カジノキの売値が安定し、このまま需要があり続けるのなら、有望な収益性の高い休閑システムなのかもしれない。

　以上の結果、作付体系による焼畑でのイネ生産性の改善については、特にスタイロ休閑システムが有望視される。しかし、現段階では、その種子の購入費が非常に高く、種子生産システムの確立も必要となる。さらに、キマメ、ギンネムおよびカジノキを含めた休閑作物を育てる際には、家畜の侵入を防ぐフェンスが必要不可欠である。フェンスがなければ、自分の家畜だけでなく、他人の家畜も侵入するし、時には、野生のイノシシなども出没する。もちろん、これらは家畜の飼料となりうるため、放牧してもよいのだが、休閑作物が若いうちに放牧するとその後生育が回復しない可能性があるので注意が必要である。

　そして、忘れてはならないことは、休閑作物自体が収入源および多目的な利用（家畜の飼料、薪など）が可能であるということである。それらに農民がメリットを感じなければ、農民はその休閑改善システムを受け入れないだろう。実際に、農民の畑に、イネと一緒にキマメとカジノキを植えて、農民に評価を聞いてみると、キマメよりカジノキを好むと言う。理由は簡単で、カジノキの方が現金収入になりやすいからと答える（Linquistら 2005）。

　今後、単に休閑期間中の休閑作物の生育や次作のイネ生産性だけを評価するだけではなく、その休閑作物を導入することでどの程度その作物からメリット（収入源や家畜の飼料など）を得られるかということも評価していかなくてはならないと思われる。さらに、導入の際には、その作物が現金収入として関わってくるものには、その市場と農民を結びつけることができるかどうかということも重要となる。

## 3-2 生産性改善へ向けてイネ品種からのアプローチ

　これまで、作付体系による焼畑でのイネ生産性の改善の可能性について話を進めてきたが、次に別のアプローチとして、イネ品種の導入試験について説明する。イネ品種を変えるだけで収量が増加するのであれば、新たな作付体系を導入するよりも農民にとって受け入れやすい。

　前述のとおり、ラオス北部で栽培されている陸稲はすべてが在来品種である。その収量ポテンシャルは決して低いわけではなく、過去の試験場の報告では4t/haを超える収量が得られており、焼畑陸稲栽培であっても条件がよければ、在来品種でも現在の平均収量（およそ1.7t/ha）の2倍以上とることができる。かつて、休閑年数が比較的長かった時代には、ひどい旱ばつでもない限り、比較的高い収量を得ることができ、農民によるイネ品種の選択も現在よりも好適条件で行なわれてきたのではないかと推察される。そのため、近年の休閑期間の短縮により悪化した栽培環境に対して、農民によって選抜されてきたイネ品種が適応できず、その結果、イネ収量が低下しているとも考えられる。

　はたして、現在の栽培環境に適応した品種を導入することによって、収量をどの程度増加させることができるだろうか。そこで、ここでは近年行なわれた2つの品種試験について紹介する。1つは現在の栽培環境に適した在来品種を選抜するためにIRRIとラオスの国立農林研究所（NAFRI）が行なってきた研究成果、第2は著者らが行なった在来品種と近年インドネシア、フィリピンで開発された改良品種を比較した試験の結果である。

**在来品種の選抜**

　1990年代にラオス全土からイネ品種が集められ、陸稲品種数は7000品種を上回った（Appa Raoら 2002）。その中の数百品種を対象に、北部農林試験場で選抜試験が毎年行なわれた。そこで選ばれた数十品種からさらに翌年に十数品種が選抜され、次の年には現地適応性試験が行なわれた。この過程を経て3～6品種が選抜され、それらがラオス北部全県で行なわれている農民参加型の品種選抜試験での評価に供された。この品種試験に、これまでに総数3000ほどの品種が供試されて、収量性が高く、農民に好まれる品種がいくつか選抜された。それらの中にはNokおよびMak hin sungという名前の品種があり、農民参加型の試験では、彼らの用

いている在来品種よりも、0.3〜0.5t/haほど高い収量を示した（Linquistら 2005）。さらに、選ばれた品種の中には、特に連作畑で高い生産性を示すChaomadやLabounといった品種も見つかっており、政府や国際機関を通じて農民に普及され始めている。在来品種の選抜試験から、このような成果が得られつつあるが、その収量増加はさほど大きくなく、特に連作畑に強い2品種は倒伏しやすい。今後、残りの在来品種を選抜していくだけでは、さらなる収量向上はあまり期待できないように思われる。

### エアロビックイネシステム

近年、ブラジル、中国およびフィリピンで、在来の低投入の陸稲栽培システムとは異なった、化学肥料や灌漑などの資源多投入型の陸稲栽培システムが注目されている。このシステムは在来陸稲栽培とは区別する意味で、しばしばエアロビック（aerobic）イネシステムといわれる。このシステムは、水不足が懸念される中国北部では従来の湛水栽培に代わる節水栽培システムとして期待されている。また、ブラジルでは栽培環境の比較的よい畑地で、イネが輪作作物の一つの商品作物として栽培されている。その栽培には改良品種が用いられており、十分な施肥、灌漑を行なうことによって、5t/ha以上の収量が得られたという報告が各地でなされている。しかし、このような改良品種がラオス北部の焼畑の低投入、無灌漑のもとでどの程度の収量が得られるかはわかっていない。そこで、前述のNok、Mak hin sungを含むラオス北部の在来3品種と、フィリピンとインドネシアで開発された改良2品種（IR55423-01、B6144F-MR-6-0-0）を供試し、2004、2005年に3地点で、無肥料、窒素（N）施肥（90kgN/ha）、および窒素とリン（NP）施肥（90kgN/haと50kgP/ha）の3つの肥料処理を設けた栽培試験を行なった（写真3-7、Saitoら 2006d、2007）。試験の結果より、改良品種の収量は、両年とも施肥条件下だけでなく、無肥料条件下においても在来品種よりも明らかに高かった（表3-3）。また、N施用に対する反応に品種間差異がみられた。すなわち、改良品種は窒素施肥に対して高い収量反応を示した。また、改良品種は在来品種に比べて成熟期の地上部バイオマス量と収穫指数が大きく、草丈が低く、穂数が多い特徴をもっていた。さらに、焼畑無肥料条件で2006、2007年に行なった品種栽培試験においても、これらの改良品種が特に連作条件下、低肥沃度条件下で高い収量性を示しており（Asaiら 2009）、現行の焼畑に非常に適応していると考えられた。

第3章 ラオス北部の焼畑稲作―その現状と改善に向けた試み―

　　　　　　改良品種　　　　　　　　　在来品種

**写真3-7** 焼畑でのイネ品種の比較試験：収穫時の改良品種と在来品種

**表3-3** 異なる肥料条件下での在来品種と改良品種のイネ収量の比較（2年間の平均）

|  | イネ収量（t/ha） | | | 地上部バイオマス量(t/ha)* | 収穫指数* | $m^2$当たり穂数* | 草丈(cm)* |
| --- | --- | --- | --- | --- | --- | --- | --- |
|  | 無肥料 | N | NP | | | | |
| Vieng（在来） | 1.5 | 1.8 | 2.2 | 5.9 | 0.26 | 129 | 125 |
| Nok（在来） | 2.0 | 2.1 | 2.8 | 6.5 | 0.31 | 133 | 129 |
| Mak hin sung（在来） | 2.1 | 2.2 | 2.4 | 7.4 | 0.26 | 118 | 140 |
| IR55423-01（改良） | 3.2 | 4.1 | 4.2 | 8.9 | 0.38 | 234 | 109 |
| B6144F-MR-6-0-0（改良） | 3.4 | 3.9 | 4.3 | 9.2 | 0.36 | 255 | 120 |

*3つの肥料条件の平均値
Saitoら（2007）より抜粋。

　これらの結果は、水稲にみられた「緑の革命」を思い起こさせるかもしれない。「緑の革命」は半矮性の改良品種を用い、多施肥、灌漑、農薬などの資源多投入によって実現された多収であるといわれている。しかし、本研究では、無肥料条件の焼畑環境においても多収を示しており、既存の粗放的な焼畑システムに導入しても、高い収量を示すと考えられる。今後、様々な栽培環境でのさらなる試験が必要であり、また、改良品種の品質が農民の嗜好性にあっているかどうかといった問題がある。さらに、このような改良品種の導入は、在来品種の消失となって遺伝資源

を狭めることにつながり、新たな病害虫の発生と拡大の原因となる可能性があり、遺伝資源の多様性を維持する試みもまた必要であろう。このような問題点があるものの、これらの改良品種は既存システムを大きく変化させ、ラオスの焼畑陸稲生産に「緑の革命」を起こす可能性を十分に秘めている。

　この試験から、改良品種は窒素施用に対する収量反応が大きいという結果が得られ、改良品種導入と施肥が農民の収益を増加させることがわかった。しかし、施肥を焼畑システムに取り込むのには十分注意が必要である。焼畑地の大半が傾斜地であり、せっかく施用した肥料も降雨により流されてしまう危険性をもつからである。さらに、旱ばつが起こった場合、施用した肥料は無駄になってしまうかもしれない。このようなリスクを踏まえた上での技術普及が必要であろう。そのためには、施用した肥料のロスを減らす技術の確立が不可欠である。あるいは、前述の作付体系の開発で示したように、マメ科作物を導入し、土壌への窒素供給を増加させることで、改良品種のさらなる収量の増加が期待できる。

　今回用いた改良品種はもち米ではなく、うるち米であり、実際に農民に受け入れられるかどうかは、農民とともに彼らの畑で試験することが必要となる。嗜好性に合わなくとも、これを親として育種材料に使用することができる。すでに、ラオスの在来のもち米品種と組み合わせた育種がIRRIで始まっている。

## 4. ラオス北部の焼畑農業地域における稲作発展の方向性

　本章では、悪循環に陥って崩壊の危機にあるラオス北部の焼畑システムのもとでの陸稲生産の現状とその阻害要因を記述し、それらを克服し持続可能な生産システムを探る試験とその内容を紹介してきた。その結果、改良品種の導入および作付体系の改善（特にスタイロ休閑）が、現行の陸稲栽培の生産性を向上させることを示した。この２つの生産技術のイネ増収効果を直接比較することは、異なる環境条件下で試験を行なったためできないが、概して休閑作物の導入が次作イネの生育に及ぼす効果は、短期的には改良品種の導入効果よりも小さいと思われる。しかし、休閑作物の導入には、イネ収量への効果以外に、農民の収入源または家畜飼料としての価値、そして、次作イネ作付期の雑草発生の減少および土壌肥沃度の改善効果が期待できる。そのため、新品種の導入と組み合わせることにより、陸稲を中心とし

た作付体系の生産性のさらなる改善に寄与する可能性があると思われる。

　このような生産技術を導入したとしても、土地利用の集約化がイネ収量減少を引き起こしている現状では、イネ収量の増加と休閑作物の収穫物はさらなる土壌養分の収奪をもたらし、土壌劣化につながる。外部からの堆肥などの有機物投入による土壌改善が望めないのならば、持続性の観点から、やはり、休閑期間を増加させることが必要である。これまで休閑期間はイネ生産性と焼畑システムの持続性に関連させて述べてきたが、休閑期間中の土地は、焼畑農民にとって森林産物を採取することができる場所である。これが農民の現金収入源や食料の一部となり、焼畑農民の生活には欠かせない。このように休閑期間は、焼畑システムにおいて非常に重要であり、それを長く維持することが自然と焼畑農民が共存できる唯一の方法なのかもしれない。

　著者らが提示した焼畑稲作の改善技術を適用し、イネ生産性を高めることによって、農民は現行のシステムよりも少ない作付面積、少ない労働投入で既存のシステムと同程度のコメ生産量をあげることが可能となる。すると、余分な土地は休閑地に回すことができ、休閑年数を増加させることができる。これはイネ収量の増加、雑草発生の減少につながる。また、その休閑地に休閑作物を栽培したり、あるいは、自然休閑のもとで森林産物を採取することによって、食料、現金収入または家畜の飼料を得ることが可能となる。その結果生じた労働余力は、他の農業活動や非農業活動に当てることができる。

　このように改善することで、人口増加・政府による土地利用の制限→休閑期間の減少→イネ収量減少→作付面積の拡大→休閑期間のさらなる減少→イネ収量のさらなる減少という悪循環を断ち切ることができると考えられる。仮に収量が2倍になれば、半分の労働力、半分の面積で、今までと同等の生産量が得られる。1haの畑を3枚もっている農民ならば、1年作付けで2年休閑だったものが、毎年半分の土地しかイネ作付けに当てなくてすむことから、休閑年数は5年になる。さらに、この条件でイネを2年連作すれば、休閑年数を10年にすることが可能となる。このように、イネ作付け時には土地を集約的に管理し、長い休閑期間中には粗放的に管理するような、メリハリの利いた焼畑システムが、環境を保全しながら、農民が持続的に生産活動を営んでいくための方法ではないかと考える。

　これまで環境負荷を減らし、焼畑陸稲栽培の生産性を改善する作付体系について

話を進めてきたが、もちろん、長期的な生産と環境負荷の面から見れば、傾斜地に棚田を開発することによって、水稲作を営んだ方が望ましい。水田で生活に必要なコメを確保して、焼畑地には多年生植物を植え、プランテーション農業や畜産を営むのも一つの手段かもしれない。しかし、これらを行なうにも、最初の資本、または、労働力の確保が必要不可欠であり、少ない労働力のもとで現行より高い生産性をもつ作付体系の導入がそのような土地利用の変化を促す可能性をもつ。畜産に関しては、作付後の休閑林の放牧地として利用し、家畜生産からの現金収入だけでなく、家畜糞の投入による土壌肥沃度の改善を行なうことにより、土地の劣化を防げる可能性がある。もちろん、過放牧によって植生の減少、裸地になることを避けなければならない。

　さらに、忘れてはならないのが、近年の換金作物の著しい浸透である。特に、ハトムギ、トウモロコシ、ダイズ、サトウキビ、バナナなどが導入されつつある。農民による土地利用は、長期的な作物生産の持続性よりも経済的インセンティブによって大きく変化する。農民は、より現金収入の得やすい作物を植えるにちがいない。コメの作付面積を減らしても、このような換金作物の作付面積を増やすならば、焼畑地域の土壌劣化は防げないと考える。このような換金作物の導入においても、収量性の高い品種、さらに、より高く売ることのできる品種を開発することによって、その作付面積を減らす努力が必要であろう。

　一方で、近隣諸国と同じように、遠方での出稼ぎ労働から得られる現金収入によって生計を立てている農民も増えてきた。しかし、出稼ぎ労働によって村の労働人口が減少したため、これまでのように村内で労働力を交換することができなくなり、農業活動にも影響を及ぼすという悪循環に陥っているケースもある。ラオス北部では、換金作物の販売価格や雇用が不安定な状況で、近年の価格が高騰するコメの購入費用は家計への負担は大きく、農民の生活は以前より脆弱になっている。やはり、コメの自給達成こそが農営の多様化の出発点であり、持続的な低投入稲作栽培技術の開発が同地域で必要不可欠である。

　以上のように、著者らはラオス北部の焼畑農業地域の稲作の発展の方向性を述べてきたが、結局、この地域の作物生産性を向上させ、貧困を撲滅し、環境を保全していくのは、技術協力をする立場側の人間ではなく、ラオス人がどうやって現状を変えていきたいかに懸かってくる。もちろん、ラオスの政府役人、研究者、農民、

消費者、商人などを含んだすべての国民が対等の立場で向かい合って、一緒になって焼畑地域の問題を共有するためには、教育レベルを向上させ、国民全体に環境・農業問題に対する知識を増やしていくことが必要である。彼らみんなでその問題に対して行動を起こした時に、焼畑農業の現状を打開できるのではないだろうか。

＊本章は、ラオス国立農林研究所（NAFRI）、ラオス―IRRIプロジェクトおよび京都大学農学研究科作物学研究室による共同研究の結果の一部をまとめたものである。この研究に携わってくださった多くの内外の研究者、ラオスの公務員および農民の方々に深く感謝の念を表します。また、この研究費の一部には、環境庁の「地球環境研究総合推進費」（Project S2-3b）を使用した。

## 引用文献

Appa Rao S. ら (2002) Collection, classification, and conservation of cultivated and wild rices of the Lao PDR. Genet. Res. Crop Evol., 49: 75-81.

浅井英利ら（2012）ラオス焼畑栽培システムにおける各炭素フラックスの時系列変化、日本森林学会大会講演要旨集（123）、CD-ROM.

Asai H. ら (2007) Quantification of soil organic carbon dynamics and assessment of upland rice productivity under the shifting cultivation systems in northern Laos. In: Proc. The 2nd International Conference on Rice for the Future. 5-9 November 2007, Bangkok, Thailand, pp.9-13.

Asai H. ら (2009) Yield response of *indica* and tropical *japonica* genotypes to soil fertility conditions under rainfed uplands in northern Laos. Field Crop Res., 112: 141-148.

Linquist B. ら (2005) Developing upland rice based cropping systems. In: Poverty Reduction and Shifting Cultivation Stabilization in the Uplands of Lao PDR: Technologies, Approaches and Methods for Improving Upland Livelihoods. Ed. Bouahom B., Glendinning A., Nilsson S. and Victor M. Proceedings of a work shop held in Luang Prabang, Lao PDR, 27-30 January 2004, National Agriculture and Forestry Research Institute. Vientiane, Lao PDR. pp.299-313.

Pandey S. (2003) Intensification and diversification in highland (upland) rice systems. Presented at Institute Program Review. IRRI, Philippines, 24-26 November 2003.

Roder W. (2001) Slash-and-Burn Rice Systems in the Hills of Northern Laos PDR: Description, Challenges, and Opportunities. International Rice Research Institute, Los Banos, Philippines. p.201.

Saito K. ら (2006a) Cropping intensity and rainfall effects on upland rice yields in northern

Laos. Plant and Soil. 284: 175-184.

Saito K. ら (2006b) Farmers' knowledge of soils in relation to cropping practices: A case study of farmers in upland rice based slash-and-burn systems of northern Laos. Geoderma 136: 64-74.

Saito K. ら (2006c) *Stylosanthes guianensis* as a short-term fallow crop for improving upland rice productivity in northern Laos. Field Crops Res., 96: 438-447.

Saito K. ら (2006d) Response of traditional and improved upland rice cultivars to N and P fertilizer in northern Laos. Field Crops Res., 96: 216-223.

Saito K. ら (2007) Performance of traditional and improved upland rice cultivars under non-fertilized and fertilized conditions in northern Laos. Crop Science 47: 2473-2481.

Saito K. ら (2008) Planted legume fallows reduce weeds and increase soil N and P contents but not upland rice yields. Agroforestry Systems 74: 63-72.

Saito K. ら (2009) *Broussonetia papyrifera* (paper mulberry): its growth, yield and potential as a fallow crop in slash-and-burn upland rice system of northern Laos. Agroforestry Systems 76: 525-532.

# 第4章　東北タイの天水田稲作

本間香貴

　現在の日本では、水田といえば灌漑水の供給がほぼ前提となっているが、世界の中には天水田と呼ばれる明瞭な灌漑設備を持たない水田があり、そこでは必要な水の大部分をその水田に降る雨水に頼った水稲栽培が行なわれている。また大抵は排水設備も整っていない。したがって、天水田の一番の特徴は水が制御できないところにある。天水田の約40％は水が不足しがちで、約30％は水が過剰である。また、10％の天水田ではその両方の問題を抱えており（つまり一作期内で水が不足する時期と過剰になる時期とがある）、水に関して恵まれている水田は約20％に過ぎない（Mackillら　1996）。実際には水だけでなく、土壌にも問題を抱えている場合が多く、また肥料などの投入量も少ないため、天水田での水稲収量は灌漑田での半分以下と非常に低い。こうした天水田に依存して多くの貧困な零細農民が生活しており、天水田稲作の生産性改善は、ODAやNGOにとって最重要課題のひとつにあげられている。

　天水田は世界の全稲作面積の3分の1を占めているが、それが東南アジアでは50％を超える。中でも東北タイは耕地面積の70％が稲作面積で、さらにその90％が天水田と、世界でも有数の天水田地帯となっている。この章では東北タイの稲作栽培の概略を述べるとともに、筆者らが行なってきた調査研究を基に、天水田稲作の生産性制限要因とその改善の可能性について述べたい。

## 1. 東北タイの環境と稲作

### 1-1　自然環境—ノングが広がる大地

　東北タイは西をペッチャブーン山脈、南をドンラック山脈、北と東をメコン川に囲まれた地域で、一部プーバーン山脈と呼ばれる地域を除き、標高100〜200mの

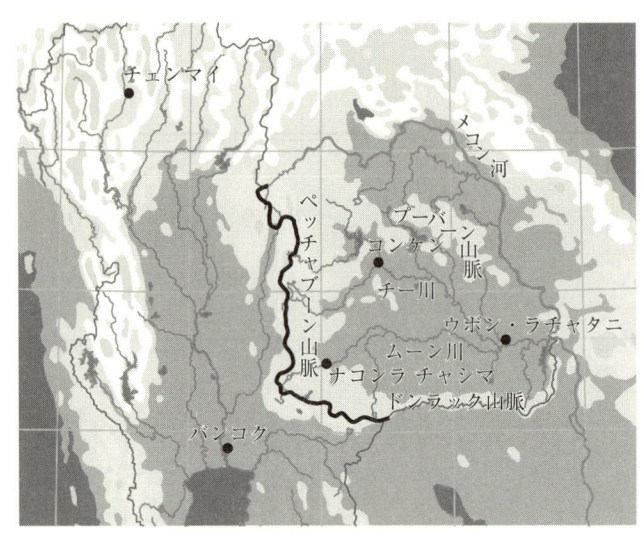

**図4-1　東北タイの位置と地形**

ペッチャブーン山脈およびドンラック山脈により東北タイは北部および中央タイと分けられる。

**写真4-1　東北タイ天水田の風景**

ほとんど平らで、あるかないかの起伏の中に水田が広がる。木がまばらに残り、農家の出作小屋がみられる。

コラート高原と呼ばれる丘陵地である（図4-1）。いわゆる水田向きの土壌が存在する沖積低地は全面積の6%にすぎず、山地が約13%、残り80%が台地である。メコン川支流のチー川とムーン川が流れる他は大きな河川もなく、広い土地のわずかな起伏を利用したいくつかの巨大ダム湖を除き、大きな湖沼もない。台地上には、ノングと呼ばれる広さ数$km^2$、標高差数mのくぼ地が無数に連なった形で広がり、これが東北タイの地形を構成する要素となっている（写真4-1）。つまり、緩やかな起伏が続く変化に乏しい地形で、大規模な灌漑網を発達させるには不向きな地形である。

東北タイの表土には砂質土壌が卓越する（三土 1990）。これは土壌の母材をなすのが、コラート層群と呼ばれる砂岩やシルト岩の風化物であることに加え、粘土が水の動きに合わせて移動しやすい、すなわち水分散性が高い特徴をもつためであ

る。水分散性の高い粘土は水により容易に表面流出するだけでなく、下方にも移動していくので、表土の粘土含量は約6%と非常に低い。残りの大部分を占める砂画分も約97〜98％が石英であり、無機養分に乏しい。粘土含量が少ないうえに、明瞭な乾期を持ち高温であるという自然条件は、土壌の有機物の分解を促進する。土壌の有機物含量は平均で約1％である。このように粘土、有機物、無機栄養の乏しい土壌は養分の供給力が少ないばかりでなく、保肥力も小さく、化学肥料を大量に投入したとしてもほとんどが流れてしまい、作物に吸収される量は少ない。

低肥沃度性とともに問題となるのは、土壌の塩類化である。東北タイは蒸発過多の環境ではあるが、1000mmを越す降雨と砂質土壌のため、本来ならば塩類集積は起こりにくい環境である。しかし、土の中に大量に塩を含む岩が埋まっている場合があり、そこから流出してくる塩が塩類化を引き起こす。従って本来の東北タイの塩害は、そうした岩層の直上部や岩層を通った水の流出先の局地的な現象である。ところが近年、森林面積の減少や灌漑面積の拡大に伴って塩害の面積が拡大しており、塩類化が進んでいる面積は1996年の時点で約17％、やがて倍増すると言われている。

東北タイの年降水量は場所により変動するが、いずれも1000〜2000mmはあり、稲作を行なうのに決して少ないわけではない。しかし、蒸発要求量が2000〜

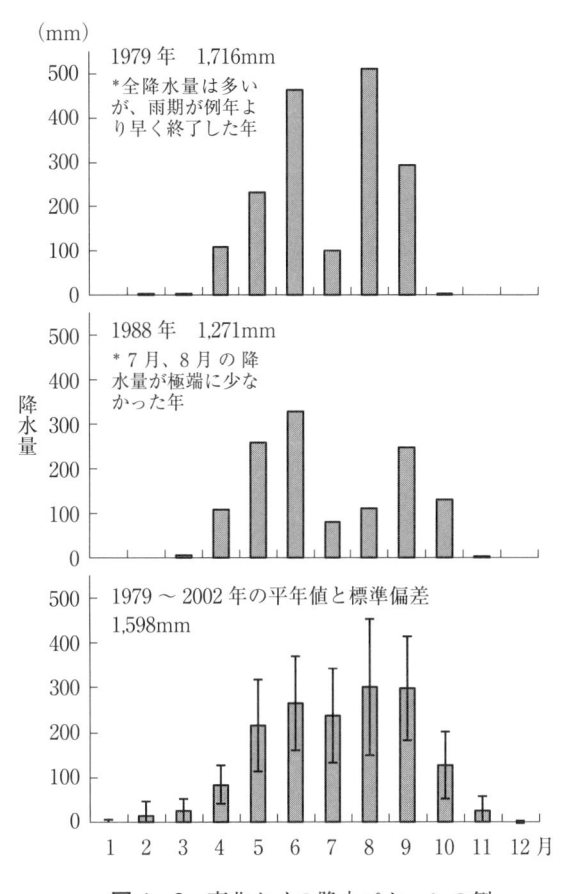

**図4-2** 東北タイの降水パターンの例

3000mmあり、蒸発過多の環境であるうえ、降水の年変動も大きく、常に旱ばつの危険性がある。雨期は5月に始まり10月に終わるが、7月ごろに雨期の中休みがある。この中休みは通常2週間程度ではあるが、ひどい年には1ヵ月以上も雨が降らない日が続く（図4-2）。干害のパターンとしては、①雨期が早く終わってしまう、②移植後雨期の中休みに遭遇する、③雨期の中休みのため移植が遅れる、の3パターンが代表的である。

## 1-2　民族と稲作の歴史

　東北タイにおけるイネの栽培の歴史は古く、紀元前2000年までさかのぼる。紀元前1000年頃には、バンチェン文化という青銅器文化が発展した（石澤・生田1998）。したがって、東南アジアにおいて早期に発展した地方の一つであると考えられる（同時期に発展したものとしてはベトナムのドンソン文化が挙げられる）が、その後歴史の表舞台に出てくることはなかった。扶南国やアンコール帝国の支配下に置かれた後、シャム人やラーオ人といったタイ族が支配する土地となり、18世紀にはラタナコーシン（バンコク）朝シャム領となり、現在のタイ国に引き継がれている。シャム人は東北タイを支配したが入植には積極的でなく、むしろ18世紀にラーオ人が急速に進出してきたため（征服を目的としたわけではなく、土地を求めた農民の移動と考えられている）、東北タイではラーオ人が大多数を占める。ムーン川以南にはクメール系の民族が住み、ラーオ人はもちコメを主食とするのに対し、クメール人はうるちコメを主食とするといったように、文化的には異なった様相も示すが、両者はタイ人としてまとまっており、民族対立は見られない。

　東北タイでは稲作開始当初から水田で栽培が行なわれていたとされるが、その当時は、今とは違って比較的水利に恵まれた土地に水田が形成されていたと考えられる。実際に、時代が下って1900年代初頭の文章でも、東北タイの水田では井堰灌漑が行なわれていると記述されており（Naewchampa 1999）、著者らが行なったインタビューでは、1930年頃でも普通に灌漑ができて、水稲の乾期作も行なっていたという情報を得ている。そのような状況が一転したのは、開拓により耕地が急増したためと考えられる。水田面積は、1930年の80万haから1990年の500万haへと6倍に増加したが、もともと緩やかな丘陵地で水田に適する土地が少ないため、この水田面積の増加は主に、水利の悪い土地の水田化であると考えられる。実

際、1950年に東北タイの全面積の62%、1000万haあった森林面積が1990年にはその20%、200万haに激減したのは、水田化も一因である。また、この大規模な水利の悪い水田の造成は、小規模の供給力しか持っていなかった灌漑システムに過負荷を与えて成り立たなくさせ、結果的に現在の天水田が卓越する状況を作り出したと考えられる。

## 1-3　栽培管理

　天水田は、上述したノングに広がる。各農家はノングの低みから高みまでの連続した水田を保持するのが通例であり、例外はほとんどない（図4-3）。灌漑して乾期作ができる水田は1割にも満たないため、ほとんどの水田は雨期に1作のみイネが栽培される。雨期が始まる5月頃から耕起が始まり、苗床が作られる。1～2ヵ月育苗した成苗もしくはすっかり老化した苗が、7～8月頃に移植される。しかし、降雨が不順な年には移植は9月頃までずれ込むことがある。移植の際には、大きく伸びた苗の上部の葉が切り落とされる。農家に言わせると、風が吹いても倒れないようにするためだけらしいが、他にも、蒸散を抑制し活着を促進させる効果もあるように思われる。日本では一方向に条列揃えて田植えを行なうが、タイでは大人数

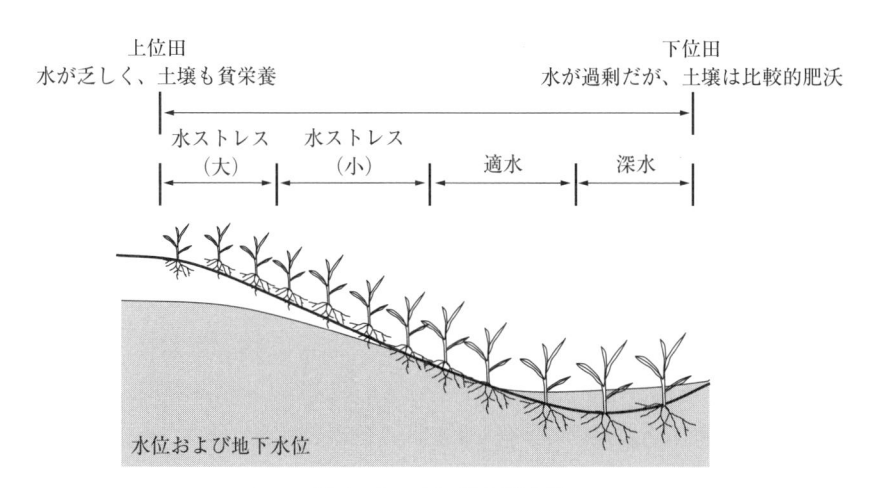

**図4-3　ノングの模式図**

畦などは省略。数百mの距離に対して数mの高低差があるなだらかな傾斜地上に水田が広がる。

**写真4-2　東北タイにおける移植風景**
葉先を切り取られた苗が並ぶ。後ろには水牛が縄につながれ、草を食べている。

の田植えでも、個人個人がめいめいに植えていく場合が多い（写真4-2）。苗の持ち方や植え方なども、日本とは異なっている。移植時に水田に水がない場合、棒で穴を開けながら乾田移植する光景も多々見受けられる、最近では労働コストを削減するために、6～7月頃に直播される水田も多い。

　1980年代には、農家が自家採取した品種を何品種も使用していたが、現在ではKDML105（カオドマリ105）と、もち米のRD6が大部分を占め、他の品種が栽培されていることはまれである。この2品種が好まれるのは、味がよく市場性が高いことが主因ではあるが、異なった環境に対する適応性が高いことも重要である。乾燥ストレスに対する耐性が強く、旱ばつが頻発する水田であってもそこそこの収量がとれるだけでなく、水深が1mを超えるような深水になるところでも栽培できる。また、日長感応性が非常に強く、現地の栽培環境では、5月から8月までいつ播種してもほぼ同一日（10月15日頃）に出穂を迎える。この強い日長感応性は、雨期が終わるぎりぎりまで生育期間を確保するだけではなく、登熟期が乾期に入るため病気が発生しにくく、収穫作業の面からみても籾乾燥の手間などが省けて都合がいい、大事な特性である。

　肥培管理は堆肥が少量施用される場合もあるが、多くの場合元肥を与えずに、移植した水稲の活着後から9月半ば（上述のKDML105とRD6の出穂約1ヵ月前、幼穂分化期に当たる）の期間に、化学肥料が1回から2回追肥される。化学肥料としては16-16-8の複合肥料が好んで使われ、施肥量は平均で25kgN/ha程度である。ノングの下部は洪水の危険性が、そして上部は旱ばつの危険性が高く、農家は施肥を控える場合が多い。

現在では生育期間中、除草を行なうことはほとんどなく、病害虫防除のための薬散なども行なわない。したがって、移植、続いて施肥を行なうと、その後は収穫まで放置する。収穫は独特の形状の鎌を使って、穂から約50cmの長さで刈り取られ、天日乾燥の後、脱穀される。また、近年（2012年の調査時）では汎用コンバインの導入が急速に進んでおり、運転手・燃料等を含めた面積当たりの賃借りが一般的である。イネ収穫後、水田には高さ約50cmの刈り株が残るが、それは放牧牛の餌として利用され、牛の糞尿を通じて土壌に還元される。

## 1-4 水稲生産量とその変動性

こうした状況で栽培されるイネの収量は、2000年から3年間の平均収量は籾で1.9t/haであり、日本の収量の籾換算で約8t/haとは比べるべくもないが、タイの他地域（北部で2.9t/ha、中央平原で3.2t/ha）と比べても非常に低い。

さらに大きな特徴として、生産量の大きな変動性があげられる。県単位の統計資料に基づくと、かつて30%から50%もあった生産量の年間変動率（平年偏差の平均に対する比率）が最近20年間ではかなり安定したものの、それでも平均で20%と非常に大きい（ちなみに京都府の生産変動率は4%にしかすぎない）。この変動は、収量よりもむしろ作付面積の変動で生じており、移植時期の降水量との相関が強い。つまり移植時に降雨が不順であった場合、耕作をしない放棄田が増え、それが生産量の低下に直結する。

小さな面積単位で見ても、収量の大きな変動性が観察される。水田1筆における収量は、イネを植えつけても収穫が得られないところから、条件のいい水田における5t/haまで大きく異なる。農家単位で見ると、ノングの低みから高みまでの条件の違う一連の田を併せ持つこともあり、農家間の収量差は小さくなるが、それでも約1t/haの違いがある（宮川 2005）。さらにこれらの平均値が、年によって大きく変動する。

つまりスケールの大小にかかわらず、空間的にも時間的にも東北タイの水稲生産には大きな変異が存在し、かつその平均値は非常に低い。こうした生産を制限し変動させる要因については次節以下で詳しく解説するが、「緑の革命」に始まる灌漑、施肥、高収量性品種、農薬という水稲の増産・安定化に貢献してきた技術が、天水田ではどれもそのままでは適用できなかったことが、問題の根底に存在する。

## 2. 天水田稲作の生産性制限要因

### 2-1 調査研究の概要

このように著しく低収かつ不安定な天水田稲作の生産性制限要因を明らかにし、さらにその改善の道を探るために、筆者らは1995年から東北タイに長期滞在して、現地調査と試験を開始した。場所は、東北タイのウボン・ラチャタニ市（ウボン）郊外にある、タイ農業省ウボン稲研究所の圃場およびその周辺の村の農家圃場である。これらの圃場を対象にして、水分環境、土壌肥沃度、雑草の発生量およびイネの収量の空間分布などの調査を行ない、生産性の制限要因を解析した。さらに生産性改善への道を探るため、各種施肥試験、緑肥作物の導入試験および客土試験などを実施した。この一連の調査研究は2005年まで11年間続けられ、その間のべ8名の学生と5名の教員が研究に参加した。これらの調査研究の結果をもとに、東北タイの天水田稲作の生産性がいかなる要因に制限されているかを述べる。

### 2-2 水資源の制約——ノングの高低差と水ストレス

前述したように、東北タイの水田はノングと呼ばれる浅くて広いくぼ地上に広がるが、このノングのわずかな高低差により、田の水がかりは大きく異なる。すなわちノングの一番低い所では時には水深が1mにまで達するが、高いところではめったに湛水しない。また、土壌が砂質であるため漏水田が多く、高低差のない隣り合った田んぼでも、片方は水があり片方は水がないという状況もよく見られる。平均するとおおよそイネの栽培期間の半分は田面に水がなく、日本の水田と比べると非常に乾燥している印象を受ける。しかし、地下水位が高いため土壌水分は比較的高く保たれており（図4-4）、ノングの高位にあってめったに湛水しないような水田を除き、強い水ストレスを受けることはまれである（Hommaら2004）。

イネは水ストレスを受けると出穂が遅延するが、その遅延程度は水ストレスの積算値に比例する。この関係をもとに、農家圃場での出穂日調査から水ストレス程度を推定したところ、水ストレスはノングの微地形と連鎖していることが確認できた（図4-5）。ノング内の一番低い点を基準に取った相対標高を用いると、相対標高1mまでの水田のイネは水ストレスを全く受けていないか、受けていたとしても軽

微であった。相対標高が1mを超えるあたりから稲の出穂は遅れ始め、2mを超えるあたりでは出穂が2週間以上も遅れていた。そのような水田のイネは栄養生長期間に受けた水ストレスの影響に加え、乾期に入って土壌が乾燥し始めてから出穂してしまうため、登熟期にさらに強い水ストレスを受け、収量は激減する。相対標高2m以上の水田の1998年の平均収量は、1t/haに満たなかった（表4-1）。一方、相対標高が0.2m以下の水田では予測していた日より出穂が早まった。これらの水田のイネは生育期間中に深水にさらされることで節間が延び、出穂後に倒伏したため地上部乾物重が多い割には収量は少なかった。

ノングの水田は全体として、このような水資源の年変動に対して生産量を安定化する仕組みを備えている。降水が多い年には洪水や深水などにより低位田の収量が減るが、その代わりに高位田では干害が減り収量が増える。また降水量が少ない年には、その逆の現象が起きる。こうした補償機構はノング間でも見られ、降水が少ない方が良くとれるノングと、豊富な方が良くとれるノングとがある。

一般的には、洪水と旱ばつが東北タイ天水田におけるイネの生産変動要因の最たるものとして認識されているが、巨視的な統計（例えば県別の水稲収量など）にはそれらの影響があまり出てこない（白岩ら

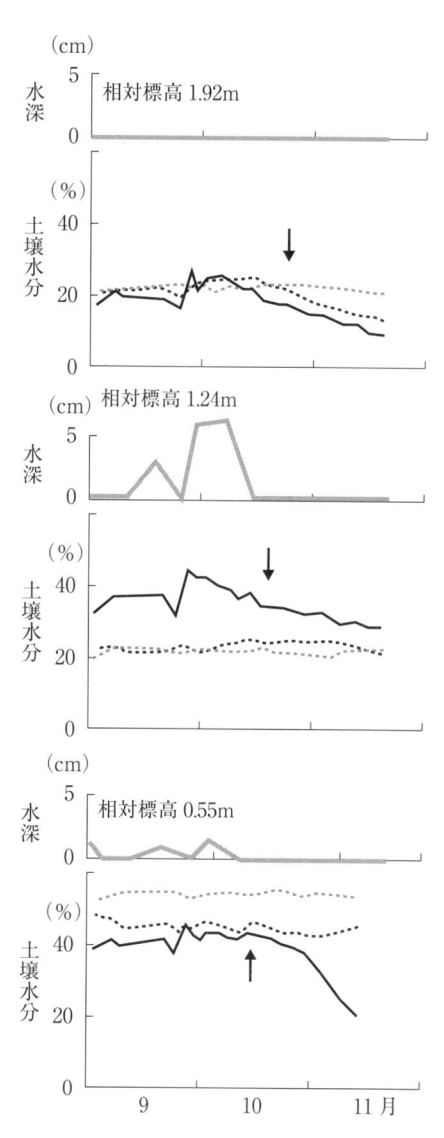

図4-4　相対標高の異なる水田における湛水深（―）と土壌水分（―：0〜20cm、……：20〜50cm、……：50〜100cmの土層）の径日変化

図中の矢印は出穂日を示す。

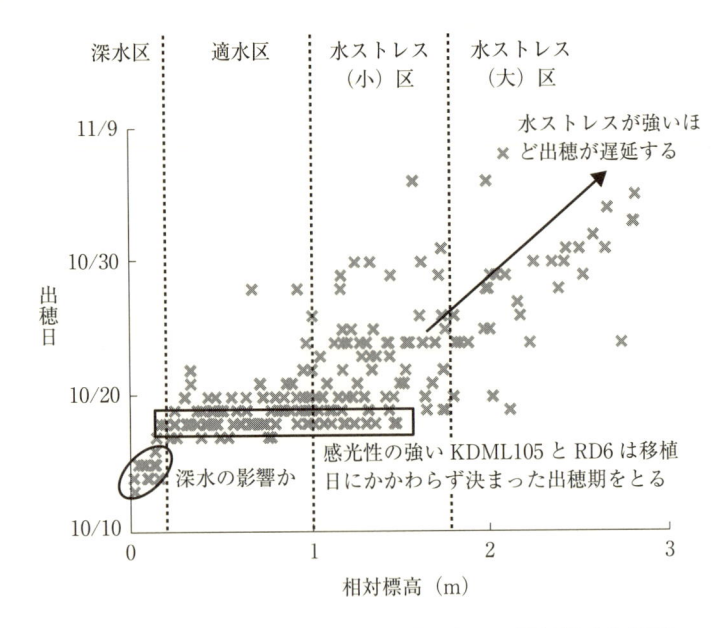

図4-5 フアドン村ノングにおける水田の相対標高と出穂日の関係

表4-1 ノング内天水田における水稲の全乾物重、籾収量、および籾/わら比の相対標高別の比較

| 区分 | 相対標高 (m) | 全乾物重 (g/ha) | 収量 (g/ha) | 籾/わら比 |
|---|---|---|---|---|
| 深水 | 0.0〜0.2 | 9.6 ± 2.9a * | 2.3 ± 0.6ab * | 0.36 ± 0.14a * |
| 適水 | 0.2〜1.0 | 7.8 ± 1.9b * | 2.7 ± 0.7a * | 0.55 ± 0.11b * |
| 水ストレス（小） | 1.0〜1.8 | 6.4 ± 2.4c * | 2.1 ± 0.9b * | 0.49 ± 0.13c * |
| 水ストレス（大） | 1.8〜 | 2.7 ± 1.5d * | 0.5 ± 0.6c * | 0.22 ± 0.18d * |
| 平均 | | 6.7 ± 2.8 | 2.2 ± 1.0 | 0.47 ± 0.17 |

*表中のアルファベットは、同一記号間で5%の有意差がないことを示す。

2001）。上述したような、ノング内あるいはノング間の水稲生産の補償機構も一因であろうし、また後で述べる日射量の影響も大きいであろう。対象を狭めた場合（特に実験田など）では、確かに生産性は降水量など水資源によって大きく左右されるが、それをそのまま全体に当てはめることはできない。洪水や旱ばつを受けた水田や地域は被害が甚大で、収穫皆無となることも珍しくはないので、水供給の安

定化は克服すべき重要課題の一つではあるが、その地域全体に対する効果に対しては十分な吟味が必要と思われる。

## 2-3 土壌の制約
―粘土と有機物の流出

　土壌肥沃度を定量的に評価するために、農家水田の土を採取し、その土をポットにつめてイネを生育させ、その乾物生産量で評価するという生物学的定量法を採用した（写真4-3）（Hommaら 2003）。こうして定量された土壌肥沃度は、土壌の有機物含有量と相関が非常に高く、また、ノングの下部と上部で5倍もの差異を示した（図4-6）。

　土壌有機物含量は地形と連鎖しており、標高が上がるにつれて急激に減少したが、最上部に位置する水田における値は、そのさらに上部に位置する二次林における値よりも小さかった（図4-7）。同様のことは粘土含量についてもいえ、これらのことはもともと森林であった土地を開墾して水田にしたことによって、土壌の粘土と有機物が流亡し、一部はノングの下部に堆積したことを示唆している。現在もこうした流亡と、それに伴う土壌肥沃度の低下が進行中であるかどうかについてはデータ

**写真4-3　農家水田の土壌肥沃度の違い**

左右のポットは、水田土壌を採取し、その土をつめたもの。中央のポットは、隣接する二次林の土壌をつめたもの。これらのポットで無施肥湛水栽培を行ない、イネ生育を比較した。これにより、二次林の土壌でも、本来の土壌肥沃土は、それほど低くないことがわかる。

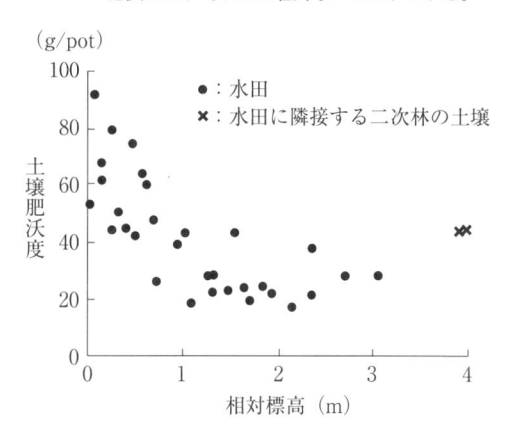

**図4-6　フアドン村ノング内水田の相対標高と土壌肥沃度の関係**

土壌肥沃度は水田から採取した土壌を用いて、水稲の無施肥湛水栽培による乾物生産量により評価を行なった。

が不足しており、はっきりとした事は言えない（畑地に関しては肥沃度の低下が大問題となっている）。しかし、畦の補修のために水田の土を持ち出したり、田面水の田越し灌漑や畦穴を通した水の移動に伴い、粘土分が流出する場面がしばしば見受けられたりすることから、徐々にではあるが肥沃度が低下していると考えられる。

実験圃場において無肥料栽培で育てたイネの窒素吸収量をもとに、施肥窒素の吸収率を求めた。窒素の吸収率は施肥の水準や土壌、水条件によってばらつくものの、平均で25％であった。つまり施肥した窒素のうち、稲体に吸収されるものはわずか4分の1であった。日本での吸収率と比べると非常に低く、これは土壌の有機物含量および粘土含量が低く、陽イオン交換容量が低いことによるものである。

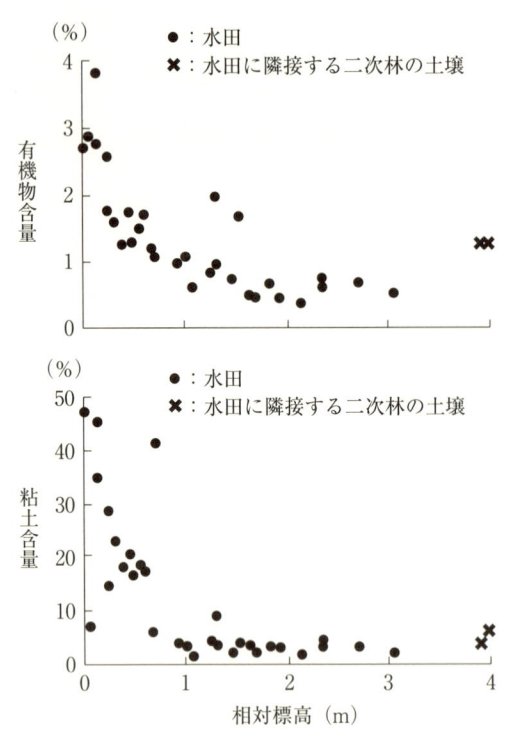

図4-7 フアドン村ノング内水田の相対標高と土壌有機物含有量（上）および粘土含量の関係（下）

これらの実験から、土壌肥沃度と肥料利用効率の両者が低いことが水稲生産を大きく制限していることがわかった。稲体に吸収される窒素量が少ないため、葉面積指数（LAI）が最大で2程度と葉群の確保ができず、日射エネルギーを有効に利用できないことが収量制限要因の一つとなっている（Hommaら2007）。この土壌による生産制限はノングの上位に位置する水田で著しく、シミュレーションモデルを用いた筆者らの試算によると、たとえ順調に雨が降って水ストレスがかからなかったとしても、上位田の収量は籾で1t/haをわずかに超える程度に過ぎない（Homma and Horie 2009）。

## 2-4 栽培管理の問題

### 品種選択をめぐって

　現地で主に栽培されているKDML105とRD6は30年以上も昔に登録された古い品種で、籾わら比が最高で0.4程度と低いうえに（現在の高収量性品種では0.7に近いものもある）、草丈が高いため倒伏し減収しやすい。これらの品種では、環境をかなり整えて栽培しても4t/ha以上の籾収量を得ることは非常に難しい。したがって、高収量性の新品種を導入すれば収量が上がりそうだが、そう簡単にはいかない。現在の高収量性の品種は多肥条件下で多収性を発揮するものであり、東北タイの保肥力の低い砂質土壌では、かなり大量に施肥してもなかなか品種の要求を満たすレベルにまでならない。タカナリやIR72などの日本では籾収量で10t/haとれる高収量品種を使って試験を行なったところ、窒素を成分で150kg/haも与えてもせいぜい5t/ha、日本の半分しかとれなかった（Ohnishiら 1999）。また、こうした高収量性の品種は籾わら比が高い。したがって籾としての持ち出しが多く、水田に還元されるわらの量が少ないため、ただでさえ有機物の少ない貧栄養な土壌をさらに悪化させることになりかねない。

　現地の研究機関は従来の品種をベースにした改良品種の普及を図っており、それらの収量性は従来の品種より約1～2割高い。しかし改良品種は味の評価がやや低く、市場性も低いため、農家の新品種に対する反応は鈍い。KDML105やRD6の評価が高い理由のひとつは、その香りの良さにある。香りについては研究があまり進んでおらず、また評価基準も定まっていないため、香りがよくかつ収量も高い品種の開発はなかなか難しいようである。以上のように、現地で栽培されている品種の収量性の低さも収量制限要因のひとつとなっているが、簡単には解決しない課題である。

### 移植時期と方法をめぐって

　現地の栽培法のうち、収量に大きな影響があり、かつ改善出来る可能性が一番高いのが、移植の方法および時期である。前述したように熱帯の暑い環境で1ヵ月、状況によっては2ヵ月育苗した苗を移植するため、老化が進み、窒素欠乏をおこしている苗も多々見られる。おそらくそうした大苗は取り扱いが楽で、さらに移植直後に降雨が得られないような年には生存確率が高く、それなりに意味があると思わ

れる。一方で、近年は小型ポンプの普及により移植時やその後の急場しのぎに小規模な灌漑ができるようになりつつあるので、葉齢の若い苗を使うことに対する制約がかなり緩やかになってきた。

東北タイのように土壌からの養分の供給が少なく、かつ太陽エネルギーの利用効率が低い条件下では、生育期間を長くして、獲得できる養分およびエネルギー量を増やすのが一番手早い生産性の改善方法である。ノングの農家圃場のイネ生産性を解析した結果では、特に利用可能水量や土壌肥沃度の低い中・上位田で、早期移植による増収効果が高い。例えば、相対標高 1〜2m に位置する水田では、移植日と水稲収量には強い相関があり、移植を 1 週間早めることにより 0.3t/ha 増収することが示された（Homma ら 2007）。このことはまた、一般に農家は移植時に田面水が得られない場合に移植を遅らせるが、実際は移植を遅らせることによる水ストレス回避のメリットより生育期間が短くなるデメリットの方が大きいことを示唆する。同様のことは県単位の統計的なデータからもいえ、生育期間の降雨以上に、田植え時の 7 月の降水量がイネ収量に与える影響が大きい。水資源の節で述べたように、土壌の含水率はイネ生育期間中にはあまり変化しないことも、移植を遅らせたところで状況はそれほど改善しないことを示している。もちろん移植を早めるにも限度があるが、6 月初旬から苗作りをして、下旬に田植えをするのは十分現実的な日程と思われる。生育期間の確保のためには、雑草の管理さえ適正に行なえるならば直播も選択肢のひとつである。

**施肥と除草をめぐって**

施肥水準が低いことも収量を制限する要因のひとつである。施肥量は農家によって大きく異なり、筆者らの調査では施肥窒素換算で 12〜65kg/ha の変異が見られた（Homma and Horie 2009）。施肥窒素 1kg 当たりの籾の増収効果は約 23kg/kg で、この値は実験的に求めた値とほぼ等しい。農家が好んで使う 16-16-8（N-P-K）の複合肥料の窒素 1kg 当たりの値段は籾 6kg の値段に相当するため、平均すれば施肥量の増加は利益をもたらすが、施肥効果には圃場や年次間でばらつきがあり、旱ばつや洪水のリスクも考えると、今以上の施肥量の増加は望めない。

1980 年代の東北タイの村落調査報告（福井 1988）によると、イネの生育期に手取り除草を行なっているとの記述があるが、筆者らが調査に入った 1990 年代の後半にはほとんどみられず、せいぜい移植時に除草を行なう程度であった。いくつか

の水田ではイネよりも雑草のほうが大きくなっており、平均するとイネの収穫時に水田にある植物体現存量の18%は雑草であった。ノングの下位田を中心に、雑草種のイネがはびこっている水田もいくつか見られ、これは現在タイで大問題になりつつある。また、近年の直播面積の拡大とともに雑草の被害の拡大も懸念されているが、具体的な方策は立っていない。

## 2-5　天水田稲作の生産性制限要因—まとめ

　以上のように、東北タイの天水田における水稲の生産性の制限要因について、水資源、土壌、栽培管理に分けて説明してきた。実際にはこれらの要因は複雑に絡み合って生産を阻害するが、それらはノングの微地形に沿って分類すると理解がしやすい。

　ノングの最下部は深水となる区域で、そこでは他の要因にかかわらず、深水が生産を制限する。土壌の粘土や有機物含量も高く、土壌の肥沃度などについては問題ないが、深水となるため栽培できる品種に制限があり、さらにそれらの品種は深水により節間が伸びて背丈が高くなり倒伏するため収量が上がらない。排水するしかないが、浅くて広いくぼ地の底であるため排水できる場所がない。近年の小型ポンプの普及により、ここの水が上位田の一時的な灌漑水として使われる場合も多いがその量は少なく、コストがかかるため量を増やすことも難しい。

　それよりやや標高の高い区域は水ストレスを受けることがほとんどなく、土壌肥沃度も比較的高いので、ノングにおける水稲生産の中心となる場所である。しかし、過剰な施肥による倒伏や、雑草管理の不行き届きによって収穫が減少する場合があり、平均すると収量はそれほど高くない。これらの管理を適正に行なえば、現行の品種でも4t/ha弱の収量は十分可能である。

　ノングの中位に位置する水田は、しばしば水ストレスを受けるがその程度は小さく、壊滅的な被害を受けるほどではない。土壌の粘土と有機物含量が低いため土壌の肥沃度が小さく、それを補うには早植えと施肥が不可欠である。降雨が少なく田面水が得られない場合には農家は移植を遅らせ施肥を控えるが、むしろそのことが生産性を阻害している。

　ノングの最上位に位置する水田は、通常の年は水が欠乏し収量が著しく低いため、ノング全体の生産性にはあまり寄与しない。そのため、作付けが行なわれない

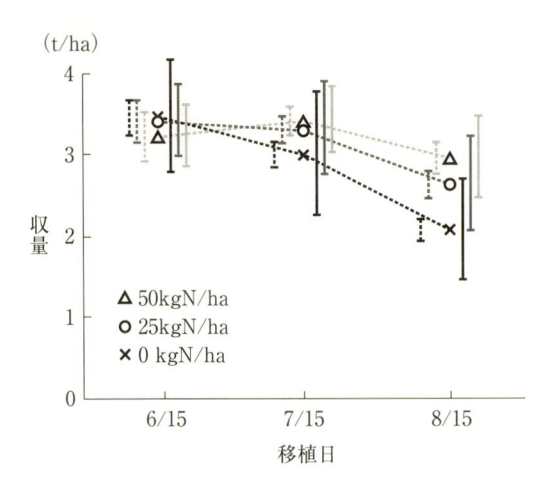

**図4-8 移植日と施肥量がノング全体の水稲収量に及ぼす影響**

1979～2002年の気象データを用いてシミュレーションした。点線で示した誤差線は年次変動(ノング全体の平均収量の標準偏差)、実線の誤差線は圃場間変動(筆単位の収量の標準偏差24年分を平均したもの)を示す。

場合も多い。降雨が過剰でノング最下部の水田が水没するような年に、補償的な生産を行なう場と位置づけられる。

以上のような生産阻害を受けているノングにおいて、さらに気象の年次変動がノング全体の生産性に与える影響を評価するために、ノング内の水の移動を計算し、各水田における水稲の生育・収量を予測するシミュレーションモデルを構築した(ただし雑草の影響は考慮されていない)(Homma and Horie 2009)。結果を簡略化するために、ノングの全水田について移植日と施肥量を統一した場合を仮定し、1979年から2002年の気象データを用いてイネ収量のシミュレーションを行なった。

その結果、ノング全体の平均収量は移植日によって大きく変わり、無肥料の場合、8月15日に移植すると約2t/haであるが、6月15日に移植すると約3.5t/haと予測された(図4-8)。施肥量を0、25、50kgN/haと仮定してその効果を予測すると、移植が遅い場合は施肥が効果的であったが、逆に早い場合には、施肥を行なうことで、下位田を中心に倒伏が生じて収量が減少するとの結果が得られた。現地で実際に行なわれている栽培条件に近い7月15日移植、施肥量25kgN/haの場合、1986年の気象下で最大の平均収量3.6t/haが得られ、1981年の気象下で最小の平均収量3.0t/haが得られた。収量と降水量の間には有意な相関が見られたが、降水量は平均収量の変動の25％を説明するに過ぎなかった。

降水パターンの影響のほかに日射量の影響も見られ、降雨が比較的豊富な年には日射量と収量の間には正の関係があり、降雨が少ない年には負の関係があることが示された。また、このシミュレーションにより、ノング全体の平均値でみた水稲収

量の年次変動に比べて、ノング内の囲場間にみられる収量変動の方がはるかに大きいことが分かった。

## 3. 天水田稲作の持続性・生産性の改善

これまでにみてきたように、天水田では移植の時期、つまり本田での生育期間の長さが収量に与える影響は大きい。現行で0.5t/haしかとれないような栽培環境の厳しいところでも、移植を1ヵ月早めることによって、収量を2～3倍にすることが可能なことがモデルシミュレーションから示唆された。葉面積が小さいことにより獲得が制限される太陽エネルギーも、土壌から日々わずかにしか供給されない栄養分でも、生長期間を長くすることによってイネへの吸収量を増やすことができる。その上で適正な施肥と雑草の管理などを行なえば、現在の品種を用いても、現行の2倍近い平均3.5t/ha程度は可能と考えられる。

このような栽培管理方法の改善ももちろん必要不可欠であるが、土壌の粘土含量や有機物含量が極度に低下した、または低下しつつあるノングの中位から上位にかけての水田では、生産基盤の改善なしには持続的な生産は望めないであろう。そのため、現地に適用可能な技術として、筆者らは粘土質土壌の客土と、マメ科牧草を乾期に間作するシステムを考え、現地で実証試験を行なってきた。その研究成果について述べ、本章の結びとしたい。

### 3-1 粘土質土壌の客土

東北タイのイネ生産性は土壌により大きく制限されており、たとえ水が豊富にあったとしても、生産性の大きな改善効果が期待できないことはこれまでに述べてきたとおりである。土壌の粘土と有機物含量が共に極度に低いことが、土壌の低肥沃度の主要因となっている。

肥沃度という観点からすると粘土よりも有機物の方が重要で、かつ取り付きやすいことから、これまでに東北タイにおける生産性改善の試みとして行なわれてきた研究は、有機物資材の投入に偏重している。様々な研究者により試されてきた有機資材は、稲わらや堆肥から始まり、木の葉や緑肥などまで種々多様である。それらの投入により生産性が改善された例もあるが、高温でかつ明瞭な乾期を持つ気候で

あるため有機物の分解が早く、その効果を持続させるためには資材の投入を毎年行なう必要がある。さらに、有機資材の確保や投入には労働や金銭などのコストがかかるため、長年研究が行なわれている割には普及が進んでおらず、その見込みも高そうにない。一方で粘土資材の投入については、資材の確保に問題があるとされ、これまでにほとんど研究が行なわれてこなかった。

そこで筆者らは、農家単位での適用も視野に入れて、粘土資材の供給源をため池の底に求めることにした（Mochizuki ら 2006）。ため池は補助的な灌漑用水を確保する目的で、東北タイではあちこちに作られているほか、養魚目的で農家が個人的に所持している場合も多い。そうしたため池の底土を分析したところ、粘土だけでなく有機物含量も高く、CEC（陽イオン交換容量：窒素などの養分の保持力を決める主要な要素）が高かった。そこで乾期に干上がったため池の底土を採取し、3cm の厚さで水田土壌表面に散布した。耕起や代かきを行なって投入した土を作土とよく混和し、水稲を栽培したところ施肥窒素の利用効率が大幅に改善し、収量が約43％増え、またその効果は3年たっても安定して持続していた（表4-2）。

この研究ではため池の底土を使用したが、粘土資材の供給源として有望なのはそれだけではない。前述したように東北タイの表土には砂質土壌が卓越しているが、筆者らの調査地点のように、ノングの下部には粘土が蓄積している場合も多く、そうした面積は全水田面積の約5％を占め、粘土層の厚さも概ね1mを越える（Kitayarak 1971）。単純計算では、それだけで他の水田の客土用の土を全部まかなうことができる。また、前述したように粘土は表層から下層へと移動していくが、そうした粘土は1～2m 程度の深さで集積層を作る場合が多く、これもまた粘土資材の供給源となりえるであろう。近年の東北タイでは重機を入れて圃場を整備し、

表4-2 ため池の底より採取した粘土質土壌の客土が水稲収量と窒素の施肥効率に与えた影響

| | | 収量（t/ha） | | | | 施肥効率（kg/kg） | | | |
|---|---|---|---|---|---|---|---|---|---|
| | | 2001 | 2002 | 2003 | 平均 | 2001 | 2002 | 2003 | 平均 |
| 客土 | 施肥 | 2.9 | 3.4 | 1.5 | 2.6 | 42.4 | 30.8 | 19.2 | 30.8 |
| | 無施肥 | 1.8 | 2.6 | 1.0 | 1.8 | | | | |
| 無客土 | 施肥 | 2.4 | 2.6 | 1.0 | 1.8 | 20.4 | 18.0 | 2.4 | 13.6 |
| | 無施肥 | 1.9 | 2.2 | 1.0 | 1.7 | | | | |

施肥効率＝施肥による収量の増加量／窒素施肥量

大区画化する場合もしばしば見られる。その際に粘土資材を表層に散布することで、生産性の大幅な改善が期待できる。

### 3-2 マメ科牧草を導入した乾期間作システム

もうひとつの改善方法としての乾期間作システムは、イネの出穂前後の立毛中に中南米原産のマメ科牧草スタイロ（*Styosanthes guianensis*）の種子を散播し、水稲栽培最後の残り水で牧草を育てて乾期をのり切り、翌年の雨期が本格的に始まる前の4月と5月の降水を利用して、牧草を生産するシステムである（図4-9）（Homma ら 2008）。

そもそも東北タイは、明瞭な乾期のために年間を通じての作物生産ができず、年に2～3作行なえる中部タイと生産性が異なるのは自明である。東北タイでも、水条件の良いところや地下水を利用した野菜栽培が行なわれているところもあるが、市場も小さく、それを大規模化して地域全体の農業生産を底上げするには至らない。乾期の水田で牧草が生産できるなら、その与える影響は大きいと思われる。東北タイでは農家は、かつては水牛1～2頭、最近では肉牛を飼育する場合が見られ、農業生産の選択肢を増やして貧困を解消するために、肉牛肥育の普及を進めている団体もある。飼料はイナワラや雑草などであるが、今以上に規模を拡大するには、飼料の確保が問題となる。実際に乾期の水田で牧草を生産して牛の餌として供給するシステムを作るには、年毎の牧草種子の確保や、水稲栽培期間中の餌の確保など解決すべき問題は多いが、筆者らの実験では、乾期の水田で十分量の牧草が生産できるかどうかに焦点をしぼった。

栽培する牧草としてはクロタラリアやササゲなど候補は数種あったが、予備実験や牛の嗜好性などに基づき、スタイロに決定した。2000年より2004年までにウボ

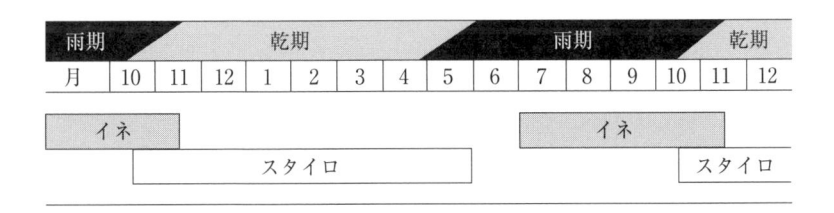

図4-9 水稲—スタイロ乾期間作システムの栽培暦

**表4-3** 水稲―スタイロ乾期間作システムにおけるスタイロの乾物生産量および水稲収量

|  |  | スタイロ生産量 (t/ha) | | | | 水稲収量 (t/ha) | | | |
|---|---|---|---|---|---|---|---|---|---|
|  |  | 2001 | 2002 | 2003 | 平均 | 2001 | 2002 | 2003 | 平均 |
| 上位田 | 乾期間作 | 4.1 | 0.8 | 2.3 | 2.4 | 1.9 | 3.2 | 0.7 | 1.9 |
|  | 慣行栽培 |  |  |  |  | 2.0 | 2.8 |  0.4 | 1.7 |
| 下位田 | 乾期間作 | 9.5 | 2.3 | 5.9 | 5.9 | 3.3 | 2.4 | 3.7 | 3.1 |
|  | 慣行栽培 |  |  |  |  | 2.3 | 2.2 | 3.3 | 2.6 |

ンの水稲試験場にて行なった実験では、その年の水条件の違いなどにより牧草の乾物収量は0.8～5.9t/haで大きく変動したが、平均で4.2t/haと、乾期に灌漑しなくとも飼料生産として十分な量を確保することができた（表4-3）。

　理想的なシステムとしては、この生産したスタイロを牛にその場で食べさせるか、刈り取って牛に与え、その後、糞や堆肥として農地に還元する必要があるが、筆者らの実験では緑肥としての使用を試みた。緑肥としてスタイロがイネ収量に与えた影響は年次変動が大きくて統計的な有意差の検出はできなかったが、有機物含量などの土壌の化学性が改善し、水稲収量も増加した。2003～2004年にはこのシステムの適用可能性を確かめるために、東北タイのウドンタニ、チュンペー、ブリラムの3地点の農家圃場でも実験を行なった。スタイロ栽培途中に牛の食害にあうなどして、生産が見かけ上ゼロの地点もあったが、平均で2.2t/ha乾草の生産が得られた。その牧草の管理は農家の好みに任せたところ、ある場所では農家が牛に与え、別の場所では緑肥として使用された。このように管理は異なるものの、スタイロ生産跡地での水稲収量が高くなる傾向が認められた。つまり、まだ技術として未成熟な部分はあるものの、水稲立毛中のスタイロ播種により、乾期の間に牛の肥育に必要な牧草生産が可能なこと、および水田システムの生産性を持続的に高めることの可能性が示唆された。

　以上のように、私たちの試みてきた粘土質土壌の客土と天水田での乾期の牧草間作システムは、東北タイの天水田地帯における生産性を改善する一例を提示できたと思う。今後は現地の政府研究者と協力して普及に努める必要はあるが、研究所での実験や農家圃場の調査だけにとどまらず、実際に生産性・持続性の改善に向けて実現可能な方法が示せたことの意義は大きいと考えている。この結果が直ちにアジ

ア・アフリカの他の天水田地帯にも適応可能であるとは限らないが，生産性を阻害している要因は何か，水の影響を過大評価していないか問いかけることは必要であろう。

**引用文献**

福井捷朗（1988）ドンデーン村．東南アジア研究叢書22．創文社，東京．

石澤良昭・生田滋（1998）東南アジアの伝統と発展．世界の歴史13．中央公論社，東京．

Homma, K. ら (2003) Toposequential variation in soil fertility and rice productivity of rainfed lowland paddy fields in mini-watershed (*Nong*) in Northeast Thailand. Plant Prod. Sci. 6: 147-153.

Homma, K. ら (2004) Delay of heading date as an index of water stress in rainfed rice in mini-watersheds in Northeast Thailand. Field Crops Res. 88: 11-19.

Homma, K. ら (2007) Evaluation of transplanting date and nitrogen fertilizer rate in farmers' adaptation to toposequential variation of environmental resources in a mini-watershed (*Nong*) in northeast Thailand. Plant Prod. Sci 10, 488-496.

Homma, K. ら (2008) Relay-intercropping of *Stylosanthes guianensis* in rainfed lowland rice ecosystem in Northeast Thailand. Plant Prod. Sci. 11, 385-392.

Homma, K., Horie, T. (2009) The present situation and the future improvement of fertilizer applications by farmers in rainfed rice culture in Northeast Thailand. In: L. R. Elsworth, W. O. Paley (Eds.) Fertilizers: Properties, Applications and Effects. Nova Science Publishers, N. Y. 147-180.

Kittayarak, S. (1971). Soil Series Description of The Northeast. Soil Survey Division, Department of Land Development, Bangkok, p.43.

Mackill, D. J. ら (1996) Rainfed lowland rice improvement. IRRI, Manila, p.211.

三土正則（1990）東北タイの問題土壌：海外における土壌肥料研究の成果4．土肥誌61: 323-329.

宮川修一（2005）タイの天水田．稲村達也編　栽培システム学．朝倉書店，東京．pp.107-115.

Mochizuki, A. ら (2006) Increased productivity of rainfed lowland rice by incorporation of pond sediments in Northeast Thailand. Field Crops Res. 96: 422-427.

Naewchampa, (1999) Socio-economic changes in the Mun River Basin, 1900-1970. In Fukui H. (ed.) The Dry Areas in Southeast Asia: Harsh or Benign Environment? CSEAS, Kyoto University, Kyoto. pp.215-235.

Ohnishi, M. ら (1999) Nitrogen management and cultivar effects on rice yield and nitrogen

use efficiency in Northeast Thailand. Field Crops Research 64: 109-120.
白岩立彦ら（2001）タイ稲作の生産変動実態ならびに降雨量が生産変動に及ぼす影響．地球環境 6: 207-215.

# 第5章　ケニアの稲作
## —天水畑稲作の可能性—

浅井英利

　日本人がケニアと聞いて何を思い浮かべるだろうか？　テレビでよく見る、サバンナをかっ歩する野生動物や、伝統衣装を身にまとったマサイ族からは、どことなく雄大で牧歌的な印象を受ける人もいる。一方で、北部ダダールにある世界最大の難民キャンプや、2008年の「ケニア危機」といわれる死者1000人以上を出した暴動に関するニュースからは、治安の悪い政情不安定な国というイメージを持つ人も多いと思う。また、町から遠く離れた農村部では、携帯電話を片手にテレビの前で憲法改正について熱心に議論する村人の近代的なライフスタイルに驚かされる一方で、死者がでるほどの村同士の争いが、クラン（血族集団）と呼ばれる独自の社会制度のもとで、村長の話合いで解決されてしまう、という伝統的な色彩も未だ根強く残る。知れば知るほどつかみどころがない、そんなこの国で今、日本人の心の原風景ともいえる「イナサク」に高い関心が寄せられている。

　ケニア首都ナイロビから西部キスムへと向かう機上から目に飛び込んでくる、水平線まで広がるアフリカ最大の湖、ビクトリア湖と、その湖畔にマス目状に整然と整備された水田群は印象的である。ケニアでは近年、他のアフリカ諸国と同様、都市人口の増加とライフスタイルの変化に伴い、調理が簡単なコメの需要が急速に拡大している。2008年に横浜で開かれた第4回アフリカ開発会議では、急増するコメ需要を賄うため、2018年までの10年間でアフリカのコメ生産量を、現在の1400万トンから2800万トンまで拡大させる目標を掲げ、「アフリカ稲作振興のための共同体（CARD）」を設立することが合意された。ケニアもCARD第1支援国として、日本政府・関係省庁が、JICAなどの国際協力機関との連携のもとで、積極的に稲作研究・普及に取り組み始めた。著者は名古屋大学農学国際教育協力研究センターによる天水畑稲作研究プロジェクトを通じて、2009年から2011年までケニアに滞在し、現地圃場試験に携わる機会をえた。本章では、ケニア稲作の現状と研究結果

の概要を述べつつ、ケニアの天水畑稲作を展望したい。

## 1. ケニアの農業と稲作

　東アフリカの赤道直下に位置するケニアは、日本の約 1.5 倍（58 万 $km^2$）の国土をもち、人口約 4000 万人を抱える。国の中央を大地溝帯が南北に横切り、周囲をソマリア、エチオピア、スーダン、ウガンダ、タンザニアに囲まれ、東はインド洋、西はビクトリア湖と接する。経済的には低所得国（世界銀行の基準で、国民総所得が 875 ドル／人以下の国を指す）に相当し、主要産業である農業部門が労働人口の約 7 割、GDP の約 3 割を占める典型的な農業国である。近年は、東アフリカの通信・金融・交通の中心地として経済発展が著しい。国土の 83％は降水量が極端に少ない乾燥気候帯であるため、農業活動の大半は、降水量が豊富なケニア山やエルゴン山を囲む、標高 1000m 以上の中央・西部高地に集中している（図5-1）。同地域は植民地時代にコーヒー・チャ・サイザル・トウモロコシなどのプランテーション農業が盛んに行なわれてきた地域であり、近年では海外輸出用の高級切り花などの園芸作物の生産も盛んで、観光・紅茶に次ぐ外貨獲得手段となっている。

　ケニアを訪れると、農業景観が標高と密接に関係していることに気付かされる。インド洋からのモンスーン（季節風）の影響を受ける東部沿岸地域を除けば、標高が高くなるにつれて気温は低下し、降水量は多くなる（図5-2）。そのため、降水量

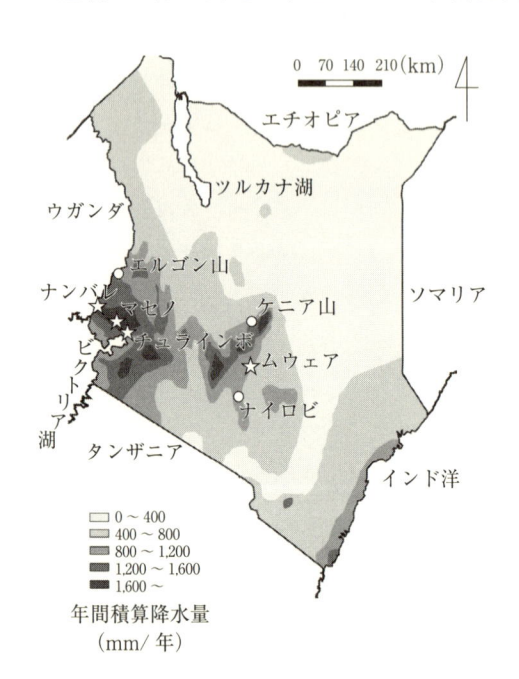

**図 5-1** ケニアの降水量の空間分布と栽培試験地および農家調査地（Sombroek ら（1982）を一部改変）

　図中の丸印（○）は試験地および調査地を示す。

が少ない標高約900〜1000mの地域では、生育期間が短く耐旱性が強いソルガムやパールミレットが広がり、標高1600m以上の地域では、冷涼な気候と多量の降水を必要とするチャやコーヒーが栽培されている。主食作物であるトウモロコシは、1000〜1600mの標高域が栽培適地となる。西部・中央高地の降水量はおよそ1000mm/年を超えるものの、1年に2度の雨期（3〜6月の大雨期と9〜11月の小雨期）があるため、1作当たりの降水量は小さく、また期間も短い。気温は6〜8月の低温期にかけて約2〜3℃低下するが、1年間を通じてほぼ一定している。

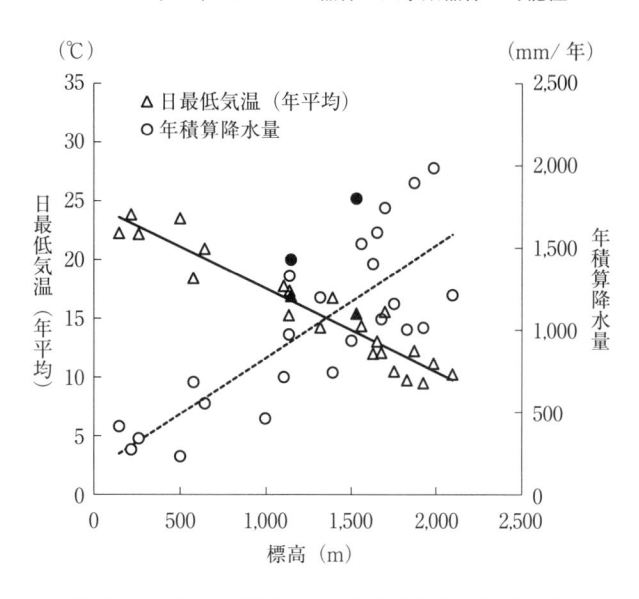

**図5-2** ケニア内陸地における標高と日最低気温（年平均）および年積算降水量との関係

図中の黒色印（●、▲）は栽培試験地（Nambale (1160m)およびMaseno (1560m)）での2011年度の積算降水量および日最低気温データを示す。

　ケニアの主食は、トウモロコシ粉を長時間お湯で練り込んで作るウガリである。少量を手にとって数回こねたものを、ケールなどのおかずと一緒に食べる。コメの消費はトウモロコシに比べればまだまだ少ないものの、1人当たりの年間コメ消費量は1994年から2006年の間で1.8kgから18kgにまで急増しており、特に都市部の若年層・女性を中心にコメ食が浸透しつつある。ケニアのコメ食習慣は、植民地時代に移住してきたインド人によって持ち込まれたため、国内産のBasmati（インドの在来・改良香り米品種群の総称）や、タイやベトナムから輸入されるJasmine riceなどの香り米が総じて好まれ、価格は非香り米の約2倍となる。これに汁気の多いおかずをかけて食するのが一般的である。

　東アフリカでの稲作の起源は7〜10世紀頃にまで遡る。アラブ圏との交易を通じて、沿岸地域に伝来したといわれている。当時の稲作は畦のない粗放的な天水田

第Ⅱ部　粗放段階の稲作

**写真5-1**　Mwea灌漑稲作地区の管理された試験場内の圃場（左）といもち病のずりこみ症状の被害を受ける農家圃場（右）

稲作であり、東部沿岸地域の一部では、いまも昔ながらの栽培方法によって細々と営まれている。現在の稲作面積（約2万ha）の9割弱は灌漑稲作であり、その大半を立派な灌漑設備を有する公営灌漑稲作地区が占める。中でもナイロビから100km離れた、ケニア山の南麓に位置するムエア灌漑地区（標高1200m）は、約8000haを有するケニア最大の稲作地区であり、高い日射量と肥沃な土壌のおかげで、同国のコメ所として名高い（写真5-1左）。これ以外にも、小・中規模の公営灌漑稲作地区がケニア各地に点在し、国内コメ生産の主要な担い手となっている。しかし、過去30年間の籾収量は、恵まれた環境にもかかわらず3〜4t/haで停滞しており、灌漑用の水資源の不足、6〜8月にかけての低温障害、また2008年にはいもち病が大発生するなど、灌漑稲作が抱える課題は多い（写真5-1右）。

## 2. ケニアでのコメ需要の増加と天水畑稲作への期待

図5-3が示すように、1980年代半ばから国内コメ生産量が停滞する一方で、輸入量は人口増加率（=2.3%）をはるかに上回る、年率8%で増加している。経済が急速に発展しつつあるケニアにとっても、コメ輸入量の増加は重い経済負担であり、国内でのコメ増産が切実に求められている。

そのためには、新たな灌漑地区を増設すればよいのだが、ケニアの経済状況や海外援助機関の方針を考えると、灌漑稲作の外延的拡大はほぼ不可能に近い。他方、国内各地に点々と存在する低湿地の利用も有力な候補だが、ケニアが批准するラム

サール条約（湿地帯の保存を目的とする国際条約）により、イネ栽培への大規模な利用は難しい。とすれば、天水畑稲作が必然的に唯一の選択肢となろう。天水畑稲作は収量では灌漑稲作には及ばないものの、面積拡大にコストがかからず、また約100万～200万haと見積られる国内の栽培適地は、灌漑稲作のそれをはるかに上回る。2008年に策定された国家イネ開発戦略においても、天水畑稲作振興が重要な柱のひとつとされ、2018年までに4000haでの栽培が計画されている（ケニア農務省 2008）。

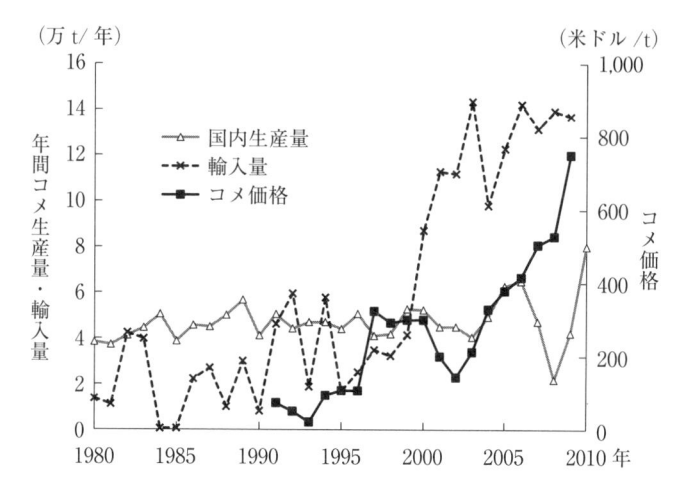

**図5-3** ケニア国における国内コメ生産量、輸入量およびコメ価格の年次変化

データはFAOSTAT（2012）から引用。

以上の背景から、増え続けるコメ需要を賄うためには天水畑稲作面積の拡大が必要不可欠であり、そのためにも栽培システムを早急に確立する必要がある。では、コメが主食であるアジアとは社会的にも農業生態的にも大きく異なるケニアにおいて、目指すべき天水畑稲作とはどのようなものであろうか？ そこでまず、個々の栽培技術を検討する前に、ケニア天水畑稲作の位置づけを、栽培学・農業経済学の観点から検討することを試みた。

## 3．ケニア高地での天水畑稲作の導入試験より見えてきたもの

天水畑稲作の導入戦略を明らかにするために、ケニア西部における圃場栽培試験と中央部における農家調査を実施した。ここでは次の4点、①天水畑稲作の生産性阻害要因、②適切な品種・栽培体系の要件、③現地主要作物のトウモロコシとの競合、④普及対象となる農家の特性、から考えてみたい。

栽培試験はケニア西部の標高の異なる3地点（マセノ Maseno：1560m、チュラインボ Chulaimbo：1360m、ナンバレ Nambale：1160m、図5-1）を対象とした。2009年12月から3月の乾期作、2010年9月から12月の小雨期作、および2011年3月から6月の大雨期作の3作期で試験を実施した。なお、降雨がほとんど期待できない乾期作には十分量の畑地灌漑を行ない、小雨期作および長雨季作では天水条件で陸稲を栽培した。

**品種・標高と栽培体系から**

品種ごとに籾収量を比較してみると、十分な畑地灌水を行なった2009年の乾期作を除いて、籾収量は早生品種で最も高く、中生・晩生品種で低くなる傾向を示した（表5-1）。特に生育後半に強度の旱ばつに見舞われた2010年の小雨期作では、中生と晩生の品種は空籾ばかりという結果になった。ここで、品種間および作期間にみられたイネ籾収量の変動を全乾物生産量と収穫指数との関係から解析したところ、収量は収穫指数に強く影響されていた（表5-1）。一般的に、収穫指数の低下は出穂期から登熟期にかけての環境ストレスによる不稔や、同化産物の転流阻害により起こることが多く、生育後半の旱ばつがその要因であると推測される。写真5

表5-1 ケニア西部の3地点における3作期の品種熟期別の到穂日数、籾収量および収穫指数

|  |  | 2009年乾期作 (849mm/4ヵ月)* | 2010年小雨期作 (444mm/4ヵ月) | | | 2011年大雨期作 (648mm/4ヵ月) | | |
|---|---|---|---|---|---|---|---|---|
|  |  | マセノ | マセノ | チュラインボ | ナンバレ | マセノ | チュラインボ | ナンバレ |
| 到穂日数（日）| 早生 | 98 | 106 | 104 | 93 | 101 | 96 | 86 |
|  | 中生 | 116 | 121 | 120 | 114 | 116 | 105 | 97 |
|  | 晩生 | 135 | ——出穂せず—— | | | 145 | 114 | 115 |
| 籾収量（t/ha）| 早生 | 3.8 | 0.7 | 1.3 | 1.5 | 1.5 | 1.9 | 2.7 |
|  | 中生 | 2.9 | 0.1 | 0.0 | 0.0 | 1.1 | 1.1 | 0.8 |
|  | 晩生 | 3.6 | 0.1 | 0.0 | 0.0 | 0.4 | 0.3 | 1.1 |
| 収穫指数 | 早生 | 0.43 | 0.19 | 0.20 | 0.34 | 0.27 | 0.26 | 0.31 |
|  | 中生 | 0.36 | 0.03 | 0.01 | 0.11 | 0.18 | 0.17 | 0.15 |
|  | 晩生 | 0.36 | 0.01 | 0.01 | 0.01 | 0.04 | 0.03 | 0.13 |

＊各作期の降水量として播種後4ヵ月間の降水量を示した。2009年乾期作の降水量には灌水量も含む（図5-4）。
＊各データは3反復の平均値。
＊品種の早晩性は2009年乾期作での到穂日数データをもとに、105日以下を早生品種、106〜125日を中生品種、126日以上を晩成品種とした。

-2は、出穂期ごろに降雨が停止したために全株が枯死した調査地を写したもので、生育後半の旱ばつ害の厳しさを如実に物語っている。

収量は標高にも大きく影響を受ける。先述したとおり、ケニアでは標高が高くなれば降水量は増加するので、当然高い収量が期待される。しかし標高1560mに位置する

写真5-2 旱ばつが起こった2010年小雨期にウガンダとの国境近くの試験場内に設けた圃場の様子

マセノの収量は、両作期とも1160mのナンバレより低い結果となった（表5-1）。低収量の要因は、出穂がナンバレに比較して2週間ほど遅れたため、生育後半に旱ばつストレスにさらされたことが原因である。一般に、短日植物であるイネの出穂は、日長時間と気温の経過により決まる。赤道直下にあるケニアでは日長時間がほぼ一定であるため、出穂期の決定には気温が強く影響する。ケニア周辺の東アフリカで行なわれた陸稲栽培試験の結果を見ても、生育期間は温暖なスーダン低地の90日から冷涼なエチオピア高地の140日まで、著者らのデータと同様に標高に応じて大きく変わることが報告されている（坪井 2012）。雨期が短くかつ降水パターンも不安定なケニアでは、1200～1300mの標高域を栽培適地として想定する場合には、できる限り生育期間の短縮を図ることが重要となる。

### トウモロコシとの収益比較から

次に、土地利用で競合する主食作物のトウモロコシとの比較から、ケニア天水畑稲作を考えてみたい。図5-4に、上述の3つの試験地におけるアジアイネとアフリカイネの種間交雑品種であるNERICA4の収量と、隣接圃場でのトウモロコシ収量の関係を示した。NERICA4の収量はトウモロコシに比べて変動が大きく、特に2010年の少雨期作ではその収量は著しく低かった。対象地域の気象条件で栽培した場合に、イネはトウモロコシ（成熟まで約90日）に比べて生育期間が30日以上

第Ⅱ部　粗放段階の稲作

(t/ha)

2010年小雨期作
△ マセノ
□ チュラインボ
○ ナンバレ

2011年大雨期作
▲ マセノ
■ チュラインボ
● ナンバレ

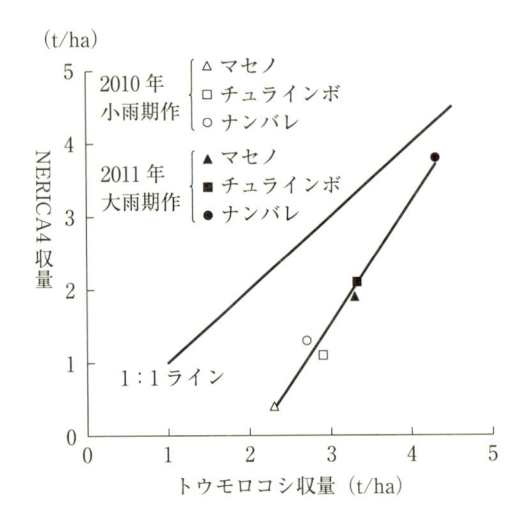

1：1ライン

**図5-4** ケニア西部3地点におけるNERICA4とトウモロコシの収量比較

も長くなるため（早い品種でも120〜130日）、生育後半に旱ばつの被害を受けやすく、そのために、籾収量が不安定となると考えられた。ここで仮に、水稲の非香り米とトウモロコシの仲買価格（それぞれ約35円/kg、20円/kg）と図5-4の関係を用いて、大雑把に天水畑稲作の損得分岐点を試算すれば、現地の主要作物であるトウモロコシ作に対して、稲作が経営的に優位に選択されるためには、少なくともイネの収量は2.5t/ha以上必要となる。

**技術普及対象農家の特性から**

それでは、どのような農家が天水畑稲作の普及対象となるのだろうか。槙原ら（2012）がケニア中央部で行なった農家調査では、天水畑稲作を導入した農家は、①保有資産が多い、②換金性の高いコーヒーや水稲栽培などを積極的に導入している、③イネについての知識や栽培経験をもつことが多い、という特徴が明らかになった。これらの特徴から想定される普及対象農家は、稲作にたずさわる機会が多い、既存の灌漑稲作地域およびその周辺地域の、換金作物導入に積極的な富裕農家層ということができる。加えて、富裕層の多くは小型の揚水ポンプを所有し、バナナや野菜栽培などで旱ばつ時には畑地灌水を行なっていることから、生育後半の旱ばつに弱いイネ栽培にもそれを適用することができる。

　以上、一連の調査から見えてきたケニア天水畑稲作は、「自給用作物として、水田を持たない貧しい農家による、低収量なイネの栽培方法」というアジアのイメージとは大きく異なっていた。研究の方向性としては、まずは2.5〜3.0t/haを目標収量として、品種の育成・栽培技術の確立を今後進めていく必要がある。上述の圃場試験から得られた結果から、まずは、作期、品種の早晩性、および標高の要因をうまく組み合わせて生育期間をできる限り短縮し、生育後期の旱ばつを回避するこ

とによって、収穫指数を高く維持することが必要不可欠となる。

その上で、さらなる収量向上を達成するには、収量を構成するもう一つの要素、すなわち全乾物生産量の改善がもとめられる。そこで、①イネ根系機能を利用した耐旱性向上、および②籾殻燻炭の施用による土壌改良、という2つのアプローチをもとに、天水畑稲作での全乾物生産量の向上について以下で検討してみたい。

## 4. 天水畑稲作における根系の役割

普段、土に隠れて見ることができない根系の役割について述べるとすれば、「縁の下の力持ち」という表現ほどふさわしいものはない。根系は植物と土壌のインターフェイスとして、養水分吸収においてきわめて重要な役割を果たす。

降水パターンが不安定な環境で栽培される天水畑イネ品種にとって、根を土壌深くまで伸ばして深層からの水吸収を可能にする形質、すなわち「深根性」は最も重視されてきた耐旱性形質である。しかし、深根性は必ずしも乾物生産に貢献するとは限らない。極端な例だが、作土層が10cmしかない土壌では、イネは深根性を十分に発揮できないだろう。つまり、最適な根系形態は、イネの生育環境によって規定される。

一方で近年、耐旱性を考える上で、根系が本来もっている環境応答機能が注目を集めつつある。これは、根が水ストレス条件に応じて柔軟に形態を変化させる能力、すなわち高い環境応答を示す根系が理想的根系であるという考え方（山内 2003）に基づいている。そこで著者は、上述したケニア西部の3地点での圃場試験において、土壌環境に対する根系の応答、そして根系形態が乾物生産量へ及ぼす影響およびその品種間差異について検証した。

3地点での容積含水率と土壌硬度の関係を示した図5-5をみれば、天水畑と一言でいっても、その環境は地点によって大きく異なることがわかる。これらの環境に対する根系反応を表層（0〜20cm）と下層（20〜40cm）に分けて検証すると、下層根系の発達程度は地点間では大きく異なったものの、環境応答特性に品種間で差異は認められなかった。一方で、表層根に関しては品種によって環境応答特性が異なっており、①圃場環境にかかわらず安定的な根重密度をもつ品種群1、②マセノ圃場で根重密度が制限される品種群2、および③マセノ圃場でも根重密度を比較

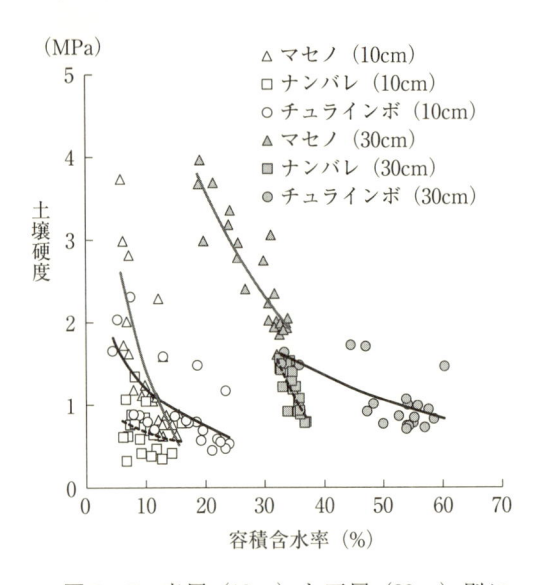

図 5-5 表層（10cm）と下層（30cm）別にみた容積含水率と土壌硬度の関係

2011年の大雨期中に、試験3地点で測定。

的維持する品種群3の、3つのグループに分類できることが分かった（図5-6）。興味深いことに、環境応答を示さなかった品種群1には、深根性とされる品種（IRAT109やDorado Precose）が多く含まれていた。品種群2と3はどちらも環境応答を示したものの、マセノでの根系発達に大きな違いがみられた。マセノ圃場は土壌が乾燥することにより著しく硬くなる特徴をもつことから（図5-5）、品種群3は品種群2に比べて、土壌乾湿にともなう急激な硬度の変化に反応して、素早く根を展開させる能力に優れていると推察された。

　各地点での地上部乾物生産量と表層および下層の根重量との相関関係をみると、畑地での乾物生産には、深根性だけでなく、表層根系の発達も重要であることがわかる（表5-2）。チュラインボのように、表層に水分が豊富に存在する土壌や、またマセノのように土壌が硬いため下層への根の伸長が抑制される土壌では、下層よりも表層根系を発達させて水資源を獲得する戦略が、地上部乾物生産を向上させるうえで効率的であることを示唆している。まだ検証は要するものの、高い環境応答性を示した品種群3のうち、下層根系もよく発達させていた品種Azucenaはどの地点でも高い乾物生産を維持していたことから、育種的手法により、深根性に加えて、下層への根の伸長が抑制される土壌環境では表層根系を発達させるような高い可塑性をもつ品種を開発することができれば、より幅広い天水畑稲作環境での耐旱性向上に大きく貢献できるものと示唆される。しかし、本試験では根系と地上部生産量との間に関係は認められたものの、肝心の籾収量とは無相関であった。先述したように、根系機能の役割を十分に発揮させるためには、やはりケニアの厳しい気

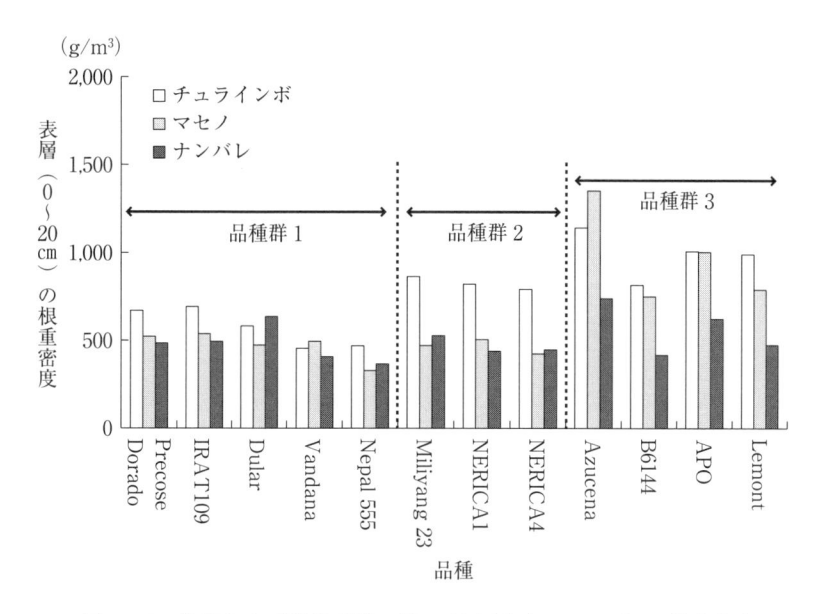

第5章 ケニアの稲作―天水畑稲作の可能性―

**図5-6** 品種および栽培環境の違いが表層（0～20cm）の根重密度に及ぼす影響

クラスター分析により品種群を分類した。

象条件において、高い収穫指数を維持できる栽培システムの構築が極めて重要である。

## 5. バイオ炭施用による土壌改良の効果

次に、バイオ炭の1つである籾殻燻炭を用いて、土壌改良の面から収量と乾物生産改善の可能性を検証してみたい。

バイオ炭とは植物資源に由来する炭化物の総称を指す。製造方法や材料は様々だが、酸素を遮断した状態で有機物を加熱することにより、炭素の塊である"炭"が製造される。日本では1697年に宮崎安貞により執筆された『農業全書』内に"火

**表5-2** 3地点における地上部乾物生産量と層別根重密度の相関係数

|  | 根重密度 | |
|---|---|---|
|  | 0～20cm | 20～40cm |
| チュラインボ | 0.78 ** | 0.39 |
| ナンバレ | 0.58 * | 0.75 ** |
| マセノ | 0.78 ** | 0.49 * |

図中の**、*はそれぞれ1%、5%水準で有意であることを示す。

糞（はいごえ）"として記載があるほど、古くから知られていた（OgawaとOkimori 2010）。

バイオ炭施用の効果は多岐にわたり、①土壌保水性・透水性の向上、②保肥力の改善、③pH調節機能、④微生物活性の向上、など様々な利点を持つ。バイオ炭は微生物による生物分解の影響をほとんど受けないため、農地へ施用することにより、大気中の二酸化炭素を"炭"という形態で半永久的に土壌へ隔離することができる。近年、地球温暖化がグローバルな問題として取りざたされるなか、バイオ炭施用は、作物生産と環境保全を両立しうる持続的な栽培技術として国際的にも注目されている。収穫後の籾殻残渣が未利用のまま廃棄されているケニア稲作においても、籾殻燻炭を利用した資源循環型の稲作システムを確立できれば、コストをかけずに増収が期待できる。

そこで、上述の試験地のうちの2地点（ナンバレ、チュラインボ）において、4水準の籾殻燻炭施用量（0～20t/ha）と窒素肥料の有無（無窒素区と窒素施肥区90kgN/ha）を組み合わせた栽培試験を行ない、籾殻燻炭の施用効果について検証した。

籾殻燻炭施用の増収効果は非常に大きく、特にリン欠乏が作物生育の制限因子となているナンバレの強酸性土壌において、顕著な効果が認められた（表5-3）。土壌pHが低いと、リンはアルミニウムイオンなどと結合し、植物が吸収できない難溶態となる。バイオ炭施用によりpHが調節され、リンの可溶化が促進されたことが大きな増収効果につながったと考えられる。

しかし、籾殻燻炭の施用により必ずイネの増収が得られるわけではない。チュラインボの無窒素区では、収量は籾殻燻炭施用に全く反応しなかった。また、窒素施

表5-3 籾殻燻炭施用試験での籾収量および全乾物生産量

|  | （籾殻燻炭施用量） | 籾収量（t/ha） | | | | |
| --- | --- | --- | --- | --- | --- | --- |
|  |  | 0t/ha | 5t/ha | 10t/ha | 20t/ha | 平均 |
| チュラインボ | 無窒素区 | 0.9 | 0.8 | 1.0 | 0.9 | 0.9 |
|  | 窒素施肥区 | 1.2 | 2.3 | 2.7 | 2.9 | 2.3 |
|  | 平均 | 1.1 | 1.6 | 1.9 | 1.9 | 1.6 |
| ナンバレ | 無窒素区 | 0.5 | 1.0 | 1.6 | 2.1 | 1.3 |
|  | 窒素施肥区 | 0.5 | 1.3 | 2.4 | 2.3 | 1.6 |
|  | 平均 | 0.5 | 1.2 | 2.0 | 2.2 | 1.5 |

肥の有無にかかわらず、籾殻燻炭の施用量が 10t/ha を超えると収量にほとんど効果がなかった。バイオ炭は窒素の吸着作用を持つため、窒素の溶脱を緩和する効果を持つ一方で、過剰施用や窒素欠乏土壌での施用は、土壌を一時的に窒素飢餓状態にする。過去の研究例でも、バイオ炭施用が植物体の窒素吸収を阻害して、収量が減少することが報告されており（Asai ら 2009）、土壌肥沃度に応じて籾殻燻炭施用量や窒素施肥量を調節することが重要となる。

このように籾殻燻炭の施用は、窒素欠乏に気をつければ、高い増収効果をもたらすことができる。ケニアを含むサブサハラの農業用地の相当部分が、ナンバレ同様に土壌風化が進んだ低リン酸土壌であることを考慮すれば、アフリカにおける籾殻燻炭施用技術のポテンシャルは高いと考えられる。技術的には、個々の圃場レベルにおける効率的な施用方法の確立や、その長期的な影響を明らかにすると同時に、集落や地域規模での資源循環システムの設計が今後の検討課題といえる。

## 6. ケニア天水畑稲作の普及に向けて

冒頭、あえて「イナサク」と記した。これまでアジアの稲作文化圏に馴染んできた著者が、ケニアの稲作に触れた時に、「稲作」という文字ではあまりしっくりこない、そんな率直な所感をもったからである。

学生時代に4年間を過ごしたラオスでは、焼畑という形態の天水畑「稲作」を生活基盤とする農家が、厳しい環境に振り回されながらも、斜面にへばりつき、一家で団結して、毎年イネを懸命に育て続けていた。美しく成長したイネに興奮し、また熱心に独自の稲作理論を語る。そんな姿からは、まるでイネを大事にする気持ちが、彼らの DNA に脈々と受け継がれているかのような印象を受けた。他方、ケニアの天水畑「イナサク」は、ビジネスの一形態といってもいい。比較的余裕のある富裕農家層が事業主として、自分たちの持つ労働・経済・土地資本の分配先の1つとして、換金作物であるイネを栽培する。イネは多数の換金作物の1つでしかなく、その選択は純粋な経済的原理にもとづく。つまり、農家側の視点にたてば、天水畑稲作を選択する条件として、簡易な栽培体系であり、厳しい環境条件で、競合相手となるトウモロコシを上回る経済的利益を確保し、かつその生産変動リスクが小さいことが求められる。ゆえにアジアに比べれば、ケニアの「イナサク」は、農

家の極めて冷徹な視線に耐えなければならない。

　現在ケニアではコメ増産の切り札として、天水畑稲作の普及に向けて着々と準備が進められている。その成否は、栽培学的な観点から見れば、生育後半の旱ばつ害を克服できる栽培体系を開発できるか、という一点に全てがかかっているといっても過言ではない。限られた試験期間ではあるが、品種・作期・地点間で観察された大きな収量変動は、生育後期の旱ばつ害の深刻さを物語ると同時に、生育期間を短縮できる比較的温暖な標高地点の選定、安定した降雨がみられる5～8月の大雨期での栽培、そして、生育後半の旱ばつリスクを回避するための早生品種の導入、などがケニアの天水畑稲作を普及するための必須条件であることが分かってきた。さらに、現地主要作物とも伍していけるほどの安定的なコメ生産を確保するには、天水にこだわらずに畑地灌水の導入も当然考慮するべきである。こうした環境が確保されなければ、本章で検討した根系機能や土壌の改善技術をいくら用いたとしても、収量の向上にはうまく結びつかないだろう。

　近年、分子遺伝学的手法によりすべての問題が解決できるという夢のような話を聞くことがある。しかし、本章で紹介した研究事例では繰り返し、「環境」の重要性を述べてきた。圃場レベルでは、品種や栽培技術の効果は土壌環境に大きく影響を受け、地域や国レベルでは気候や社会・文化に応じて稲作体系の在り方も大きく異なる。現地に固有の様々な要因を考慮し、無数にある問題点の中から優先課題を抽出すると同時に、個々の品種や技術を多面的に検証し、それらを有機的に組み合わせ、より高次構造としての作物生産システムをデザインすることが、農学研究者にしか貢献できない領域になる。現地に足を運び、この国の人・自然・農業と真正面から真摯に向き合いつづけていくという地道な努力こそが、ケニアの抱える問題を解決する上で最も必要なことだと思う。

＊本章は、名古屋大学農学国際教育協力研究センター、マセノ大学およびジョモケニアッタ大学での共同研究の成果の一部を取りまとめたものである。本研究を遂行するに当たり、国内外の研究者および現地農家の方々から多くのご指導、ご支援をいただき、ここに深く感謝の念を表します。なお、本研究は文部科学省、科学技術振興調整費「東アフリカ稲作振興のための課題解決型研究」により実施されたものである。

第5章　ケニアの稲作─天水畑稲作の可能性─

## 引用文献

Asai H. ら (2009) Biochar amendment techniques for upland rice production in northern Laos: 1. Soil physical properties, leaf SPAD and grain yield. Field Crop Research 111: 81-84.

ケニア農務省 (2008) National Rice Development Strategy, Ministry of Agriculture, Kenya. pp.1-24.

槙原大悟ら（2012）栽培実験・農家調査から検討したケニア国における陸稲 NERICA の栽培・普及戦略　5（別2）：15-16.

Sombroek, W. G. ら (1982). Exploratory Soil Map and Agro-Climatic Zone Map of Kenya, 1980. Scale: 1: 1'000'000. Exploratory Soil Survey Report No. E1. Kenya Soil Survey Ministry of Agriculture-National Agricultural Laboratories, Nairobi, Kenya.

坪井達史（2012）アフリカにおけるネリカ米栽培技術の確立と技術普及．熱帯農業研究　5（別1）：117-118.

山内章（2003）理想型根系とは「根のデザイン（森田茂紀編）」養賢堂，東京．pp.10-17.

Ogawa M., and Okimori Y. (2010) Pioneering work in biochar research. Australian Journal of Soil Research 48: 489-500.

# 第6章　西アフリカ稲作の多様と発展

堀江　武
齋藤和樹

## 1. 西アフリカの社会と稲作

　アフリカ大陸は、北緯5度付近より上部が大きく西につき出た地形となっている。このつき出た部分の、サハラ砂漠より南の地域が西アフリカで、1960年代にヨーロッパの旧宗主国から独立して生まれた17ヵ国が存在し、3億人超の人々が生活している。この地域では1日の生活費が2ドル（約200円）以下の極貧生活を営む人々が多く、世界で最も貧しい地域の1つに位置づけられる。食料は慢性的に不足状態にあり、海外からの輸入や援助に頼っている。大規模な旱ばつが続くと、飢餓がしばしば問題となる。これらが原因となって、同地域の5歳以下の子供のうち3人に1人は、標準体重を下回っている（IAC 2004）。

　西アフリカの住人の70%以上は農民であり、生活を維持するため、子供も重要な農業労働力である。労働力確保の必要性、およびマラリア、エイズなどの疾病による死亡リスクが高いことが出生率を高める要因として働き、年率2%以上の高い人口増加をもたらしている。生まれてくる子供は、貧しさゆえに教育機会にも恵まれていない。これらのことが焼畑の拡大、土地の酷使、過放牧へと人々を駆り立て、農業持続性の喪失懸念とともに、森林破壊や砂漠化など環境問題を引き起こしつつある。この地域では、また地下資源をめぐる争いや内戦・テロがあとを絶たないが、その背後に貧困問題があることは否めない。

　西アフリカ地域がこのような現状から脱却し、健全で持続可能な社会へと進んでいくためには、大多数の住民の生業である農業の発展が不可欠である。この地域の農業発展を促すうえで、稲作の普及・振興に大きな期待が寄せられている。ごく一部の地域を除き、灌漑・排水など、作物生産のための基盤整備が手付かずの西アフ

第6章　西アフリカ稲作の多様と発展

リカでは、降雨のあるなしで、滞水と乾燥を繰り返す低地が少なからず存在する。イネはこのような不安定な水環境に最もよく適応できる作物である。イネはコムギやトウモロコシとは異なって、水田でも畑でも育つ水陸両生の作物だからである。さらにコメは、コムギやトウモロコシの子実のように粉にひいてパンに焼くといった調理に手間を要さず、また栄養バランスも良い。まさにアフリカ向きの作物と言える。

西アフリカには、アジアイネ（サティバ種（*Oryza sativa* L.））とは別種のアフリカイネ（グラベリマ種（*Oryza glaberrima* Steud.））が、3000年以上も昔からニジェール川の氾濫原やギニアの山地などで栽培されてきた。このアフリカイネは現地の環境への適応性は高いものの、収量はアジアイネに較べ著しく低い。西アフリカに、より生産性の高いアジアイネを積極的に導入し、稲作の拡大を図る動きが1960年代以降、台湾、中国など諸外国の援助、および当地域に1971年に設立された国際研究開発機関のアフリカ稲センター（Africa Rice Center、旧名；西アフリカ稲開発協会（WARDA））を中心に活発化した。さらに、アフリカイネの西アフリカへの高い適応性と、アジアイネの高い生産性を兼ね備えた種間交雑品種ネリカ（NERICA（New Rice for Africa））が、Africa Rice Center の研究者 Monty Jones によって1990年代前半に育成され、その普及が日本の支援を中心に進められてきた。

このような稲作の開発普及により、西アフリカのコメ生産は1980年の約300万トンから2010年の1200万トンまで、30年間で4倍も増加した（FAO 2012）。しかし、コメ消費の伸びはそれ以上に大きく、毎年多量のコメが主としてアジアから輸入されるため、自給率は約50％にまで低下した（図6-1）。

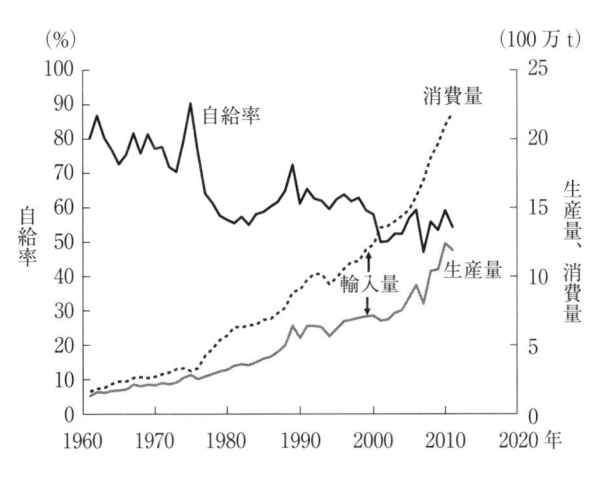

図6-1　西アフリカにおける米の生産量と輸入量の推移（FAO 2014より作図）

このコメ輸入に毎年多額の外貨が支払われており、そのことが地域全体の経済を圧迫する一因になり、貧困に追い討ちをかけるという悪循環に陥っている。

　筆者らは Africa Rice Center の理事あるいは研究員として、2001年以来、西アフリカの稲作開発に関わってきた。その間ずっと頭を離れなかったことは、どうしたら西アフリカに生産性の高い稲作を築くことができ、それを基盤にアジアのような社会発展が図られるかということである。本章では、西アフリカ稲作の生産生態を概観し、地域住民の自助努力を中心とする稲作発展の道筋について考えてみたい。

## 2. 西アフリカの環境、農業と稲作

　西アフリカの年平均気温は27℃前後で暖かく、しかも地域・季節による変化が一般に小さい。一方、年雨量は南部の海岸域の3000mmを超える多雨域から、北部の200mmないしはそれ以下のサハラ地域まで、緯度の上昇とともに大きく低下する。このような緯度に沿った雨量の変化は、以下に述べるように、西アフリカ地域の気候を支配する赤道海洋気団と熱帯大陸気団の動きと大きく関わっている（北村 1997）。赤道海洋気団は、大西洋からの湿った南西のモンスーンをもたらし、その支配下にある地域に雨を降らせる。一方、熱帯大陸気団はサハラ砂漠からの、埃っぽい乾いた北東貿易風（ハルマッタン）をもたらす。この2つの気団の境界（熱帯収束帯）は、1月には西アフリカ南部の海岸近くにあるが、次第に北方に移動し、8月に北緯20度近くに達した後、再

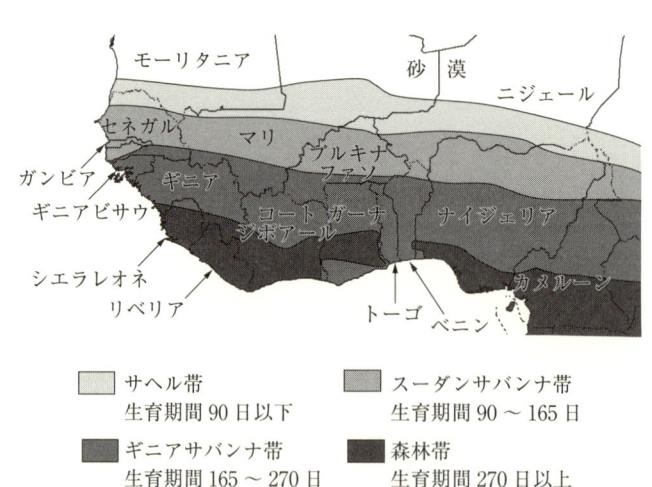

図6-2　西アフリカの主要な気候帯と生育日数（WARDA 2000に加筆）

第6章　西アフリカ稲作の多様と発展

び南下する。赤道海洋気団の支配下にある期間が雨期である。したがって、南部はほぼ年間を通して雨が降るが、北に行くほどその期間は短くなる。西アフリカの雨量は緯度が1度（約110km）高くなるにつれて、約200mm減少する（北村1997）。

植物の生育期間したがって生産量は雨量に支配されるため、雨量の多い海岸に近い南部では森林が発達するが、北へ移るほど植生は貧弱となり、草原を経て砂漠に至る。この植生の発達度合いと関連付けて、西アフリカの気候帯は、南部の森林帯から、ギニアサバンナ帯、スーダンサバンナ帯、そしてサハラ砂漠周縁のサヘル帯へと帯状に移っていく（図6-2）。

西アフリカの農業は極めて多様性に富むが、それらは気候帯に沿って次のような特徴が見られる。多雨な南部森林帯では、ヤムイモ、キャッサバなど根栽農業と、カカオ、コーヒー、アブラヤシ、ゴムなどのプランテーション農業が特徴的である。湿潤なギニアサバンナ帯では、根栽農業とトウモロコシ、イネ、マメ類などの穀作農業が混在し、さらに換金作物のワタ、タバコ、サトウキビも輪作に組み入れられることが多い。スーダンサバンナ帯に移ると、トウモロコシ、ソルガム、ミレット、マメ類などの穀作農業と、牛、羊、山羊など家畜の放牧（写真6-1）が混在するようになる。サヘル帯の農業の中心は家畜の放牧であるが、河川の氾濫原や灌漑農地での穀作農業や換金作物栽培も行なわれている。

アフリカイネ（グラベリマ種）は、乾燥気候の中央ニジェールのデルタ起源の浮稲的性質をもったイネと考えられている。その後、その栽培がギニアサバンナ帯の焼畑地帯に移り、多様な分化をとげた（Carpenter 1978）。それらの地域でアフリカイネは3000年以上も栽培されてきた

写真6-1　スーダンサバンナ帯からサヘル帯にかけては家畜の放牧が盛ん（ブルキナファソ北部の農村地帯）

が、それはモンスーンアジアにおけるようなメジャーなものではなく、多くの作物のうちのひとつにすぎなかった。アジアイネ（サティバ種）はマレー人によってマダガスカルを経由して紀元前後にアフリカ東海岸に伝わっていたが、西アフリカへは800年ごろエジプトからモスレムによって伝えられたとも、1500年頃ポルトガル人によってもたらされたともいわれ、その年代は定かではない。その後のアジアイネの拡大は限定的であり、またアジアのような集約的稲作に発展することもなかった。

西アフリカでのアジアイネの拡大には、植民地の支配者であったヨーロッパ人による1920年代以降のアジアからの導入と、1960～1970年代の台湾、中国による普及活動によるところが大きい。台湾、中国によって開発された小規模な灌漑稲作地域が、現在も西アフリカ各地に点在する。さらにヨーロッパ諸国の援助による大規模灌漑稲作の開発も、一部ではあるが、マリ、セネガル、ギニア、コートジボアールなどで行なわれた。このようにして、アジアイネがアフリカイネに次第に置き換わり、西アフリカの全ての気候帯に広まったが、その栽培面積は、西アフリカ全体で約650万ha（2012年）にすぎない。

## 3. 西アフリカ稲作の生産生態

### 3-1 稲作の生態的多様性

西アフリカの稲作は、地域毎に異なるといってよいほど多様である。それらは一般に、天水陸稲栽培、天水低地水稲栽培、深水稲栽培、マングローブ湿地稲栽培、および灌漑水稲栽培の5つに大別される。それらの栽培面積の比率を図6-3に示した。この分類のうち、天水低地水稲栽培と天水陸稲栽培の面積が圧倒的に大きく、全体の約75％を占める。東アジアで見られるような灌漑水稲栽培はわずか12％にすぎない。深水稲栽培は、ニジェール川流域の雨期に1mを越すような深水が滞水する内陸低地で、グラベリマ種の浮稲や深水稲を栽培する、おそらく、西アフリカでは最も古くから続いている稲作である。マングローブ湿地稲栽培も海岸湿地やマングローブ沼沢地で行なわれる、深水稲の栽培である。

以上に示した稲作類型は、地形と密接に連鎖して発達してきたものである（図6

第6章　西アフリカ稲作の多様と発展

-4)。西アフリカには緩やかに起伏する準平原台地状の地形が広がっているが、天水陸稲栽培は、雨の多い森林帯からスーダンサバンナ帯にかけての、起伏した台地の上中部の地下水位の低い土地で営まれている。雨期に伏流水が地表面に現れ始める起伏下部が低地周縁部（ハイドロモルフィック部）で、それより低地で雨期に行なわれるのが天水低地水稲栽培というように類型化される。内陸部では、河川の季節的氾濫水を畦畔で囲った水田に引き込み、かなりの程度水をコントロールし、施肥など資源を投入する、かなり集約的な水稲栽培もマリ、ニジェール、ナイジェリアなどで行なわれている。灌漑水稲栽培は、気候帯にかかわらず、ダム下流の安定した水供給がある地域、あるいはポンプによって地下水を汲み上げて栽培する稲作で、2期作も行なわれる。

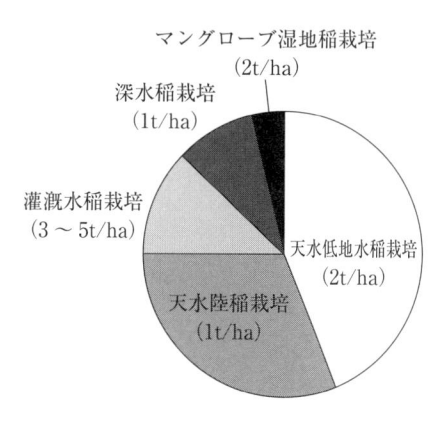

図6-3　西アフリカの各稲作類型の面積割合（Lançon and Erenstein 2002 より作図）
（　）内は平均収量。

| 生態系 | 畑地 | 低地土壌周縁部 | 低地 | 集約利用低地 | 灌漑低地 |
|---|---|---|---|---|---|
| 主な水供給源 | 雨水 | 雨水＋地下水 | 雨水＋地下水＋自然氾濫水 | 氾濫水 | 灌漑 |
| 農業生態区分 | ギニアサバンナ―湿潤森林帯 | (同左) | スーダンサバンナ―湿潤森林帯 | (同左) | サヘル―湿潤森林帯 |
| 主要なストレス要因 | 旱ばつ<br>雑草<br>病害虫<br>PとNの欠乏<br>土壌浸食<br>酸性土壌 | 旱ばつ<br>雑草<br>病害虫<br>PとNの欠乏<br>土壌浸食<br>酸性土壌 | 旱ばつ／洪水<br>雑草<br>病害虫<br>PとNの欠乏<br>鉄過剰害 | 旱ばつ／洪水<br>雑草<br>病害虫<br>PとNの欠乏<br>鉄過剰害 | 雑草<br>病害虫<br>塩類集積<br>アルカリ土壌<br>PとNの欠乏<br>鉄過剰害 |

図6-4　西アフリカの主要稲作生態系の地形連鎖の概念図（WARDA 2004 より改編）

第II部　粗放段階の稲作

写真6-2　焼畑での天水陸稲栽培（コートジボアール、ポナンドゴウ村）

天水陸稲栽培、低地周縁部の稲作では旱ばつのリスクが高く、それより低地の天水水稲栽培では旱ばつと洪水両者のリスクが高いので、肥料などの資源投入は極めて限られている。雑草は全ての稲作生態系において恒常的なリスク要因で、放置すれば収穫に甚大な影響を与える。また、全ての生態系ともリン（P）と窒素（N）は不足しており、低地周縁部ではカリウム（K）欠乏（Yamauchi 1992）も認められる。また、地下水とともに供給される2価鉄（$Fe^{2+}$）によって、水稲葉がブロンジングとよばれる赤褐色になる障害が天水低地栽培で多く認められる。さらに病虫害の発生リスクも高く、西アフリカの多様な稲作のいずれもが劣悪・不安定な基盤上で行なわれていると言わざるを得ない。以下にそのことを主要な3つの稲作類型について述べてみたい。

## 3-2　天水陸稲栽培

天水陸稲栽培は、湿潤な森林帯からスーダンサバンナ帯にかけて、叢林を焼き払って行なわれる焼畑移動稲作が大部分を占める（写真6-2）。この類型の稲作は特にギニアで多く、同国の全稲作面積の58％に当たる約60万haで行なわれている。西アフリカの焼畑移動稲作の態様は地域により異なる。ギニア高地では叢林を焼き払ってイネを一作のみ栽培した後、その土地を自然休閑し、次の年には別の場所に移動して同じことを繰り返す（小林 2008）、インドシナ半島北部の山岳地帯（第3章）と同様な稲作が行なわれている。一方、コートジボアールやマリの準平原台地では、叢林を焼き払った後、数年間イネを含めイモ類、トウモロコシ、マメ類など、いろいろな作物を輪作した後、自然休閑される。

例えば、コートジボアール北部のコロゴ市近くにある、セヌフォ族の村ポナンドゴウ（Ponangdougou）の輪作体系は、叢林焼却後に最初に栽培する作物はヤムイ

モであり、続いてワタ、イネ、トウモロコシ、ラッカセイと輪作し、6年目に自然休閑するシステムである。最近では、自然休閑の代わりにカシューナッツの果樹園に仕立てることも多い。この輪作体系の中で、施肥は換金作物として重要なワタ栽培に対してのみ行ない、それに続くイネはその残存肥料に依存して育てられる。イネの育ち具合が悪いようであれば、次はトウモロコシの代りに、再び施肥してワタ栽培に切り替えることもある。

　イネはまた、トウモロコシ、マメ類、イモ類など色々な作物と間作・混作されることも多い。バナナ、アブラヤシあるいはチークなどを育林する過程で、それらが育つ間、空き地に色々な作物を栽培する、アグロ・フォレストリー的な土地利用も西アフリカに多く見られるが、イネはそのシステムで栽培される作物の一つともなる。ラオスの焼畑がイネ単作といえるほどイネに片寄った栽培であるのに対し、西アフリカでは、イネは多くの作物のひとつと位置づけられている。

　天水陸稲栽培で用いられるイネは、かつてはグラベリマ種であったが、近年は熱帯ジャポニカ型のアジアイネが多くなり、最近では両者の種間交雑品種であるネリカ（NERICA）の栽培が増えつつある。西アフリカ全体で、ネリカの栽培面積は10万 ha を超えたと推定されている（Rodenburg ら 2006）。ネリカ普及の要因として、畑条件下で在来品種より収量が幾分高いこと、ネリカの中にはアフリカの病気・害虫に対して抵抗性をもつものがあること、生育期間が短く旱ばつに遭遇する危険度が小さいことに加え、イネ収穫後に別の作物を栽培する、二毛作が可能なことなどがあげられている。

　コートジボアールでは、1家族が管理している畑の面積は 1〜2ha である。叢林を焼き払った後、不耕起のままで植穴を掘り、種子を点播する栽培もみられるが、先に述べたポナンドゴウ村のように、様々な作物を輪作する地域では土地は耕起される。耕起はダバと呼ばれる柄が極端に短いアフリカ鍬を用いて、人力で行なうのが慣行である。これにはかなりの労力を必要とし、そのことが耕作面積の制限要因となっていることが多い。ワタなど換金作物の栽培面積の大きい地域では、畜力耕や、一部でトラクター耕起も行なわれている。

　天水に依存した陸稲栽培では、常に旱ばつのリスクが存在する。雨期の降雨中断期間が長引くと、イネはひどい旱害を被ることになる。イネはトウモロコシ、ソルガムやキャッサバに較べ、耐旱性の著しく劣る作物だからである。さらに畑条件下

**写真6-3** 天水陸稲栽培での除草区（右側）と無除草区（左側）（ベナンのAfrica Rice Centerの圃場）

除草しないとイネは雑草に覆われてしまう。

では雑草の発生が多く、放置すればイネに甚大な被害が及ぶ（写真6-3）。そのため、イネ1作中に3回程度の手取り除草を必要とする。これらのことが、畑作地帯で陸稲生産が伸びない原因となっている。さらに窒素やリンの不足する土地が多く、そのことも生産性を制限する要因となっている。これらの理由から、イネ収量はよくても2t/ha程度で、多くの場合1t/ha前後と極めて低収かつ不安定である。

イネの収穫は、鎌やナイフを用いて穂のみ刈り取るのが伝統的であったが、最近では中国製の鎌による株刈りが一般的になっている。収穫後、イネは天日で乾燥させた後、脱穀される。脱穀は、イネをドラム缶や竹のスノコに叩きつけて行なう旧来の方式とともに、足踏式や動力式の回転脱穀機の利用もみられるようになってきている。籾は風選の後、臼と杵で精米にするのが伝統的であったが、最近では共同精米所や請負い業者の利用が増えてきている。このように徐々にではあるが、もっぱら手作業によるコメの収穫・調製から、アジア型の農機具を利用した作業への変化が西アフリカの稲作に現れはじめている。しかし、イネ収穫後、これら一連の乾燥・調製作業すなわちポストハーベスト管理が劣悪で、コメに小石が混じったり、乾燥不足でコメが変色したり、あるいは過乾燥によって破砕米が増えたりして、品質低下を招くことになる。そのことが、市場でアフリカ米の輸入米に対する競争力を低める大きな原因となっている。

西アフリカの焼畑農業もアジア同様にかつては十分に長い休閑期間をもっていたが、人口の増加とともにそれは短縮し、10年にも満たない地域が多くなっている。例えば、ギニアの焼畑稲作の休閑期間は5年にまで短縮し（小林 2008）、マリ共和国のバマコ近郊の焼畑では、火入れの後、ソルガム—ワタの輪作を10年近く繰り

返した後に10年間休閑、という土地の酷使が行なわれている。さらに、休閑期間中も下草を牛の飼料とするため、度々火入れを行なって下草を育てている。そのため、20年の休閑地でも貧弱な疎林にしか回復せず、牛の過放牧によって地面が露出に近い状態になるところも見られる。これらは土壌侵食を促し、確実に地力を低下させる要因となっている。このまま推移すれば、西アフリカで1000年以上は続いてきたと思われる焼畑システムの多くが、その持続性を損ねることが懸念される。

### 3-3 天水低地水稲栽培

天水低地水稲栽培は、ニジェール川やセネガル川など大河川の中流氾濫原、内陸部に数多く見られる小渓谷（inland valley）の低地、内陸部草原の低地などで、雨期の滞水を利用して行なわれる稲作であり、その生態環境は多様である。その中でも、内陸小渓谷は、未開発の面積が大きいこと、および重力を利用した水管理が可能なことから、今後の稲作開発ポテンシャルが高い生態系として、大きな期待が寄せられている。

西アフリカでは、森林帯からスーダンサバンナ帯にかけて、高低差が数十mから数百mの、ゆるやかな起伏を持つ台地状の地形が広がっている。その台地谷筋の河川の原流域にあたる部分が内陸小渓谷で、日本で谷地田が多く見られる地形に類似している。稲作が行なわれている谷底の面積は、数haから数百haと大小さまざまである。谷の上部や両側面は緩やかな傾斜になっており、疎林、樹園地、焼畑が広がり、谷底稲作地の集水域をなしている。ナイジェリアとシエラレオーネでの小渓谷稲作地の調査（若月 1990）から、全集水域に占める谷底部分の面積比率は5から20％であり、谷底には稲作に十分な水供給があることが示された。一方、内陸小渓谷の低地土壌は、河川氾濫原あるいは熱帯アジアの水田土壌に較べ一般に肥沃度が低く、特に交換性CaとKおよびCEC（陽イオン交換容量）と粘土含量は、西アフリカ各地の内陸小渓谷低地を平均して、それぞれ1.1％、0.16％、3.2me/100gおよび16％（若月 1990）であり、東北タイの天水田稲作地域での測定値（Charoen 1974、Mochizukiら 2006）と同様に、栄養分の極めて乏しい土壌が多い。

内陸小渓谷の天水田の形状は実に多様であるが、それらを大別すると、畦を全く

第Ⅱ部　粗放段階の稲作

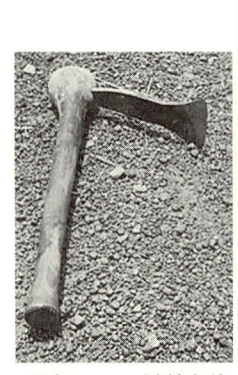

**写真6-4**　播種直前の畦なし天水田とアフリカ鍬ダバ（コートジボアール、ポナンドゴウ村）

播種のための田ごしらえはすべてダバ1本を用いて女性により行なわれる。雨期になると周囲から水が流入し、一面が帯水する。

もたない田、稲栽培時にのみ畦が造られる田、固定畦をもつ田、固定畦とともに用排水路を備えた田に分けられる。畦をもつ水田の区画は小さく、数十〜数百 $m^2$ のものが大部分である。畦があっても、すき間が多かったり、あるいは高さ不足であったりして、水調節機能のほとんどないものが多い。

　内陸小渓谷の稲作の態様は、地域・民族あるいは農業の中での稲作の重要度などによって異なる。ここでは、先に述べたコートジボアール北部のポナンドゴウ村の稲作について述べる。

　この村では、高低差約40mの小渓谷で、10haほどの天水低地稲作が行なわれている。低地全体にわたり畦は全くなく、水田というよりは、「水がかりのする畑」とでも呼ぶのがふさわしい（写真6-4）。畦はないものの、稲作地は家族ごとに区割して管理されている。しかし、外見からは、それぞれの所有する土地の境界を見分けることは困難である。この村の水田稲作は女性の仕事である。男性は焼畑で陸稲を含む多様な輪作の担い手である。この村に限らず、西アフリカでは男と女で仕事の分担を異にし、また家計も別にしていることが多い。土地は村に6人いる地主の所有で、村人は地主から土地を借り受けて耕作している。地主と小作の関係は、かつての日本でみられたような、決められた小作料を払うといった厳密なものでは

なく、耕作をするにあたり、手みやげを持って地主にあいさつに行く程度のものであるという。水田の耕作権は、母親が年老いた場合、長女に譲られる。

　耕起は、雨期の始まりの土壌が湿り始めたときに行なわれる。この作業は柄の短いアフリカ鍬（ダバ）を用いて、女性たちによって行なわれるが、相当の重労働である。次の雨を待ってイネ種子を播種する。施肥はほとんど行なわれない。本格的な雨期の到来とともに、集水域から水田に水が流れ込み、滞水するようになる。小渓谷は谷奥から出口に向けて緩やかな傾斜があり、また谷の両側面から中央部にかけても傾斜している。そのため、稲作の行なわれる低地の水環境は、地面が露出するところもあれば、イネが水没するところもあるといった具合に、極めて不均一である。さらに谷奥部は傾斜が大きく幅が狭いので、水の流れが速く、出口部はその逆で、水の流れは遅いことになる。その結果、谷奥部で土壌が侵食され、出口部でそれが蓄積されることとなり、土壌肥沃度は上流部で低く、下流部で高い（若槻1990）ことになる。

　イネの生育期間中の主要な作業は除草であり、手取り除草が2〜3回行なわれる。収穫は穂刈りで、残った茎葉は牛の飼料として利用される。収穫した穂は、陸稲の場合と同様に脱穀・調製されるが、この過程で品質低下を招くことが多い。イネは栄養分の乏しい土壌条件下で旱ばつや病害虫にさらされて育つので、この村の水田稲作の収量は低く、1〜2t/ha程度と推定される。収穫したコメは自家消費もされるが、町で売ることにより女性達の重要な収入源となる。

　天水低地水稲栽培では、地下水に溶けて浸出してくる2価鉄の過剰害（ブロンジング）を防ぐため、水田に畝を立てて土を酸化状態にし、イネを移植栽培することもギニアやギニア・ビサウなどで行なわれている。この鉄過剰害の危険度は、西アフリカの低地稲作の60％にも及ぶ（WARDA 2002）とされる重要な収量制限要因である。鉄過剰害は土壌栄養素、特にカリウムの欠乏により助長され、その施肥によって被害が軽減されるとする報告（Yamauchi 1992）もある。なお、水利条件に恵まれない内陸小渓谷では、稲単作であるが、水利に恵まれる地域では稲作の残り水を利用して、オクラなど野菜の裏作も行なわれる。

　このように西アフリカ内陸小渓谷の天水低地水稲栽培は、栄養分に乏しい土壌と不安定な水環境の下で営まれており、収量は著しく低くかつ不安定である。加えて、水はかけ流しに近い状態であるため、水田のもつ養分蓄積機能が発揮されない

## 3-4 灌漑水稲栽培

灌漑水稲栽培は、内陸小渓谷の谷奥部にダムを築き、貯えた水を重力を利用して低地の水田に導いて行なう灌漑と、セネガル川などの河川の水を、用水路あるいは揚水ポンプによって田に導いて行なう灌漑の2つに大別できる。いずれの場合も、天水田とは異なり、水田の水はかなりの程度コントロールすることができ、水資源が多いところではイネの二期作や野菜など他の作物との二毛作も行なわれる。また、肥料に加えて一部では農薬も使用され、農業機械も利用されるなど、天水田に較べ資源投入が格段に多い。

### 内陸小渓谷の灌漑稲作

内陸小渓谷の灌漑稲作は、政府の主導や外国の援助のもとに開発されたものがほとんどである。その規模は、1960～1970年代にかけて台湾や中国により開発された数ha～数十haの小規模なものから、1000ha以上のものまで様々である。

内陸小渓谷の灌漑稲作地の一例として、コートジボアール中央部のムベ（Mbé）の水田の模式図を図6-5に示した。ムベの灌漑稲作地は、1974年にコートジボアール政府によって建設されたムベ第一ダムの水を利用しており、一部はAfrica Rice Centerが試験圃場に利用している。ダムは上流に28km²の集水域をもち、最大700万m³の水を貯えることができ、ダム下流の145haの水田に灌漑している。ダムは小渓谷の奥部の谷が狭まったところに、石と土で築

写真6-5 谷筋に沿って開かれた灌漑水田（コートジボアール、ムベ）

中央に基幹灌漑排水路が掘られ、両側面に用水路が設けられている。

かれている。水田は幅200m内外の狭い谷底に沿って、川のように数キロメートルも続いている。用水路、排水路ともに自然の地形に沿って掘られており、水田への灌漑は専ら重力によっている。水田は等高線に沿って数a（アール）の面積に、固定畦で区画されている（写真6-5）。

マリ共和国の代表的なセリンゲ灌漑稲作地域は、ニジェール川の支流のひとつサンカラニ川を堰き止めて建設された、2000万$m^3$の貯水能を持つセリンゲ（Sélingué）ダムの水を利用している。その面積は900haと広大であるが、用排水路の配置は図6-5に示したムベと同様である。このダムは1982年にドイツの援助によりマリ政府によって作られたものであり、発電も兼ねている。ここでの稲作は、周辺地域に住むバンバラ族やマリンケ族によって行なわれている。水田および灌漑システムともマリ国家に所属し、各農家は0.5haの水田を政府から借り受け、水の使用料を払って稲作をしている。

内陸小渓谷の灌漑水田では、十分な水供給があれば年中稲作を行なうことができる。通常5～10月にかけての雨期作と、11～4月にかけての乾期作の二期作が行なわれる。耕起は人力（写真6-6）、畜力、耕耘機の利用と様々である。マリのセリンゲでは、牛を使った請負耕起も行なわれている（写真6-7）。砕土・均平作業は、天水田稲作よりもはるかに入念に行なわれる。施肥は、窒素20～30kg/ha、リン酸40kg/ha程度行なう農家が多い。セリンゲでは最近カリウムの欠乏症状が見えはじめ、その施肥も行なわれるようになってきている。栽培はBouake189などインド型の古い改良品種が多いが、新しいインド型改良水稲品種も用いられだしてきた。灌漑稲作では、一部では直播も行なわれているが、ほとんどが移植栽培である。特に、セリンゲでは直播は政府によって禁止されていることもあっ

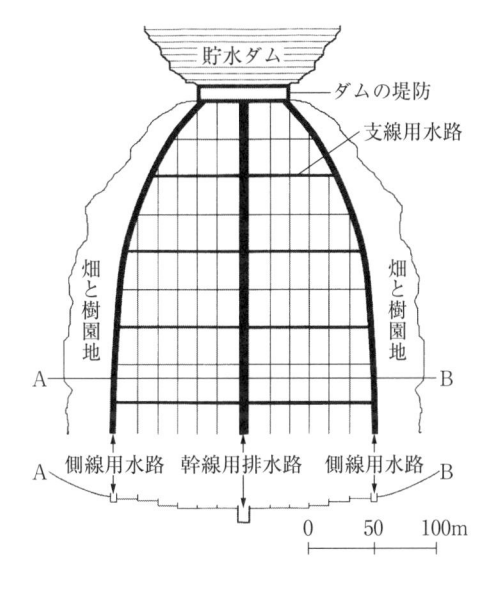

図6-5 コートジボアール Mbé の第一ダム灌漑稲作地の模式図

第Ⅱ部　粗放段階の稲作

**写真6-6　灌漑水田の移植前の田ごしらえ（ベナン）**
アフリカ鍬ダバ1本で雑草の除去、耕起および代掻きが行なわれる。

**写真6-7　マリ共和国セリンゲの灌漑水田での請負による牛耕**

て、全て移植栽培である。これには、直播では出芽・苗立ちの不安定性、雑草の多発などの問題に加え、水の使用量が増えることも関係していると思われる。セリンゲでは移植作業も請負で行なわれることが多い。1haの水田の移植請負料金は耕起と同一で、日本円で約5000円（2004年）ということであった。この金額はコメの市価から換算して、コメおよそ100kg分に相当する。

　移植後、2～3回の除草が行なわれ、これが不十分だと収量低下につながる。さらに、鉄の過剰害とイネ黄斑モザイクウィルス病（RYMV）が灌漑稲作地帯に多く認められ、大きな減収要因となっている。また、シントメタマバエ（African rice gall midge）の害やイモチ病も収量に少なからぬ影響を与えている。収穫は天水田と異なり、株元で刈り取って行なわれる。脱穀後、籾は地面に張ったシート上で乾燥され、唐箕選や風選によって雑物を除いた後、精米される。脱穀と精米は、村の共有施設もしくは請負業者の機械を利用して行なわれる（写真6-8）。それらの機械は古い中国製など、老朽化したものが多い。これら一連のポストハーベスト作業中に、品質が損なわれることも少なくない。

　収量は、気象、病害虫、雑草の影響を受けるが、それらは作期とも連動してい

る。コートジボアール、ムベで Africa Rice Center が行なった作期栽培試験の収量データを図6-6に示した。大気が乾燥し晴天が続く乾期作は病虫害も少ないため、籾収量は3～5t/haと高いが、日射量が少なく病虫害も多い雨期作の収量は2～4t/haで、変動も大きい。

このように、西アフリカ内陸小渓谷の灌漑稲作は天水田よりも平均収量は明らかに高く、東南アジアと較べても遜色ないが、東アジアのそれ（約6t/ha）には遠く及ばない。しかし、他の作物栽培に較べて、年間の生産量が安定して高い灌漑稲作は農民にとって経済的魅力の大きな農業であり、かなり熱心に稲作に取り組んでいる。天水田稲作の担い手の多くが女性であるのに対し、灌漑稲作では男も積極的に水田作業を行なう。セリンゲ稲作区の支配人の話では、かつて農民はぬかるんだ水田に入ることを嫌がっていたが、今はナイフで脅しても誰も水田を手放さないという。さらに、灌漑水稲栽培が盛んになるにつれ、耕起、田植、脱穀、精米などの各作業に請負労働が生まれ、またコメの流通、販売など、地域経済への大きな波及効果が生じている。

**写真6-8** 村の共同精米所（ベナン）

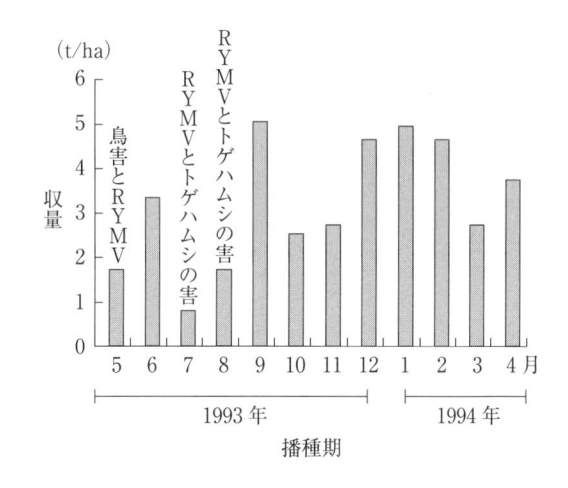

**図6-6** コートジボアール Mbé における水稲品種 Bouake189 の播種期別の収量 （WARDA 1995）

RYMV：イネ黄斑モザイクウイルス病。

第Ⅱ部　粗放段階の稲作

**サヘル地域の灌漑稲作**

　雨量が極めて少なく、乾燥気候のサヘル地域での稲作には、灌漑が不可欠である。スーダンサバンナ帯からサヘル気候帯に位置するセネガル、モーリタニアで、セネガル川やガンビア川の水を利用した灌漑稲作が始まったのは、フランス植民地時代の1920年頃で、西アフリカの他地域よりもずっと最近のことである。1988年にセネガル川上流にマナンタリダム（Manantali dam）が完成したことによって、下流地域に約10万haの灌漑が可能になり、ポンプ揚水による数十ha規模の灌漑稲作地域が多数形成された。内陸小渓谷の稲作が食料の自給を主目的に始まったのに対し、サヘル地域のそれは商業生産指向を持って始まったといえる。そのため、肥料、農業機械に加え、除草剤など農薬も投入する資源多投型の灌漑稲作が行なわれている。サヘル地域で栽培されている水稲品種は、国際イネ研究所（IRRI）育成の多収性インド型品種など、アジアから導入されたものが多い。セネガル川の河口デルタや中流域渓谷部では直播栽培が多い。

　この地域は乾燥気候特有の強い日射があり、10t/haないしはそれ以上の高いポテンシャル収量が期待されるにもかかわらず、農家の実収量は平均4～5t/haで、かつ変動も大きい（WARDA 2004）。冷害、病虫害、劣化土壌、塩害および不適切な栽培管理など、様々な生産阻害要因が、同地域の高いポテンシャル収量の実現を阻んでいる。中でも冷害や高温障害など、気象災害がサヘル地域の水稲収量に大きな影響を与える。セネガルでは日平均気温が20℃以下になることはほとんどないが、気温日較差が10～20℃もあり、12月から3月にかけては、最低気温は10℃近くにまで低下する。加えて、乾燥気候であるため水の蒸発速度が高くて熱が奪われ、日中の最高温度で比較すると、水温は気温よりも15℃も低い（Dingkuhn 1992）。低水温によって生育が遅れ、水稲の減数分裂期から開花期にかけての冷害危険期に、低夜温や低水温に遭遇すると障害不稔が発生する。4月になると一転して温度が上昇し、6月まで最高気温が40℃にもなる日が続く。さらにこの地域は11月下旬から3月中旬にかけて、サハラ砂漠から土壌ダストを含んだ極度に乾燥した北東貿易風（ハルマッタン）が吹く。低水温でイネが十分に吸水できないのに、ハルマッタンが吹くと植物体から水が奪われて、上層の葉は白化して枯れる。また出穂・開花期にハルマッタンに遭遇すると、不稔籾が発生する。これらの影響を受けて水稲収量は大きく変動する。

図6-7は、セネガル海岸部のンジャイ（N'diaye）にあるAfrica Rice Centerの試験地で、1991～1993年にわたって、水稲品種IR64を毎月播種して栽培した時の収量を示したものである。収量は播種時期により大きく変動するが、特に8月から11月に播種したイネは、低温期に冷害危険期をむかえるので、収量は激減する。イネ栽培が適期をのがしたり、低水温の影響を受けて生育が遅れたりして、イネの生殖生長期が12～3月の低温期にずれ込んで低温害を被ることも少なくない。

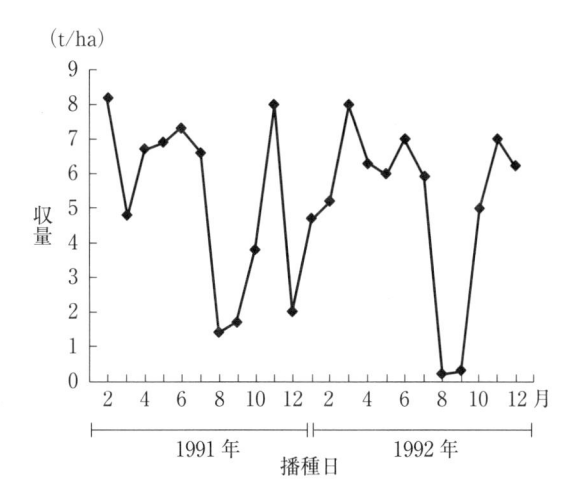

**図6-7** セネガルN'diayeの灌漑水田における水稲IR64の収量の播種日に伴う変化（WARDA 1994より作図）

さらに、資源収奪的稲作による地力の低下や、海岸部では塩害の発生なども問題になってきている（WARDA 2004）。加えて、稲黄斑モザイクウイルス（RYMV）やイモチ病など病虫害も生産の大きな不安定要因となっている。これらが原因して、灌漑、肥料投入、機械利用などの資金投入に見合うコメ生産量が得られず、赤字経営になる稲作農家が少なくない（WARDA 2004）。病虫害抵抗性を持つ適品種の適作期栽培、有機物投入などの土地資源管理が、サヘル地域の灌漑稲作の安定化と持続的発展に求められる。

## 4. 西アフリカ稲作の内発的発展と課題

以上に概説した天水陸稲栽培、天水低地水稲栽培および灌漑水稲栽培についての稲作生態を踏まえ、また西アフリカでの稲作開発研究の動向にも目を及ぼしつつ、西アフリカ稲作の内発的な発展方向とそれに必要な条件について考えてみたい。

## 4-1　西アフリカで生まれた新しいイネ・ネリカの可能性

### アフリカイネとアジアイネの種間雑種ネリカ

　西アフリカの稲作を振興するうえで、最も開発が望まれる重要な技術は、現在問題となっている貧栄養土壌、旱ばつ、冠水害、塩害、冷害や高温害、鉄過剰害、雑草害、稲黄斑モザイクウィルス病（RYMV）、シントメタマバエ（African rice gall midge）などの害を軽減する技術である。これらの環境ストレスに対して、高い耐性を持つイネ品種の育成がアフリカ稲作の安定化に求められる。このような有用品種は開発されれば、農薬や機械など他の技術に比べて導入が容易であり、また利用コストもかからない。それゆえ、西アフリカの様々な環境ストレスに対して高い耐性をもつ品種開発に、強い期待が寄せられている。

　西アフリカのこれら環境ストレスに対する耐性の遺伝資源として、同地域で3000年以上栽培されてきたアフリカイネ（グラベリマ種）に強い期待が寄せられている。実際、アフリカイネの中には、雑草競合性、鉄過剰症に対する抵抗性（WARDA 2002）、あるいは冠水抵抗性（Futakuchiら2012）などに優れるものが見つかっている。しかし、アフリカイネは、一般に西アフリカの環境に対して高い適応性をもつものの、アジアイネに較べ穂の2次枝梗発達が劣るため、籾数が少なく収量性はアジアイネに著しく劣る。そこで、アフリカイネの高い環境適応性にかかわる形質を、収量性の高いアジアイネ（サティバ種）に導入することを目指して、種間交雑による新しいイネを作出する研究が、西アフリカにあるイネ国際研究開発機関のAfrica Rice Centerで1990年代前半に行なわれ、Jonesによって世界で初めて両者の雑種イネ NERICA（New Rice for Africa、ネリカ）が育成された。

　最初のネリカは、熱帯ジャポニカ型品種WAB56-104にグラベリマ品種CG14を交配して得られた雑種第一代（$F_1$）に、さらにWAB56-104を2回戻し交配して得られた個体（WAB56-104/CG14//2*WAB56-104）の分離後代系統を、世代促進あるいは葯培養によって固定して得られた陸稲系統群である（写真6-9）。その後、交配親に、様々なグラベリマ種とサティバ種を用いた陸稲ネリカ系統が多数育成された。その中から選抜した有望系統を各地の農家に配布し、農民による選抜が行なわれた。この品種選抜方法は農民参加型品種選抜（PVS）と呼ばれ、各地域への適応性の高い品種を効率よく選び、かつ農家への普及を加速する意図で行なわれてい

**写真6-9** 陸稲ネリカ（右）とその交配親のアフリカイネ（グラベリマ）CG14（左）（ベナンのAfrica Rice Centerの圃場）

る。このようなプロセスを経てこれまでに NERICA1 〜 NERICA18 までの 18 品種の陸稲ネリカが開発され、普及されてきた（Rodenburg ら 2006）。

ネリカはアフリカ在来のグラベリマ種を用いてアフリカ人によって育成された新しいイネということで、国際開発機関を含め、現地では大きな期待が寄せられてきた。ここで、最近の研究成果にも触れながら、これまでに開発されたネリカのアジアイネと比較した特性について触れてみよう。

### 陸稲ネリカの特性

ネリカ開発のひとつの目標は、アフリカイネ・グラベリマのもつ旺盛な初期生長力を、収量性の高いアジアイネに導入し、雑草競合性を高めること（Dingkuhn ら 1998）にあった。グラベリマは葉色が薄く、その分、葉を広げて速やかに地面を覆う性質を持っている。そのため、初期生長はアジアイネより旺盛であり、両者の雑種であるネリカの中には、初期生長が親のグラベリマを凌ぐものも認められた（Futakuchi ら 2006）。このネリカの旺盛な初期生育力は、現地圃場での雑草抑制に効果が認められるとする報告（Rodenburg ら 2006）がある一方で、ネリカは生育期間が短いこと（早熟性）によって除草回数が少なくてすむことに利点があるとの見方（金田 2006）もある。最近の報告によると、ネリカの雑草抑制効果は期待

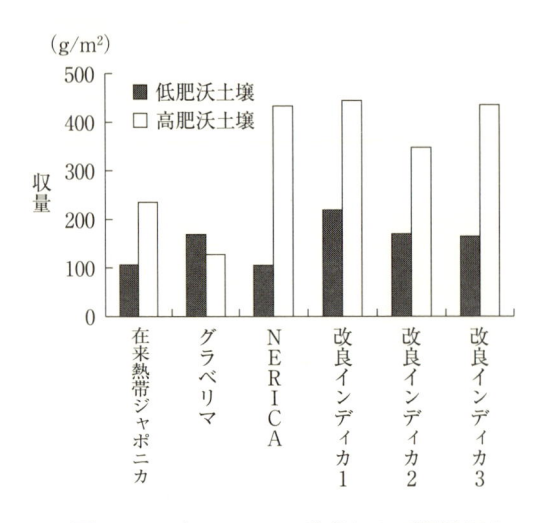

**図6-8** 西アフリカの浅薄および肥沃畑土壌条件下での様々なイネ品種の収量比較（Saito and Futakuchi 2009 より作図）

供試品種は、在来熱帯ジャポニカ：Morobérékan、グラベリマ：CG14、NERICA：WAB450-IBP-38-HB、改良インディカ1：B6144F-MR-6-0-0、改良インディカ2：IR78875-131-B-1-2、改良インディカ3：IR55423-01をそれぞれ示す。

されるほどには高くなく、さらなる改良が必要なことが明らかになっている（Saito and Futakuchi 2014）。

西アフリカの貧栄養土壌への高い適応性も、ネリカに期待される特性である。しかし、西アフリカの栄養分の乏しい低肥沃土壌と、栄養分の豊かな高肥沃土壌の2つの畑土壌条件下で、陸稲ネリカ（NERICA 1、WAB450-IBP-38-HB）とその親系統のグラベリマ、現地在来の熱帯ジャポニカ陸稲およびアジアの改良インド型イネ品種を比較栽培したSaitoら（2009）の試験結果（図6-8）では、陸稲ネリカが貧栄養土壌に高い適応性をもつという証拠は得られなかった。確かに低肥沃土壌において、グラベリマ種のイネ（CG14）は現地在来の熱帯ジャポニカ品種（Morobérékan）よりも高い収量性を示したが、両者の雑種である陸稲ネリカの収量は熱帯ジャポニカ品種と同様に低く、アジアの改良型インド型品種に遠く及ばなかった。養分含量の高い肥沃な土壌条件下では、グラベリマは倒伏したため収量増は小さかったが、ネリカは、改良インド型品種と同様に高い収量を示した（図6-8）。ここで比較に用いられた改良インド型3品種は、いずれもアジアで最近育成された畑水稲品種（aerobic rice）である。陸稲ネリカ（WAB450-IBP-38-HB）は貧栄養土壌への高い適応性という当初の期待に反し、むしろ肥沃土壌あるいは多施肥向き品種とみられる。

陸稲ネリカが多施肥向き品種であることは、アジア各地でネリカ（WAB450-IBP-38-HB）を含め、様々なイネ品種を比較栽培して得られたデータの解析結果（Yoshidaら 2006）（図6-9）でも認められる。すなわち、単位面積当たりのイネ

第6章　西アフリカ稲作の多様と発展

が生産する籾の数は幼穂形成期ごろまでにイネが吸収した窒素量に比例し、その比例係数、すなわち吸収窒素量当たりの籾生産効率には品種間で大きな違いが認められる。この吸収窒素量当たりの籾生産効率において、陸稲ネリカとその親系統が属する熱帯ジャポニカ型の品種Bantenは、改良インド型品種や温帯ジャポニカ品種（日本稲）よりも著しく低い（図6-9）。そのため、陸稲ネリカで高い収量を得るためには、多量の施肥もしくは肥沃な土壌が必要であって、この点において、これまでに育成された陸稲ネリカはアフリカ向き品種とは言い難い。これは陸稲ネリカが、グラベリマに、籾生産効率の低い熱帯ジャポニカ品種を3回交配して作られているため、グラベリマの血が理論的に8分の1に薄まり、少肥条件下での旺盛な生育を示すグラベリマの特性が失われていることが考えられる。近年アジアで育成されたインド型の畑水稲品種（aerobic rice）が、アフリカの高・低両肥沃度の土壌で高い生産性を示したことから、これら品種は今後の品種開発の遺伝資源として有望と考えられる。

陸稲ネリカに期待されるもうひとつの特性として、旱ばつ抵抗性がある。灌水を制限した乾燥土壌で、いろいろなネリカ品種と様々なアジアイネとの比較栽培試験において、ネリカ品種のなかには、乾燥耐性が強いとされるアジアイネのDularやIRAT13に匹敵する乾燥耐性をもつものも認められた（Fujiiら 2004）が、それらを顕著に上回るという報告は見当たらない。

一方、ネリカの中には、鉄過剰障害に抵抗性を持つもの、メイチュウ抵抗性を示

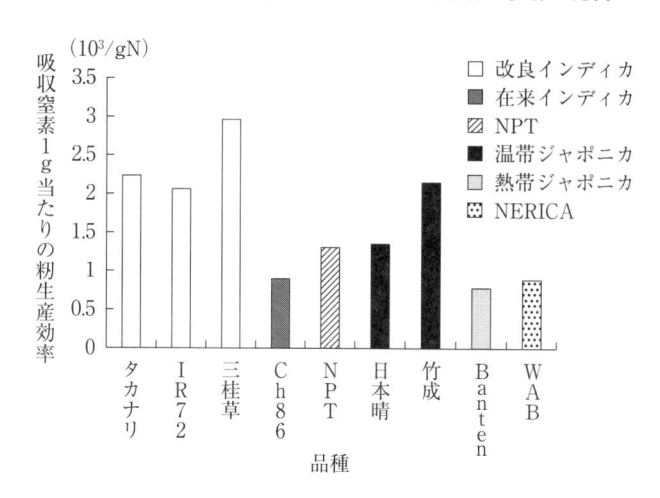

図6-9　幼穂形成期の吸収窒素量当たりの籾数生産効率の品種間差異（Yoshidaら 2006）

NPTはIRRI育成の新草型品種でIR65564-44-2-2を、WABはネリカでWAB450-IBP-38-HBをそれぞれ示す。

すもの、さらには線虫やイモチ病に対する抵抗性を示すものが存在する（Rodenburg ら 2006）。さらにネリカの中にはコメのタンパク質含量がコムギ並みに高いものも存在する（Watanabe ら 2006）（図6-10）。これらのことは、ネリカがアジアイネにはない特性を持つ可能性を示唆している。

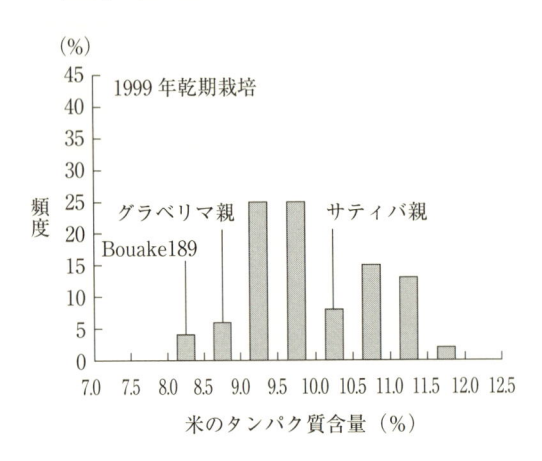

**図6-10** NERICA系統群の白米のタンパク質含量の頻度分布（Watanabe ら 2006）

NERICAのグラベリマ親（CG14）とサティバ親（WAB56-104）および普及品種Bouake189のタンパク質含量も比較のため示されている。

### 水稲ネリカとこれからの品種開発

第一世代のネリカは天水畑で栽培される陸稲が対象であったが、天水田や灌漑水田での水稲を対象とする第二世代のネリカ開発が、現在精力的に進められている。そこでは、収量性の高いアジアのインド型水稲品種 IR64 などに TOG 系統のアフリカイネを交配して、高い収量性とアフリカの環境ストレスへの高い耐性を併せ持つ水稲ネリカを育成しようとするものである。この水稲ネリカの開発研究は 1996 年から Africa Rice Center の研究者 Sié らによって開始され、2006 年までに NERICA-L-1 〜 NERICA-L-60 までの 60 品種が育成された。ここで記号の L は水稲を意味し、それまでに開発された陸稲ネリカと区別するためにつけられた。この水稲ネリカのなかには、アジアの多収性インド型品種と遜色のない収量性、肥料反応性及び高い雑草競合性をもつものがあることが明らかになり（Saito ら 2012）、大きな期待が寄せられている。

ネリカの遺伝資源となるグラベリマには、ニジェール川流域の深水地帯で栽培される浮稲型から、ギニアの丘陵地に分布する陸稲型まで、幅広い生態型が認められるが、そのうちネリカ開発に利用されているものは CG14 や TOG 系統の一部など、極めて限られている。そのため、西アフリカ各地に分布する多様なグラベリマが持つ環境ストレス耐性など、有用な形質を明らかにし、それらをアジアイネに導入していくことが今後のネリカ開発に求められる。しかし、西アフリカ稲作の発展に

は、ネリカ開発に限定することなく、より広くアジア型品種にも目を向けて品種開発を進めることが重要になっている。つまり、図6-8において西アフリカの貧栄養、肥沃の両土壌条件下で高い収量性を示したアジアの畑水稲品種の利用など、より広い視野から同地域に高い適応性と収量性を示す品種の導入・育成を目指すべきと考える。最近、Africa Rice Center がこれまでのネリカに偏った品種開発からこのような方向に転換し、ネリカか否かにかかわらず、同地域に高い適応性と収量性を示す品種を ARICA（Advanced Rice Varieties for Africa）として普及させようとしている（Africa Rice Center 2013）ことは当を得たものといえる。

## 4-2　天水稲作から半灌漑稲作そして灌漑稲作へ

　西アフリカ稲作の内発的発展には、ネリカなど現地適応性の高い品種開発が重要なことは論を待たないが、それだけでは不十分なことは、図6-8に示したように、イネ収量が、品種よりも土壌肥沃土により強く支配されることからも明らかである。品種開発とともに、土壌肥沃度や水分環境を好適に維持し、雑草や病虫害制御など、アフリカの現状に即した資源管理技術の開発・普及がこの地域の稲作の発展に求められる。そこで、生産基盤の整備や資源管理の面から、西アフリカ稲作の発展方向について考えてみたい。

　西アフリカの準平原台地上で営まれる天水陸稲栽培は、とても近未来に灌漑の整備など及ぶべくもないので、それぞれの地域の降雨条件に適応できる品種と作期を基本に、高い土壌肥沃土の維持と、雑草の抑制が可能な輪作体系の中の一作物として発展していくことが重要と考える。そのためには、コートジボアール北部でみられたような穀物とワタなど換金作物に片寄った輪作から、マメ科の緑肥作物やスタイロなどの飼料作物、あるいは難溶性のリン酸を有効化する機能を持つヒヨコマメやキマメ（有原 1999）を組み込んだ輪作への転換が必要と考えられる。さらに、カシューナッツ、アブラヤシあるいはチークなどを育林する過程で、林間にこれらの作物を輪作するアグロフォレストリー的な土地利用も、持続性を保つ上で有効であろう。

　しかし、西アフリカの増加しつつあるコメ需要をまかない、その自給を図る上で最も可能性が高いのは、内陸小渓谷の水田開発である。西アフリカから中央アフリカにかけて、稲作が可能な低湿地が2000万～4000万 ha もあるのにもかかわらず、

第Ⅱ部　粗放段階の稲作

農業利用されているのはそのごく一部にとどまっている（WARDA 2002）。そこでは、既に述べたように重力を利用した灌漑が可能であり、将来、灌漑稲作へと発展する可能性を秘めている。アジアでも、灌漑稲作が始まったのは水の管理が容易な山間の小渓谷であったとされる（渡部 1987）。ここでは内陸小渓谷の低湿地稲作に着目し、その発展方向と課題について述べたい。

　内陸小渓谷の低地稲作の発展方向として、生産基盤が現在のかけ流しに近い天水田から、水の過不足が多少なりとも調節できる半灌漑田へ、そして小規模な貯水ダムを持つ灌漑田へと発展していく姿が最も現実的と考えている。現在の畦なし水田、あるいは畦があってもほとんど機能していない水田では、イネは常に旱ばつと洪水の危険にさらされるだけでなく、土壌侵食によって粘土や有機物が流亡する。このような水田では施肥や近代的多収品種の導入の効果は得られず、収量の向上・安定化が期待できないことは、アジアの緑の革命が、灌漑・施肥・近代的多収品種の3つがセットになって初めて可能になったことを思い起こすまでもない。コートジボアール中部の大都市ブアケ近郊の稲作農家調査を行なった櫻井（2005）の結果でも、用水路、化学肥料、近代品種の3つの技術のうち、有意な増収効果を示した技術は用水路のみであったことが示されている。

　したがって、西アフリカの稲作改善の第一歩は、若月（1990）が指摘するように、水田をしっかりとした固定畦で囲み、水田のもつ養分蓄積機能を引き出すことである。次に、小渓谷低地へ流れ込む水を用水路と排水路で調節し、水田の水をかなりの程度コントロールすることである。その場合水源は、低地上部の集水域に降った雨とその伏流水なので、水は完全にコントロールできるわけではないが、旱ばつと洪水に絶えずさらされる現状よりかなりましである。西アフリカの内陸小渓谷低地には緩やかな傾斜があるので、このような半灌漑水田システムの造成は村人の共同作業でもできるし、土木作業用の機械があればさして困難ではなかろう。

　このような半灌漑田では、施肥や近代的多収品種の導入効果が期待できる。実際、マダガスカルの小渓谷の半灌漑田水田で、ベツレオ族の人たちはSRI稲作を実践し、6〜8t/haもの高い収量を安定的に得ている（本書の第7章）。コートジボアールのブアケ市内では、このような用・排水路と畦をもった半灌漑水田での施肥稲作がかなり広がっており、その平均収量は3.2t/haにもおよび、フィリピンの灌漑水田より高収を得ている（櫻井 2005）。しかし、そのような稲作は都市から隔

第6章　西アフリカ稲作の多様と発展

たった農村部には及んでいない。半灌漑水田で適品種の導入、施肥、水管理や除草などの技術蓄積が進めば、収量は向上しその安定性も高まっていくであろう。さしあたり必要な導入技術として、牛耕や田打車による除草といった、昭和30年頃までの日本の稲作技術が有効と考えられる。

このようにして半灌漑田での稲作技術の蓄積が進めば、小渓谷低地の入り口に貯水ダムを設け、そこから水の安定的な供給が受けられる灌漑水田稲作へと発展していくであろう（写真6-10）。小規模な渓谷であれば、ダムの堤防は農民によっても築くことが可能であり、実際そのような小規模貯水ダムを持った灌漑水田がブアケ市内には存在する。しかし小渓谷といえども、コートジボアールのムベやマリのセリンゲのような、数百～数千haの水田面積をカバーする貯水ダムの建設には、地方もしくは中央政府の力が必要である。こうして、より高い収量が安定して得られるようになれば、戦後日本でみられたような小型耕耘機や動力脱穀機などの導入も進み、野菜などの裏作を伴う水田の高度利用が可能になり、農民のより高い収益につながるであろう。

**写真6-10　登熟半ばの灌漑水田のイネとその耕作者（ベナン）**

灌漑水田では、農民はイネ作りに熱心で、イネの生育もよい。

西アフリカで広大な開発ポテンシャルをもつ内陸小渓谷での稲作が、以上に示した図式に従って発展していくうえで、アジアで蓄積のある水田の造成や、イネの栽培と収穫・調製技術の、発展段階に応じた適切な導入・普及が重要である。

### 4-3　社会的・制度的な課題

冒頭で述べたように、今日の西アフリカ地域の農業の低迷とそれに起因する社会貧困は、圃場や灌漑施設などの生産基盤、肥料・農機具などの供給システム、道路などの生産物・資材の輸送手段、技術普及や農民教育のための制度および農業協同

組合などの農村組織など、農業・農村発展に不可欠なインフラストラクチャーや制度・組織のほとんどが未整備の中で、世界の自由主義経済の波にさらされていることにある。このように劣悪な条件のもとで生産される国内産穀物は、農産物の大消費地である都市部において、海外からの輸入穀物との競争にさらされている。その一方で、コーヒー、カカオ、綿花などの輸出用農産物や、輸入される肥料などの生産資材の価格が大きく変動する世界経済の波に翻弄されていることが、この地域の農業の内発的発展を妨げている。

こういう状況の下で、西アフリカの稲作が開発余地の大きい内陸小渓谷においてネリカなど現地適応性の高い品種を中心に、天水田稲作→半灌漑水田稲作→灌漑水田稲作→集約的な水田農業へという図式で発展していくには、それを妨げている社会的・制度的課題の解決が求められる。その第一は、土地所有制度にかかわるものである。西アフリカの土地所有の実態は複雑であり、日本人には理解困難な面があるが、所有権は大きく国家に帰属する場合と個人に帰属する場合に分けられる。しかし所有権が国家にある場合でも、政府によって新規に開発された灌漑田などを除き、土地は、実質的には伝統的な部族社会の有力者の管理下にある場合が多い。農民の多くは，明示的あるいは暗示的な土地所有者から土地を借りて耕作している（櫻井 2005）。

土地所有者と耕作者との関係は、前述したように、決められた小作料を払うといったような明確な契約関係にあるのではなく、何がしかの品物を差し出して、地主から使用許可を得るといったゆるやかなものである（櫻井 2005）。このような関係のもとでは、地主には、土地に灌漑設備を投資して生産力を高めるといったインセンティブが働かない。一方、小作者も、土地の利用権が不確かなもとでは土地への投資意欲が高まらない。畦や用排水路の構築など、水田インフラの整備が進むためには、土地利用権の安定性を保証する制度の確立が重要である。

多くの農民は、稲作に必要な種子や肥料などの生産財を購入する資金にも不足している。彼らがイネを作付けるのに必要な、最小限の資金を小口融資する制度が必要である。ギニアで 2000 年以降、ネリカの栽培面積が 6.5 万 ha も増加したのは、笹川財団によるそのような小口融資によるところが大きいとされる。

さらに、西アフリカのイネの劣悪なポストハーベスト管理が、市場でのコメの評価をアジア産に較べて著しく低め、そのことが輸入米の増加をもたらしている

(WARDA 2002)。脱穀、精米を共同利用する施設の整備、あるいはそれらを請け負う業者の育成も必要である。また、内陸小渓谷で生産されたコメを、消費地である都市に輸送するための道路や輸送手段の整備が求められる。さらに、稲作技術を普及・指導する普及員の養成や、技術を受け入れる農民自身の教育も重要である。加えて、水田の造成、水路の管理、耕作機械や脱穀・精米機の利用を共同で行なう、農村コミュニティーの形成も重要な課題である。

これらの解決には、何よりも政府がときどきの社会情勢に惑わされることなく、持続可能な稲作社会の形成に向けて一貫した目標を掲げ、政策を着実に実行していくことが最も重要である。

## 4-4 農業の実践教育と人材育成
　　―西アフリカ稲作発展の最重要課題―

西アフリカで2000万～4000万haもの水田開発が可能と推定される内陸小渓谷（inland valley）において、先に示した天水稲作→半灌漑稲作→灌漑稲作という図式に沿って、生産性の高い水田農業を築いていくうえで解決すべき課題は、前述したように実に多岐にわたる。西アフリカの農業発展を手助けする目的で、先進国や国際機関から様々な農業開発援助や技術支援が行なわれてきているが、その内発的発展を引き起こすにはいたっていない。実際、西アフリカ農業の内発的発展を促すにはあまりにも課題が多く、どこから手をつけてよいか、解決の糸口が見つからないのが現状といえる。筆者は西アフリカ農業のこの現状を打開し、内発的発展を促す上で第一に取り組まれるべきは、少し回り道になっても、教育とそれを通じた農村社会リーダーの育成と考えている。

西アフリカでは識字率50％以下の国がほとんどであり（表6-1）、農村部ではさらに低いことに表れているように、多くの国民が教育機会に恵まれないことが、農業政策の展開や技術普及の大きな障害となっている。加えて、政府の立てる農業政策を地域で推進したり、現地に適応できる地域農業の改善計画を立て、農民を指導してそれを実行したりする、農村社会リーダー的な人材がほとんど見あたらない。農業政策の推進や技術普及のための組織は一応存在するものの、それを担える人材が乏しく、とても機能しているとはいえない。その背後に、中等教育機会に恵まれる若者は極めて限られているという現状がある（表6-1）。一方で、国内や先進諸

表6-1 西アフリカ各国の識字率と就学率
(ユニセフ 2006)

| 国名 | 識字率(%) | 初等教育就学率(%) | 中等教育就学率(%) |
|---|---|---|---|
| ベニン | 34.5 | 58 | 27.5 |
| ブルキナファソ | 13.5 | 36.5 | 9 |
| チャド | 27 | 63 | 8 |
| コートジボアール | 49 | 60.5 | 21 |
| ガンビア | – | 78.5 | 33 |
| ガーナ | 54.5 | 59 | 36 |
| ギニア | – | 65.5 | 20.5 |
| ギニアビサウ | – | 45 | 8.5 |
| リベリア | 55.5 | 70 | 18 |
| マリ | 19.5 | 44.5 | – |
| モーリタニア | 51.5 | 67.5 | 16 |
| ニジェール | 14.5 | 38 | 6 |
| ナイジェリア | – | 67 | 29 |
| セネガル | 40 | 57.5 | – |
| シエラレオネ | 30.5 | – | – |
| トーゴ | 53 | 91 | 26.5 |

注) 各数値とも男女の平均値で表示。–はデータがないことを示す。

国の大学で開発経済学やゲノム科学、環境科学など最新の科学を学んだエリート層は存在するが、その多くは働き場所を海外や国際機関に求める傾向が強く、農村社会との乖離が大きいように思われる。

西アフリカの農業発展に最も求められる人材は、農村地域にあって実践的な営農や農業技術の普及とそれを通じた農民教育を担うことのできる、近世日本の農村発展に貢献した老農と呼ばれる人々のような社会リーダーであり、そのための人材育成こそ第一に取り組まれるべきではないかと思う。

水田農業の振興と、それを通じた農村発展を促す農村社会リーダー育成のための教育として、筆者は次のようなものを考えている。まず農村から優秀な若者を選抜し、3年ほどの期間をかけた現場での実践教育により、水田や灌漑水路の造成方法などの農業土木技術、イネや裏作野菜の栽培や収穫・調製技術、簡単な農産物の加工や流通技術、農器具・機械の操作と修理技術およびそれらを総合した営農技術をバランスよく習得させ、さらにはそれら技術の普及方法についても学ばせる。こうして育てた人材を普及員として水田開発が可能な内陸小渓谷地域に駐在させ、農民を指導して、先に述べた天水稲作→半灌漑稲作→灌漑稲作の図式に沿って水田農業開発を進める。このように農村にあって農民教育を担うことのできる農村リーダーの育成こそ、西アフリカ農業の内発的発展に最も重要と考える。そのための人材育成の場、すなわち実践農業学校の創設と運営の支援が、先進国の西アフリカ農業の発展にとって最も重要ではなかろうか。

## 引用文献

Africa Rice Center (2013) New generation rice varieties unveiled for Africa. www.africarice.worldpress.com/2013/5/30.

有原丈二（1999）．現代輪作の方法．農山漁村文化協会．

Carpenter, A., J. (1978) The history of rice in Africa. In: Buddenhagen, I., W. and Persley, G., J. (eds.), Rice in Africa. Academic Press, London, pp.3-10.

Charoen, P. (1974) Studies on parent material, clay minerals and fertility of paddy soils in Thailand. Doctoral dissertation, Kyoto University, p.155.

Dingkuhn, M. ら (1998) Growth and yield potential of *Oryza sativa* and *O. glaberrima* upland rice cultivars and their interspecific progenies. Field Crops Res., 57; 57-69.

Dingkuhn, M. (1992) Physiological and ecological basis of varietal rice crop duration in the Sahel. WARDA Annual Report 1991, pp.12-22.

FAO 2013. FAOSTAT (2013) www.faostat.fao.org.

Fujii, M. ら (2004) Drought resistance of NERICA (New Rice for Africa) compared with *Oryza sativa* L. and millet evaluated by stomatal conductance and soil water content. Proc. for the 4th International Crop Science Congress, Brisbane, Australia, 26 September - 1 October 2004, www.cropscience.org. au/icsc2004.

Futakuchi, K. ら (2006) Development of lowland rice from the interspecific cross of *Oryza sativa* and *O. glaberrima*. Proceedings for the 4th International Crop Science Congress, Brisbane, Australia, 26 September - 1 October 2004. www.cropscience.org. au/icsc2004.

Futakuchi, K. ら (2012) Yield potential and physiological and morphorogical characteristics related to yield performance in *Oryza glaberrima* Steud. Plant Prod. Sci. 15; 151-163.

金田忠吉 (2006) NERICA をめぐる現状と問題点．熱帯農業 50 (5); 293-299.

北村義信 (1997) 第2章 西アフリカの生態環境 1．気象環境の特性．廣瀬昌平・若槻利之 (編著)，西アフリカ・サバンナの生態環境の修復と農村の再生．農林統計協会，pp.74-80.

小林裕三 (2008) 西アフリカにおける天水稲作の発展性．国際農業研究情報 No.57: 164-71，国際農林水産業研究センター．

Lancon, F. and Erenstein, O. (2002) Potential and prospects for rice production in West Africa. Paper presented at sub-regional workshop on "Harmonization of policies and co-ordination of programmes on rice in the ECOWAS sub-region", Accra, Ghana, February 2002. pp.25-28.

Mochizuki, A. ら (2006) Increased productivity of rainfed lowland rice by incorporation of pond sediments in Northeast Thailand. Field Crops Res., 96; 422-427.

Rodenburg J. ら (2006) Achievements and impact of NERICA on sustainable rice production in sub-Saharan Africa. International Rice Commission Newsletter, 55, 48-58.

Saito, K. and Futakuchi, K. (2009) Performance of diverse upland rice cutivars in low and high soil fertility conditions in West Africa. Field Crop Res. 111: 243-250.

Saito, K.ら(2012) Enhancing rice productivity in West Africa through genetic improvement. Crop Sci. 52: 484-493.

Saito, K, Futakuchi, K. (2014) Improving estimation of weed suppressive ability of upland rice varieties using substitute weeds. Field Crops Res. 162, 1-5.

櫻井武司（2005）アフリカにおける「緑の革命」の可能性：西アフリカの稲作の場合．平野克己（編）アフリカ経済安定分析研究会論文，pp.1-41.

武田道郎（1994）5章 ポストハーベスト．全国農業改良普及協会（編）新版稲作技術協力マニュアル（基本編）．p.220.

UNICEF (2006) www.unicef.or.jp/library/toukei_2006.

若月利之（1990）モンスーン西アフリカの内陸小渓谷湿地における非水田稲作と小区画準水田稲作．農耕の技術 13; 31-63.

若月利之 (1994) 西アフリカにおける地球環境問題と農業生産．全国農業改良普及協会（編）新版稲作技術協力マニュアル（基本編）西アフリカ・稲作．pp.1-52.

WARDA (1995) Annual Report 1994, p.14.

WARDA (2002) Annual Report 2001-2002.

WARDA (2004) Annual Report 2002-2003.

渡部忠世（1987）稲作文化の現代的課題．渡部忠世責任編集，イネのアジア史1．アジア稲作文化の生態基盤，小学館，pp.6-32.

Watanabe, H.ら(2006) Grain protein of interspecific progenies derived from the cross of African rice (*Oryza glaberrima* Steud.) and Asian Rice (*Oryza sativa* L.) Plant Production Sci., 9(3), 287-293.

Yamauchi, M. (1992) Growth of rice plants in soils of toposequence in Nigeria. Jpn., J. Trop. Agr., 36(2); 94-98.

山内稔（1994）Ⅳ西アフリカにおける稲栽培法．全国農業改良普及協会（編），新版稲作技術協力マニュアル（基本編），西アフリカ稲作．pp.168-219.

Yoshida, H.ら(2006) A model explaining genotypic and environmental variation of rice spikelet number per unit area measured by cross-locational experiments in Asia. Field Crops Res. 97 :337-343.

# 第Ⅲ部

# 労働集約段階の稲作

## 第7章　マダガスカルの稲作生態と SRI 稲作

辻本泰弘

　インド洋西端に浮かぶマダガスカル島は、モザンビーク海峡を挟んで、アフリカ大陸から約400km東に位置する、世界で4番目に大きな島である。この島ではその地理的な隔たりにもかかわらず、古くからアジアイネ（*Oryza sativa*）が栽培され、南西部半乾燥地域を除き、島内のほぼ全土に広がる水田風景は、この島の最も代表的な景観である。また、国民の生活に根ざした稲作の文化的な重要性や、コメ生産が政治、経済に与える影響力は他のアジア諸国に比して劣らず、この国もまたアジアの稲作圏を構成するひとつといえる。

　近年、このアジア稲作圏の西端において、SRI（System of Rice Intensification）と呼ばれる集約的な水稲栽培法が開発され、マダガスカル国内だけでなく世界的な注目を集めている。

　SRIは、①1株1本植の疎植（標準で$m^2$当たり16株以下）、②乳苗（育苗日数8〜12日）の浅植え、③入念な除草、④幼穂分化期までの間断灌漑とその後の浅水管理、⑤堆肥投入、の「SRIの基本5技術」とされる技術要素からなり、この栽培法を用いることで、在来農法に比べて大幅な増収と、種子などの投入コスト削減が可能であるとして、その普及が国内外で進められている。一方で、SRIにより、15t/ha以上のこれまでの常識をくつがえすような収量が報告されていること、および、そうした収量を裏づける実験データが乏しいことから、SRIの技術効果に対して懐疑的な意見を述べる稲作研究者も多い（Sheehyら 2004 など）。しかし、第2章で紹介したとおり、このSRIの技術要素は、かつての米作日本一農家など、日本の篤農稲作技術と多くの点で類似性が認められる（Horieら 2005）。このような精緻な稲作を行なうマダガスカルの農民はどのような人たちであろうか。このSRI技術の中に、現在停滞しているアジア・アフリカ途上国の稲作改善の糸口が見つかるのではないか。筆者らは、こうした疑問に答えるべく、2004年から2009年にかけて長期滞在を繰り返し、マダガスカルでの調査研究を行なった。

第 7 章　マダガスカルの稲作生態と SRI 稲作

## 1. マダガスカルの地理的概要と自然環境

　日本の約 1.6 倍、面積 58.7 万 km² の面積をもつマダガスカル島は、南緯 11 度 57 分から 25 度 36 分、東経 43 度 12 分から 50 度 17 分に位置する。南北約 1600km に伸びる島の中央に沿って、標高 800～1800m の高原地帯が台地状に広がっており、その東西の裾野はそれぞれインド洋およびモザンビーク海峡に面している。こうした地形的特徴と、島に卓越する偏東風および夏季の北東モンスーンの影響により、この島には東部地域の熱帯雨林気候から中央部の熱帯高地気候、西部熱帯サバナ気候、南西部の半乾燥気候まで様々な気候がみられる（図 7-1）。多様な気候は各地域に特徴的な自然生態系を生み出し、これら生態系は、数千年にわたり大陸から隔離されてきた島の地史を反映して、マダガスカル島固有のものとなっている。ワオキツネザル、アイアイ、バオバブなど、この島の動植物の約 8 割が、マダガスカルにしか存在しない固有種とされる。

　豊かな生態系や珍しい動植物で知られるマダガスカルであるが、この国の農業が稲作を基盤とし、稲作が人々の生活に密着していること、そして彼らがアジア諸国と同様にコメを主食にし、コメに対する高い嗜好性をもつことはあまり知られていない。筆者らが現地滞在を繰り返した間にも、欧米や日本から訪れる多くの生態学者や生物学者と出会う機会があったが、農学分野における研究者はほと

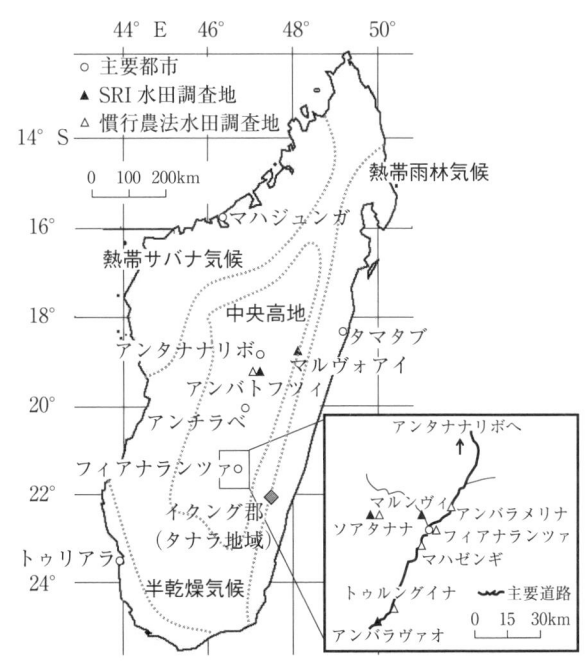

図 7-1　マダガスカルの気候分布と調査地点の概略図

んどいなかった。

　本章では、冒頭のSRIについて記述する前に、マダガスカルにおいてどのようにイネが作られているのかを紹介しながら、この国の稲作およびコメ生産の現状と課題を整理してみたい。続いて、マダガスカル稲作の現状に照らし、筆者らがみたSRI農家の実践技術とその多収要因を考察し、こうした労働集約的な栽培技術が、同国および途上国の稲作発展に果たし得る役割について考えてみる。

## 2. マダガスカルの稲作生態

### 2-1　主食としてのコメ、生活基盤としての稲作

　マダガスカルに来る誰もが、この国の人々にとってのコメの重要性に気付かされる。1日3食のコメを食べ、日本語と同じように、ご飯を食べることを「コメを食べる」と表現し、コメに対しての「おかず」にあたる「ロカ（laoka）」という単語が存在する。また、キャッサバ、トウモロコシ、タロなどの主食作物をコメと区別して「ハニクチャナ（hanikotrana）」と総称するところにも、コメを特別視するマダガスカルの人々の意識が現れている。実際に、国民1人当たりの年間のコメ消費量106kgは、日本の2倍強の数値である（GRiSP 2013）。また、マダガスカルの人口2200万人のうち75％が農業従事者であり、その多くが稲作を主業としていること、同国のイネ作付面積135万haは全穀物作付面積の82％を占めること（FAOSTAT：http://faostat.fao.org/ を参照）などから、国民の主食としてのコメの重要性だけでなく、多くの国民の生活基盤としての稲作の存在が想像できる。

### 2-2　稲作の伝播とアジアとのつながり

　地理的にはアフリカに分類されるマダガスカルであるが、イネと稲作に関わる文化的要素は、東南アジア島嶼部からの影響が強いことが知られる。例えば、田中（1989）は、マダガスカルの中央高地で広く使われるアンガディと呼ばれる竪鋤について、その用途および形態が、インドネシア・スラウェシ島のトラジャ族やフィリピン・ルソン島のイフガオ族の鋤に良く似ているとし、その他、家畜による踏耕や収穫・調製作業についても、東南アジア島嶼部の稲作との類似点が多いことを指

摘している。マダガスカルへの稲作の伝播は、その明確な場所と時期については諸説あるものの、アジアイネが栽培されていることやその文化的類似性から、今から1500〜2000年前に断続的に行なわれた、東南アジア島嶼部からの移住の歴史の中でもたらされたものと推測されている。

こうした稲作伝播の背景に、各地の気候区分および居住民族の文化が重なり、現在、マダガスカルには、地域毎に多様な稲作生態が観察される。そのうち筆者らが主な調査対象とした中央高地の移植水稲作と東部森林地域にみられる水田と焼畑陸稲を組み合わせた複合稲作について、以下に紹介したい。また、マダガスカルの稲作生態については、東南アジア研究26巻4号（高谷ら1989）に、「マレー世界のなかのマダガスカル」と題して特集が組まれており、多くの興味深い知見を得ることができる。

## 2-3 中央高地の移植水稲作

### メリナ族とベツィレオ族

中央高地は、島の中央部を南北に広がる800〜1800mの高原地帯を指し、島全体の面積の約5分の1にあたる。ここでのコメ生産量はマダガスカル全体の約5割を占め、同国のコメ生産を考えるうえで最も重要な地域である。同地域は、年降水量が1000〜1400mmで、11〜3月の雨期と4〜10月の乾期に分けられる。その標高を反映して、雨期の平均気温は19〜23℃、乾期の平均気温は12〜15℃と、年間を通して冷涼な熱帯高地気候をもつ。

マダガスカル中央高地

写真7-1 中央高地南部（ベツィレオ族の地域）にみられる棚田風景
棚田後方の山では森林伐採が進行している様子がわかる。

には、首都のアンタナナリボを中心に、最も人口の多い多数民族であるメリナ族が居住し、移植栽培、改良品種、SRIなどの技術導入、および牛犂や田打車（手押し式回転除草機）など近年の農機具の普及において、同国の稲作発展に先駆的役割を果たしてきた地域である。また、中央高地南部に居住するベツィレオ族は、マダガスカルで最も優れた稲作民族と称され、水田造成技術に長け、同地域には見事な棚田風景が広がる（写真7-1）。この地域を調査していると、新しく開いた水田を自慢げに見せてくれる農民に出会うことがあり、ベツィレオ族の稲作民族としての誇りを感じとることができる。後述の東部森林地域で進む水田拡大も、ベツィレオ族の移住によるところが少なくないという。

**移植水稲作の作業暦**

中央高地の稲作は、雨期の移植水稲作が中心である。主要な移植時期は11～12月であるが、乾期の終わりの9～10月頃から苗代の準備、そして本田準備にとりかかる。耕起は、牛犂やアンガディと呼ばれる竪鋤を用いて、前作の水稲収穫後（日本の秋耕にあたる）、もしくは雨期始めの田面が柔らかい時期に行なわれる。代掻きと整地についてもこのアンガディを用いることが多い。その他、この竪鋤は排水溝の整備や畦の修復など様々な用途に使われ、この地域の稲作を特徴づける汎用具である。

また、アジア地域では実践されなくなった牛による踏耕も、マダガスカルでは頻繁にみられる。雨期の始めになると、男たちが甲高い奇声をあげながら、縦横無尽に牛を追い回す姿は、さながらお祭りのようである（写真7-2）。こうした手作業や牛踏で作業が行なわれるため、田面の均平度は十分とはいえず、移植後の生育むらとして斑模様の水田が多くみられるのもマダ

**写真7-2　牛を用いた砕土および代掻きの様子**
竪鋤もしくは牛犂による耕起の後、水田に水を引き入れて牛を水田内で追い回す。

ガスカル稲作の実情である。

同地域では、耕起、代掻き、整地などは男性の仕事であるが、田植えは女性が中心となる。最近は、かつて日本でも用いられた田打車の導入、さらには本稿で紹介するSRI、およびそこから派生したSRA*への着目にともない、植え綱や田植定規（木製レーキに一定間隔で釘を打ち付けたものが多く、田面水を落とし田植え前に印をつけておく）を用いて条間と株間を揃えた正常植え、もしくは条間だけを揃えた片正常植えの普及が急速に進んでいる。しかし、筆者らが調査を開始した2004年ごろ、こうした移植法はまだ走りの頃であり、多くの水田ではランダムに手植えされていた（写真7-3）。また、育苗期間の長い苗を親指で押しつけるように深植えするため、移植後の植え傷みが著しく、田面の均平不足にともなう生育むらとともに、緩慢な初期生長をもつ水田が多くみられる。

**写真7-3 中央高地にみられる移植風景**
女性が中心となり、ランダムに植えられている様子がわかる。

移植から収穫までの期間は平均して約5ヵ月で、3～4月が中央高地における主な収穫時期となる。男性が鎌で刈り取った稲株を、女性と子どもが樹皮などで束ねて脱穀場所へと運び、はさがけ、もしくは地面に積み重ねていく。脱穀は乾燥させた稲束を丸太や石に打ちつける手作業が多く、乾燥を経ずに収穫後すぐに行なわれる場合もある。籾の風乾には、薄く広げて塗り固めた乾燥牛糞、もしくはゴザなどを敷くことで石の混入に注意を払うこともあるが、多くは地面に直に籾を広げている。このため、マダガスカルではコメに小石が混じることが多い。食事時に、女性

---

*SRA（Systèm de Riziculture Améliorée）はSRIに比べてマダガスカルの現状に即した技術として、マダガスカル農業省が推奨している。その要素には、1株2～3本植え、20cm×20cmの正常植え、常時湛水、化学肥料の使用などが含まれる。

が手箕を用いて籾殻と小石を取り除いている様子は、街角でよく見かける風景である。

**乾期の水田利用**

乾期に、水稲の裏作として畑作物の栽培が散見されるのも中央高地の特徴である。水稲収穫後に、上述のアンガディを用いて高畝と排水溝を築き、イモ類、マメ類、葉菜類、果菜類などが混作される。中央高地は首都のアンタナナリボを含む人口集密地域であり、これらの裏作は、都市部の消費地に出荷する換金作物として農家の貴重な現金収入源となる。

一部の水田では、6～9月ごろに育苗および移植を行ない、11～12月に収穫する乾期作がみられる。中央高地における乾期水稲作は、年間を通したコメの確保、労働分散、および収穫期の高い取引価格など、農家にとっていくつかの利点があげられる。例えば、雨期作のコメが出回る5月の軒先価格が、マダガスカル平均で1kg当り598アリアリ（100アリアリ＝約4.4円）に対して、乾期作後の1月は1kg当たり784アリアリと31％高い（FAOSTAT 2014年5月）。しかし、この時期のコメの作付けは、15℃に満たない6～8月の低温と生育期間中の限られた降水量など、気象条件のリスクが大きい。そのため、中央高地における乾期のコメ生産量は、雨期作の1割にみたないのが現状である。

乾期のもうひとつの特徴的な水田利用法として、水田土壌を用いたレンガ作りがあげられる。水稲収穫後に土壌を掘り出して整形し、水田に野積みしたものを焼くか、天日干しにしてレンガが作られる（写真7-4）。こうした水田の切り売りとも呼べる習慣が作物生産に及ぼす悪影響について懸念されるものの、農家にとっては貴重な現金収入源となる。レンガは主に家屋の材料として売られる。

**写真7-4** 水稲収穫後に土壌を掘り上げて日干しレンガを作る様子

### 中央高地における陸稲栽培の拡大

　最近の中央高地の稲作動向として追記しておくべきは、常畑陸稲栽培の急速な普及であろう。これは、人口増加にともなうコメ需要の恒常的な拡大に対して、水田に適した低地の農業利用が飽和してきたことが背景にある（Sester ら 2013）。
　2014 年 2 月に、筆者が 5 年ぶりにマダガスカルを訪問した際に、これまで中央高地にはあまりみられなかった陸稲が、単作もしくはトウモロコシやダイズと混作される形で広く栽培されている風景に驚いた。一方で、陸稲面積の拡大にともない、いもち病や冷害の問題が顕在化している。ネパールから導入された Chomrong Dhan という品種は、高い耐冷性ならびにいもち病に対する圃場抵抗性をもつことから普及が進み、中央高地の陸稲栽培面積の約 8 割を占めるという。しかし、単一品種への依存は、地域の陸稲生産の脆弱性を増す懸念があることから、冷害やいもち病に対する新たな有用品種および耕種的防除法の開発が早急に望まれている。また、陸稲の場合、水田と異なり連作が難しく、持続的な生産性を維持するための肥培管理や作付体系に関する技術開発も必要になるであろう。

## 2-4　マダガスカル東部森林地域における水田と焼畑の複合稲作

### 伝統的な焼畑陸稲栽培

　中央高地に次いでコメ生産量が大きいのは、島の北部～東部にかけての地域である。この地域は年降水量が 1500mm を超え、年間を通じて温暖多雨の気候に恵まれる。ベツィミサラカ族、タナラ族、ツィミヘティ族と呼ばれる民族が主に居住し、地域の急峻な地形を利用した、焼畑による陸稲栽培が盛んである。マダガスカルでは、イネ作付面積のうち 2 割弱を陸稲栽培が占めるが、うち 65％がこの多雨地域に集中している。
　その中で、筆者らはタナラ族が主に居住する南東部森林地域において、調査研究を行なってきた。ここでは、焼畑陸稲の他、谷筋の低地に沿って築かれた水田での水稲栽培、および、緩やかな斜面でのコーヒー、サトウキビ、熱帯果樹など、換金用の永年作物栽培を組み合わせた複合的な営農体系が特徴的である。タナラという単語は「森の人」という意味をもち、この地域の文化背景は、焼畑など森に近い生産活動との結びつきが強い。
　例えば、タナラ地域では、水稲に比べて熱帯ジャポニカとみられる大粒種を栽培

する陸稲への嗜好性が高い。パンジャカ（mpanjaka）と呼ばれる地域の王様（実質は相続制の酋長のようなもの）が、その年の新米を口にするお祭りは、水稲ではなく陸稲の収穫時期に合わせて行なわれる。また、中央高地の代表的農具が先に紹介した竪鋤のアンガディとすれば、この地域ではグル（goro）と呼ばれる山刀がそれに当たる。グルは、1m程度の木製の柄に、先がかぎ状に曲がった40～50cmの鉄製の刃をとりつけた農具で、火入れをする際の伐開や日常の薪採集、その他、キャッサバやサトウキビの収穫作業に用いられる。また、タナラの人々は、陸稲の除草や鳥追い作業に比べて水田での作業を苦手とする印象があり、耕起や新たな水田の開墾は、中央高地に居住する先述のベツィレオ族を雇用することが多い。

### 森林保護政策の強化と人口圧にともなう土地利用の変化

伝統的に焼畑との結びつきが強い東部森林地域であるが、近年、コメ生産の中心は、焼畑から低地での水田稲作に少しずつ移行している。その背景には、同地域がマダガスカルに僅かに残された常緑天然樹林帯を含み、冒頭で述べたこの島の特異的な生態系の宝庫として、森林保護政策が強化されてきたこと、そして、森林破壊の主要因として、焼畑への締め付けが厳しくなってきたことがある。1980年代に同地域を調査した田中（1989）は、「水田での移植技術は新しく、二期作はみられない」としているが、そこから20年を経た現在では、二期作に加えて、裏作としてラッカセイやインゲンマメを栽培する二毛作も頻繁に観察され、水田の高度利用が進んでいる。筆者らが土地利用を調査した事例においても、1戸当たりの水田保有面積が、ここ10年で、平均23%増加している（図7-2）。

こうした水田の高度利用が進む一方で、休閑年数の短縮やコーヒー・バナナなどの永年作物栽培地から焼畑への転換など、土地利用を変化させながら、依然として焼畑への依存が継続している実態がある。この要因には、先に述べ

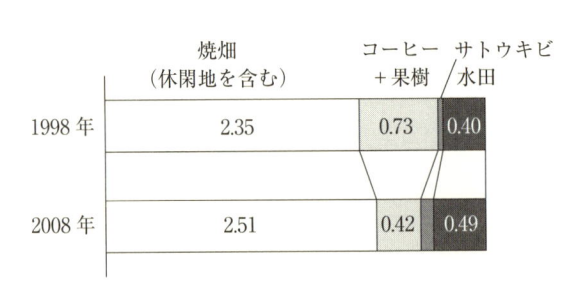

|  | 焼畑<br>（休閑地を含む） | コーヒー<br>＋果樹 | サトウキビ<br>／水田 |
|---|---|---|---|
| 1998年 | 2.35 | 0.73 | 0.40 |
| 2008年 | 2.51 | 0.42 | 0.49 |

図7-2　イクング郡（タナラ地域）における最近10年の土地利用変化（Tsujimotoら2012から一部改変）

＊棒グラフ内の数値は、1戸当たりの所有面積（ha）を示す。（24農家の平均値）

## 第7章　マダガスカルの稲作生態とSRI稲作

た焼畑との伝統的な結びつきに加えて、地域の地形的制約から水田に適した低地が限られ、二期作の導入や新田造成だけでは、恒常的に増加するカロリー需要が賄えない現状がある。図7-2にあげた過去10年の水田面積拡大の多くは、緩斜面の永年作物栽培地をテラス化したものである。このことからも、低地の水田開発が飽和している実態が推察される。

また、斜面での土地利用圧の増加にともない、焼畑での高い生産性が期待できる長期休閑地は遠隔地かつ急斜面に限られてきており、居住地から比較的近い緩斜面においては、2～3年の短期休閑で、キャッサバの作付けが拡大している（Tsujimotoら 2012）。キャッサバ栽培の拡大要因として、農民の意見を整理すると、①キャッサバの方が陸稲より収量が高い、②2～3年の短期休閑でも比較的安定した生産が可能である、③保存が簡便である（成熟後に地中で1年以上放置でき、必要なときに収穫が可能）、などの点があげられている。

彼らの食生活においても、乾期作と雨期作の収穫の端境期にあたる3月、4月には、コメの消費量が減少して、それを補う形でキャッサバの消費量が増加する傾向がある（図7-3a）。同時期には、1食当たりのおかず数も減少傾向がみられ、雨期中に逼迫する彼らの食事情が想像できる（図7-3b）。Dostieら（2002）は、マダ

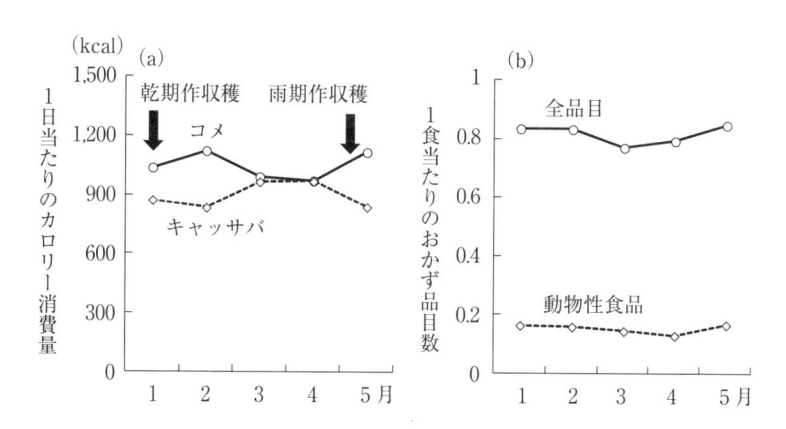

図7-3　イクング郡（タナラ地域）おける雨季中の食事の月別推移（a）1日当たりのコメおよびキャッサバのカロリー消費量；（b）1食当たりのおかず品目数（Tsujimotoら 2012から一部改変）

＊調査農家数10戸の平均値を示す。

ガスカルの農村部、特に貧困層においてキャッサバへの依存度が高いこと、そして雨期中に栄養失調が問題となることを指摘しているが、図7-3にみられる彼らの食事情が、その背景に存在しているように思う。永年作物栽培地から水田もしくは焼畑への転換、そしてキャッサバへのカロリー依存は、人口増加と森林保護政策の強化にともなう土地利用圧の中で、主食作物を確保するための彼らの必死の対応策の結果かもしれない。

しかし、コーヒーやバナナなどの換金作物の放棄は、地域の小農にとって貴重な現金収入源を失うことに繋がる。また、彼らのコメに対する嗜好性の高さを考えると、キャッサバへの依存が増える現状は、彼らにとって厳しい選択ではないかと思案する。コメの収穫期が近づくと、キャッサバの蒸かしイモを頬張りながら、「早くコメがお腹一杯食べられるようになるといいね」と村人は口を揃える。農学者の渡部忠世は、「日本は米食民族というよりは観念としての主食を米と考え、米を食べることをもって悲願としてきた『米食悲願民』である」と、記している（渡部1990）。タナラ地域に限らず、特に農村部においては、同様の「米食悲願」を抱いている貧困層が多く存在するのが、マダガスカル稲作の現状ではないだろうか。

## 2-5 コメ増産と森林保全の両立に向けて

マダガスカルの稲作生態を紹介する中で、この国が抱える稲作の課題がみえてきた。中央高地では、水田に適した低地が飽和し、陸稲栽培が拡大している。しかし、陸稲は連作が難しく、不安定な水供給や既に顕在化している冷害やいもち病の問題を考えると、コメ生産への安定的な貢献は難しいと思われる。また、丘陵地への農地拡大は森林破壊の懸念を含む。東部森林地域においても谷筋の低地は水田で飽和しており、斜面では、換金用の永年作物栽培地の放棄、休閑年数の短縮、キャッサバへのカロリー依存が起こるなど、食事情が逼迫している実態がある。森林保護政策が強化される中、新たな焼畑耕作地の拡大は難しい。

豊かな生態系を守るための森林保全、人々の需要を満たすためのコメ生産の拡大、現金収入を得るための換金作物栽培の維持は、いずれもこの国、特に農村部における持続的発展を実現するために欠かすことのできない要素である。これらの要素を連立させるためには、土地利用圧の現状を考えると、既存の水田における単位面積当たりの生産性、すなわちイネ収量の向上が強く望まれてくる。次節では、よ

り栽培学的な視点に立ち、マダガスカルの水稲生産性の実態とその制限要因について考えてみたい。

## 3. マダガスカルの水稲生産性の制限要因と改善への期待

### 3-1 イネの収量および生産量の推移

　FAOの統計資料に基づき、図7-4にマダガスカルにおけるイネの収量、総生産量、および1人当たりの生産量の推移をプロットした。「緑の革命」とよばれ、アジア諸国が軒並み収量を倍増させた1960～80年代においてマダガスカルのイネ収量は横ばいであり、今日まで2t/ha台に停滞していることが分かる。コメの総生産量は作付面積の拡大とともに増加しているが、それ以上に人口の伸びが大きく、1人当たりのコメ生産量に換算すると、その数値は1970年をピークに減少している。その結果として、1970年まではコメの輸出国であったこの国が、近年は輸入米と援助米への依存が続いている。

　依然として、年率約2.8%という高い人口増加率を維持しており、今後も国民の主食であるコメの需要は恒常的に拡大していくことが予測される。また、前述したとおり、低地における水田開発の飽和および傾斜地での土地利用圧の高まりを考慮すると、これまでコメ生産量の増大に貢献してきた作付面積の拡大は困難であり、今まさにイネ収量の改善が喫緊に求められる課題といえる。

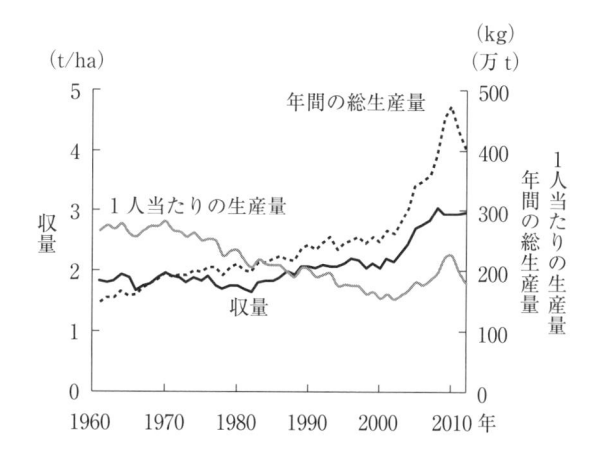

図7-4　マダガスカルにおける1961年以降のイネの収量、年間の総生産量、および国民1人当たりの生産量の推移（FAOSTAT: http://faostat.fao.org/より作成、2014年5月時点）

## 3-2 貧栄養土壌のもとでの低投入栽培

マダガスカルのイネ収量を制限する大きな要因として、この国がもつ貧栄養な土壌条件があげられる。マダガスカルはもともと、アフリカ大陸やインド亜大陸とともにゴンドワナ大陸の一部を形成しており、その地層の大部分が先カンブリア時代に遡る非常に古いものである。そのため、そこに分布する土壌も強度に風化が進んでおり、島の大部分が化学的に劣悪とされるフェラルソル（Ferralsols）やリキシソル（Lixisols）に分類される。

筆者らが分析した結果でも、CEC（陽イオン交換容量）や塩基飽和度が著しく低く、有効態リン酸などの養分量に乏しい土壌が認められている。JICA（国際協力機構）の中央高地コメ生産性向上プロジェクトでは、主要なコメ生産地域の土壌を用いたポット試験において、リン酸欠乏が広く蔓延している実態を報告している。また、風化の進んだ土壌では、可溶性のケイ酸が溶脱している懸念がある。筆者らの最近の研究では、稲わらのケイ素濃度が欠乏値を示す農家圃場がアフリカの広範な地域にみられ、マダガスカルの水田土壌でも、ケイ素不足の傾向が強いことを示している（Tsujimotoら 2014）。イネは茎葉部に多量のケイ素を蓄積することで、病虫害などに対する抵抗性を高める特性をもつため、ケイ素の安定供給は、マダガスカルのイネ増収を図る上で留意すべき要素である。アジアの水田地域にみられる、比較的年代の新しい堆積物を母材とした沖積低地土壌に比べて、マダガスカルではイネ生産の基盤となる土壌の養分供給力が乏しく、その改善には多くの課題が残されている。

こうした貧栄養な土壌条件において、資金力不足から、多くの農民は低投入のイネ栽培を余儀なくされている。2003年のデータでは化学肥料を利用する農家割合は6%であり（Mintenら 2003）、最近の統計資料をみても、NPK化成肥料の平均投入量は、全耕地面積から単純計算した場合、1ヘクタール当たり2.6kgとなっている（GRiSP 2013）。これらの数値は野菜栽培なども含めていることから、イネへの化学肥料施用はほぼ皆無と考えられる。その背景には、農民の購買力不足に加えて、米価に対する化学肥料の価格が高いことがあげられる。例えば、マダガスカルの市場で販売されるNPK化成肥料（窒素含有率11%）でみると、窒素1kgと等価の稲籾量は32.2kgである（2014年5月時点のFAOSTAT統計資料などから筆者

推定)。これは、その数値まで施肥効率(1kgの窒素投入量によって得られる増収量)を高めないと、肥料投資の採算がとれないことを意味する。比較として、化学肥料への政府補助があるガーナでは、NPK化成肥料の窒素1kgと等価の稲籾量は5.3kg(同じく筆者推定)と低く、農家が利用しやすい価格比となっている。ガーナでは、実際に稲作への化学肥料の施用が比較的普及している。

### 3-3 水田の水利条件と作付品種

　次に、稲作の生産基盤である水利条件をみると、マダガスカルの水田は、統計上その78％が灌漑水田に分類されている。このことから、最近の報告では、単収の増加だけではなく、二期作、三期作の導入によるコメ生産の拡大が期待されている(GRiSP 2013)。実際に、マダガスカルでは田植え前の畦の修復、代掻きと整地、および緩傾斜に沿って上位田から下位田にかけ流す田越し灌漑が広く実践されるなど、人力ではあるものの、アフリカ大陸にみられる畦のない低地水田と比較すると、熱心な水管理が施されている印象を受ける。

　一方で、小規模な自然地形を活用した田越し灌漑の多くは貯水設備や排水機能が乏しく、渇水期や稲作で最も水を要する本田準備の時期における灌漑水の供給、もしくは低地水田における排水の調節は難しい。マダガスカルには排水不良の谷地田も多く、特有の鉄過剰害や、過剰還元にともなう生育不良が処々に観察される。また、マダガスカル中央高地の脊梁山地は森林伐採が進み、かつて森林であったときの山地の水源涵養機能が失われている。この森林破壊も、マダガスカル稲作の水事情を悪化させている要因と考えられる(写真7-1)。

　不安定な水利条件はイネの作付け時期を制約するが、農民は早期の降雨を期待して、早くから苗代の準備を始める。栽培される日長感応性の強い品種は、播種期に関わらず出穂期がほぼ一定であるため、早植えにより本田での長い生育期間を確保できる。先に述べた貧栄養土壌における低投入稲作という条件下では、生育期間を確保することにより、土壌から無機化してくる栄養分を時間をかけて吸収できる点で有利である。しかし、水利条件やその年の降雨パターンによっては、1月、2月になっても移植の終わらない水田が存在する。その場合、早期に準備した苗代から老化苗を植えると、貧弱な初期生長と短い栄養生長期間につながる。我々の調査でも、日長感応性の強い品種の移植時期が遅れることにより、生育期間の短縮と収量

の低下につながるという結果が得られている。

　最近は中央高地の都市部を中心に、日長感応性の弱い品種、収穫指数の高いIR系統、耐冷性の優れた品種など選択肢の拡がりがみられる。しかし、種子生産システムや普及体制が弱く、全国的な種子の供給は進んでいない。また、新たな品種開発についても、マダガスカルの農業研究機関であるFOFIFAに水稲の育種専門家が1人もいないという実情であり（2014年2月；FOFIFAのRakotoarisoa部長による）、研究開発の強化が望まれている。

## 3-4　イネ収量の改善に向けた期待

　マダガスカルの稲作は、アフリカ起源の古い母材から成立した貧栄養な土壌条件のもとで、手作業による水管理を主とした、伝統的なアジア型の小規模水田稲作が続けられている特徴をもつ。そこに実践される稲作技術は、「緑の革命」にみられた農薬や肥料の投入、多収品種の導入、もしくは機械化などが立ち遅れており、イネ増収への取り組みはまだ緒についたばかりである。アジアの稲作圏で最も遠く離れた場所に位置する地理的条件も、アジア諸国に比較して、稲作の発展を妨げてきた要因のひとつであろう。

　一方で、図7-4にあるイネ収量の最近の変化に目を向けると、2004年以降に収量の伸びがみられる。統計データの信頼幅を考慮する必要があるものの、近年のSRIやSRAへの着目にともなう移植技術の発達、および田打車の普及などによる効果が数値に表れてきた可能性がある。また、2010年に操業を開始したアンバトビーのニッケル鉱山*からは、その副産物として年間20万トンの硫安が生産され、国内への安価な肥料の供給が見込まれている。鉱山開発の副産物としては、日本でも鉄鋼業の発展とともに1950年代から水田への施用が進められたケイ酸質資材（スラグ）の利用も考えられる。先に述べたJICAの中央高地コメ生産性向上プロジェクトでは、ニッケル鉱山から副産される硫安の活用の他、リン酸欠乏の対策として、苗代へのリン酸少量施肥などの肥培管理技術に取り組んでおり、その成果の応用が期待される。筆者らの研究においても、移植前に谷筋の湿田を乾かすことで

---

　*マダガスカル中央高地に位置するアンバトビーで、日本・カナダ・韓国が合同で出資する開発プロジェクト。世界最大規模のニッケル・コバルト生産量をもつ。

第 7 章　マダガスカルの稲作生態と SRI 稲作

図 7-5　湿田土壌を移植前に乾燥する乾土処理がイネの養分吸収量および乾物収量に及ぼす効果（Tsujimoto ら 2010 から一部改変）

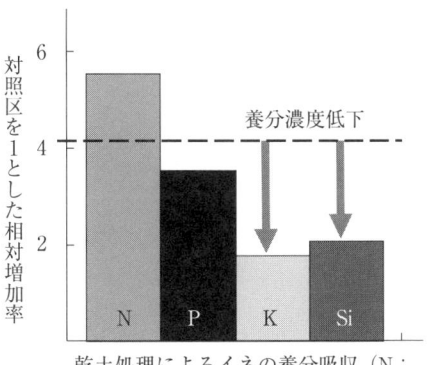

乾土処理によるイネの養分吸収（N：窒素，P：リン，K：カリウム，Si：ケイ素）の相対増加率。点線は乾物重の相対増加率を示す。

注）N 吸収量と乾物重の増加に対して，K・Si の吸収が不足。いもち病が多発した。

土壌有機物の無機化が促進され，イネの窒素吸収量および乾物生産量が大きく増加するという結果が得られている（Tsujimoto ら 2010）。この成果の応用については，乾物増加に対してカリウムやケイ素の供給不足が生じるという課題が残されているが，イネ増収に向けたひとつのアプローチといえる（図 7-5）。

この国でも少しずつではあるが，イネ増収に向けて前向きな材料があらわれ，技術改善に向けた取り組みが活発化している。こうしたイネ増収への気運の中で，冒頭に紹介した SRI という集約的な水稲栽培法の開発が進められてきた。SRI の技術要素やその多収要因については，最新農業技術「作物」vol. 1（辻本・堀江 2009）にも取り上げているが，ここでは，筆者らがみた SRI に取り組む個々の農家の作業体系についても詳しく紹介しながら，マダガスカルにおける SRI の実態とその可能性について考えてみたい。

## 4. マダガスカルのSRI稲作

### 4-1 マダガスカルにおけるSRI実践農家の栽培技術

　マダガスカルを最初に訪問した2004年当時、SRI普及団体TefySainaでの聞き取りから、同国でSRIを実践する農家はあまり多くないことがわかった。かつては数多くの農家がSRIを試みたが、後述するような理由から、その数は減少し、極めて熱心なSRI農家が全国に点在する状況であった。そこから5農家を抽出し、周辺の慣行農法を実践する水田（以下、慣行水田）と比較しながら、その栽培技術と収量について調査を行なった。これら5農家の位置は、首都アンタナナリボを起点に、東に約120kmのマルヴォアイの1農家、南に約30kmの町アンバトフツィの1農家、および南方約400kmの都市フィアナランツァ近郊のソアタナナ、アンバラヴァオおよびマルンヴィそれぞれ1農家である（図7-1）。

　SRIを実践する水田（以下、SRI水田）は、いずれも谷筋に沿った緩傾斜の中位田など、灌排水条件が比較的良好な場所に位置する。また、周辺の慣行水田が赤茶けた色を呈しているのに対し、SRI水田は黒ずんでおり、有機質に富むことがわかる。土壌有機質量を増やすため、マルヴォアイの農家は4〜5年休閑し、水生植生を生やした後に土地を耕していた他、いずれのSRI水田も、化学肥料は使わず、牛糞や堆肥を多量に投入していた（写真7-5a）。ソアタナナのSRI農家は牛を所有しないものの、稲わら、畑作物の残渣、周辺の雑草などを集めて堆肥を作り、イネ収穫後の裏作に対して、毎年50t/haもの堆肥投入を継続していた。このようにいずれの農家とも、高い地力の維持に努めていることがわかった。

　また、いずれの農家とも、SRI水田の排水には相当の努力を傾注していた。すなわち上述のように、排水の良好な位置にSRI水田を設けるか、もしくは深い排水溝が掘られていた。これはSRIのきめ細やかな水管理に不可欠である。さらに、いずれの農家とも、冒頭で述べたSRIの基本5技術にはない、深耕を行なっていることがわかった。慣行水田の耕起深度が10cmほどであるのに対し、SRI水田では25〜30cmの深耕が行なわれている（写真7-5b）。この作業はすべて、竪鋤のアンガディを用いた人力であり、裏作も含め、SRI水田ではこの深耕が毎年、複数

(a) 多量の堆肥投入　　　　　　　　　(b) アンガディを用いた手作業での深耕

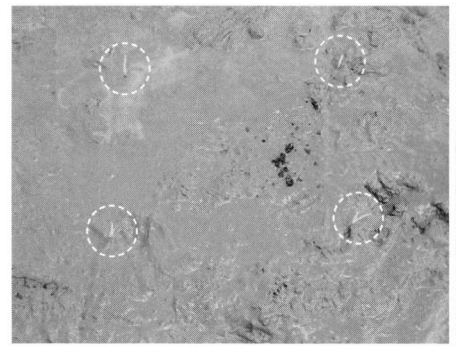

(c) 乳苗の疎植（点線内）　　　　　　(d) 幼穂分化期までの間断灌漑

**写真 7-5** マダガスカルにおける SRI 農家の実践技術の様子

回繰り返される。調査した SRI 農家は皆、この人力による深耕が最も労力を要する仕事と口を揃える。実際に筆者が観察したところでは、5 アールほどの小さな水田を耕すのに、大人 3 人がかかりで、丸 2 日を要していた。

SRI の基本 5 技術にはないもうひとつの技術として、周辺農家の多くが水苗代であるのに対し、SRI 農家は畑苗代を実践していることがわかった。水苗に較べて畑苗のほうが低温下での活着性などにすぐれることは、日本の先人の研究成果が示すところである。また、苗代の表面には堆肥をまぶし、適度に灌水を行なう。

播種後 1 週間ほど育苗した乳苗を本田に移植するが、苗は表面の堆肥が落ちないように 1 本 1 本丁寧にほぐし取られ、堆肥と土がついた状態のまま、手植えしていく。苗丈が小さいため自然と浅植えになる。慣行水田では、育苗期間の長い黄色が

かかった苗を、草むしりをするかのように苗取りされることが多いため、SRI農家の苗に対する意識の高さに驚かされる。栽植様式は平均して25cm×25cm（16株/m²）の正常植えで、1株1本植えである。田面のくぼみで背丈の低い乳苗が水没しないように、代かきは入念に行なわれ、田面の均平度は高い。移植は、落水して湿潤土の状態で行なわれる。丈の低い乳苗を1株1本の疎植にするため、田植えの終わった水田は、イネが植っていることがわからないほどである（写真7-5c）。あるSRI農家は、初めてSRIの移植法を取り入れたとき、その慣行水田との違いから、近隣の農家に奇人扱いされたという。彼の水田での収量調査はできなかったが、今では毎年、この栽培法で立派なイネを育てているという。

　移植から幼穂分化期ごろまでの水管理は、田面に軽いひび割れがみられる程度の乾燥と灌水を繰り返す、間断灌漑を行なう（写真7-5d）。こうした水管理は、常時湛水に比べて雑草の生育が旺盛となる問題を含むが、入念な除草によってその害を抑える。除草は手取りが多いが、調査農家を含めて多くのSRI農家が田打車を導入している。正常植えを行なうため、ランダムに植えつける慣行水田と比べて田打車が導入しやすいことと、そして、除草に手間がかかることなどから、上述のTefySainaは、田打車との組み合わせでSRIの普及に努めている。幼穂分化期ごろから浅く湛水し、以後、収穫直前までその状態を保つ。

　収穫期は移植後120～140日で、本田での生育日数は、周辺農家のイネと同様に長い。作付品種や収穫物の調製法は、慣行農家と特に異なった点はみられない。以上のように調査した5農家とも、前述のSRIの基本5技術の励行にとどまらず、畑育苗、深耕、有機物の多量投与と排水条件の確保を行なっていることが明らかになった。

## 4-2　マダガスカルにおけるSRI実践農家の収量性

　調査対象に選んだマルヴォアイのSRI水田では、メイチュウの大発生により、収穫皆無に近い被害を受けた。そこで、同農家を除く4農家のSRI水田について、周辺の慣行水田と比較しながら、坪刈り法による収量調査および土壌特性分析を行なった。対照とした慣行水田は、農家への聞き取りから、水ストレスを受けなかったとされる、比較的水利の良い水田を選択した。

　まず収量を比較すると、SRI水田は5.7～9.9t/haで、慣行水田の2.6～5.0t/ha

第 7 章　マダガスカルの稲作生態と SRI 稲作

**表 7-1**　SRI 水田と周辺の慣行水田における収量および栽培法の比較

（辻本と堀江 2009 から抜粋）

| | 調査地点名 | 収量*(t/ha) | 育苗日数(日) | 栽植密度(株/m²) | 施肥 | 水管理 | 除草(回数) | 耕起 深度(cm) | 耕起 回数(年) |
|---|---|---|---|---|---|---|---|---|---|
| SRI水田 | アンバラヴァオ | 9.9 | 7 | 16.0 | 牛糞 | 間断灌漑 | 4 | 30 | 2 |
| | ソアタナナ | 9.9 | 8 | 15.6 | 堆肥 | 間断灌漑 | 3 | 25 | 3 |
| | マルンヴィ | 7.0 | 8 | 12.6 | 堆肥 | 浅水管理 | 4 | 30 | 2 |
| | アンバトフツィ | 5.7 | 8 | 16.0 | 堆肥 | 浅水管理 | 3 | 30 | 1 |
| 慣行水田 | トゥルングイナ | 5.0 | 15 | 53.0 | 牛糞 | 常時湛水 | 1 | 10 | 1 |
| | フィアランツァ | 3.8 | 50 | 25.6 | 牛糞 | 常時湛水 | 2 | 20 | 1 |
| | マハゼンギ | 3.7 | 54 | 42.5 | なし | 常時湛水 | 1 | 10 | 1 |
| | ソアタナナ | 3.3 | 23 | 26.7 | なし | 断続的な水不足 | 2 | 20 | 1 |
| | アンバトフツィ | 2.7 | 27 | 26.7 | なし | 常時湛水 | 1 | 10 | 1 |
| | アンバラメリナ | 2.6 | 26 | 27.0 | なし | 常時湛水 | 2 | 10 | 1 |
| SRI 平均 | | 8.1 | 7.8 | 15.1 | − | − | 3.5 | 28.8 | 2.0 |
| 慣行 | | 3.5 | 26.0 | 27.0 | − | − | 2.0 | 10.0 | 1.0 |

*収量は含水率 14% の粗籾重で示した。

**表 7-2**　SRI 水田と周辺の慣行水田における土壌特性の比較（辻本と堀江 2009 から抜粋）

| | 調査地点名 | pH(乾土:水=1:2.5) | 有機物含量 (g/kg) 0〜15cm | 有機物含量 (g/kg) 15〜30cm | アンモニア化成量 mg/kg | ブレイ No.2 リン mg/kg | 陽イオン交換容量 (CEC) c mol/kg |
|---|---|---|---|---|---|---|---|
| SRI水田 | アンバラヴァオ | 4.7 | 40.9 | 40.5 | 158.7 | 38.3 | 11.9 |
| | ソアタナナ | 5.8 | 37.2 | 37.7 | 104.6 | 37.7 | 11.4 |
| | マルンヴィ | 5.3 | 52.2 | 48.3 | 120.4 | 26.7 | 9.7 |
| | アンバトフツィ | 5.3 | 32.2 | 32.4 | 83.5 | 58.6 | 9.8 |
| 慣行水田 | トゥルングイナ | 5.3 | 21.9 | 15.8 | 83.4 | 5.4 | 6.7 |
| | フィアランツァ | 5.5 | 17.4 | 12.4 | 59.9 | 65.3 | 6.4 |
| | マハゼンギ | 5.1 | 21.9 | 13.2 | 54.2 | 5.6 | 6.6 |
| | ソアタナナ | 5.6 | 33.1 | 25.3 | 60.8 | 8.0 | 7.9 |
| | アンバトフツィ | 5.5 | 29.3 | 23.8 | 58.6 | 40.0 | 7.5 |
| | アンバラメリナ | 5.2 | 45.5 | 34.4 | 76.4 | 6.6 | 12.0 |
| SRI 平均 | | 5.3 | 40.6 | 39.7 | 116.8 | 40.3 | 10.7 |
| 慣行 | | 5.4 | 28.2 | 20.8 | 65.6 | 21.8 | 7.9 |

注）pH、アンモニア化成量、ブレイ No.2 リン、CEC は 0〜15cm と 15〜30cm の層別データの平均値。

第Ⅲ部　労働集約段階の稲作

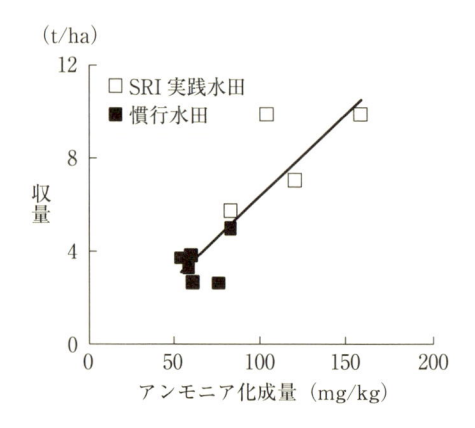

図7-6　SRI水田および周辺の慣行水田における土壌のアンモニア化成量と収量との関係
（Tsujimotoら2009から一部改変）

＊土壌のアンモニア化成量は、30℃4週間の湛水培養後に溶出された1M KCl交換態アンモニア窒素量。

に対して2〜3倍の値が得られていた（表7-1）。筆者らの調査からはSRIの多収事例として報告されたような15t/haを超す値は認められなかったものの、マダガスカルの現状に照らして、極めて高い収量を実現していることがわかった。

次に、SRI水田と慣行水田の土壌特性を比較した（表7-2）。SRI水田では、有効態リン酸、CEC（陽イオン交換容量）、および有機物含量の値が慣行水田と比べて高く、優れた土壌特性が下層土にまで及んでいた。例えば有機物含量の差は下層ほど大きく、平均して慣行水田の2倍の値が得られていた。そして有機物含量と密接な関係をもつ土壌のアンモニア化成量と収量との間に高い相関がみられ、SRI水田における土壌の窒素供給力が、そこでの収量を押し上げる要因となったことが示唆された（図7-6）。これはまさに、SRI農家が深耕と堆肥投入を長年繰り返し、4〜5年の休閑や乾季の畑栽培を取り入れるなど、土作りに努めてきた結果といえる。

## 4-3　SRIの多収機構—日本の篤農稲作技術との類似性—

化学肥料や農薬の無投入にかかわらず、SRI水田で、周辺の慣行水田の2〜3倍の高い収量が得られた要因について考えてみる。調査から明らかになった技術要素として、最も効果が大きいと考えられるものは、深耕、良好な排水条件の確保、および有機物多投による土作りである。これらの技術は、堆肥投入を除いて、先に示したSRIの基本5技術に含まれておらず、農家自身が、SRIをきっかけに多収に取り組む中で見出してきた技術ではないかと考えている。さらに畑苗代による健苗の育成も基本技術にはない重要な要素である。

SRI農家の技術要素は、1950〜60年代の「米作日本一」表彰事業で高い収量を

第7章　マダガスカルの稲作生態とSRI稲作

達成した篤農家の稲作技術と、多くの点で類似性が認められる。「米作日本一」の受賞農家は、当時の日本の平均収量の3倍に当たる、精籾で12t/haもの多収を実現していた。彼らの多収技術は、各試験研究機関に取り上げられ、その主な技術要素と多収機構として次のことが指摘されている。すなわち、①健苗の浅植えにより早期活着と旺盛な初期生長を促すこと、②良好な排水を含む適切な水管理および深耕により、深層にわたる健全な根を発達させ、根の活性を生育後半まで維持させること、③深耕と堆肥投入により土壌深層にまで多くの有機物を蓄え、生育期間を通しての窒素供給が可能であること、④良好な排水と間断灌漑や中干しなどの入念な水管理により、蓄えた有機物を適切な時期に有効化しイネに窒素を供給すること、である。SRIで多収が得られる最大の要因についても、こうした機構が考えられる。また、鳥山（2011）は、SRIにみられる間断灌漑と多収との関係について、好気的な土壌環境が硝酸態窒素の生成を促し、アンモニア態と硝酸態の異なる形態の窒素をイネが吸収することにより、その生育に正の効果を及ぼす、という新たなスキームを提唱している。

　SRIで強調される、乳苗を1株1本で疎植する技術の意義は次の点にある。すなわち、①葉齢が若いほど植え傷みが少なく活着力が高いこと、②苗丈が低く自然と浅植えになるため、下位節からの分げつ発生が期待できること、③個体間および分げつ間での光競合や養分競合が小さく、生育後期まで旺盛な秋まさり的な生育パターンとなること、である。片山（1951）の示した分げつ発生理論によれば、最初の分げつが下位節から発生するほど個体当たりの分げつ数は指数関数的に増加する。そのため、1株1本の疎植であっても、発生した分げつが最後まで育つ条件が整っていれば、高い収量を得るのに十分な面積当たり穂数は確保できる。なお、1980～90年代にSRIの開発を先導したLaulanié神父は、この片山佃博士の分げつ発生理論を技術開発のヒントにしたという。

　1株1本植えで発生した多くの分げつが穂をつけるまで生育し、イネが秋まさり的生育パターンを示すには、土壌からの十分な養分供給と根の活力が高く維持されることが必要である。マダガスカルのSRI水田で実践される深耕、有機物多投、良好な排水条件、および間断灌漑は、このことを可能にする基盤技術となる。一般に、イネは初期生育が劣っても、出穂2週間前から出穂・開花期にかけての乾物重の増加が大きいほど多収になる（Horieら 2001）。マダガスカルのSRI農家の稲作

技術は、このような生育相のイネを作り出すことで、高い収量を実現していると考えられる。

## 4-4 SRI は途上国の稲作発展の鍵となり得るか

2014 年時点において、アジア・アフリカの途上国を中心に世界 50 ヵ国以上で SRI 普及に向けた取り組みが進められている（コーネル大学 SRI-Rice; http://sri.ciifad.cornell.edu/）。SRI の発生地、マダガスカルでの調査をもとに、途上国の稲作発展の見地から SRI の可能性について考えてみたい。

現在、マダガスカルで SRI を実践している農家は全国に点在するだけで、面としての広がりを見せていない。SRI を一度は試みたものの、その後継続しなかった農家が多いことも指摘されている（Moser と Barrett 2002）。これは、マダガスカルの現状に照らし、SRI がまだ平易な技術にないことを示しており、SRI による多収を実現するには、少なくとも以下のような基盤条件が必要と考えられる。すなわち、① SRI は深耕や入念な手取り除草など極めて労働集約的であるため、その労力が確保できること、②均平度の高い代かきや適切な間断灌漑など高い技術力をもつこと、③間断灌漑の前提条件として灌排水管理の基盤をもつこと、④多量の有機物もしくは化学肥料の供給が確保できること、⑤労働集約性に見合う利益が安定して得られること、の 5 点である。

これらの条件が整わない中で、単に 1 株 1 本の疎植といった表面的なことのみを実行しても大した成果は得られないであろう。筆者らの現地試験でも、養分供給力に乏しい、もしくは生育期間中に土壌乾燥が認められた圃場で、16 株 /m² の疎植で 25 株 /m² の標準区に対して有意な減収が観測されている（Tsujimoto ら 2009）。その他、例えば⑤の条件に関して、マルヴォアイの SRI 農家は、病虫害によりイネが大打撃を受けたことは前述した。こうしたことが起きれば、丹精をこめて行なった深耕や除草などの労力は水泡に帰すことになる。そのため、灌排水や病虫害防除などの基盤が未整備で、化学肥料の投入も困難な多くの発展途上国、特にマダガスカルのような未だ生産基盤が不十分な地域に、SRI がそのままの形で拡がっていくことは考え難い。

しかし、SRI の最大の意義は、生産基盤および資源の乏しい途上国にあって、それらの不足分を自助努力で補おうとするところにある。灌排水溝の設置、深耕、堆

肥の作成と投入、健苗育成および乳苗の1本植え、間断灌漑や入念な除草など、いずれも手作業で労力をいとわぬ勤勉な努力によって、劣悪な生産基盤と乏しい資源を補っているのがSRIである。マダガスカルで調査したSRIの実践農家は、すべてこうした勤勉さを有する人々であった。

　現在、アジア・アフリカ地域の途上国の大部分が食料・環境問題を抱えており、その農村は厳しい貧困にあえいでいる。その背後には、著しく低収で不安定な作物生産があることは疑う余地もない。こうした国・地域がこの状態から脱却し、持続的な社会へと歩を進める上で、作物生産性の向上と安定化が不可欠である。その実現には農民の自助努力が必要であり、それなくしての基盤整備や技術援助が意味をなさないことは、これまでの農業援助の多くの失敗例が如実に物語っている。マダガスカルには、傍で見ていて涙ぐましいほどの自助努力を続けている農民がいる。その姿は、昭和30年頃の日本の篤農家の姿と重なる。最も重要なことは、日本がマダガスカルと同様な状況から脱却し、コメの自給を達成する過程で培ってきた稲作発展の歴史と経験を生かして、SRIを多くの農民が実践できる平易な技術に仕上げ、途上国に面として拡げていくことではなかろうか。筆者らはこのような考えのもとに、途上国におけるイネ生産向上に向けた研究調査を継続している。

## 引用文献

Dostie B. ら (2002) Seasonal poverty in Madagascar: magnitude and solutions. Food Policy 27: 493-518.

GRiSP (Global Rice Science Partnership) (2013) Rice almanac, 4th edition. Los Baños (Philippines): International Rice Research Institute. pp.179-182.

Horie T. ら (2001) Increasing yield potential in irrigated rice: breaking the yield barrier. In Rice Research for Food Security and Poverty Alleviation (S. Peng and B. Hardy eds), International Rice Research Institute, Los Baños (Philippines), pp.3-25.

Horie T. ら (2005) Can yields of lowland rice resume the increases that they showed in 1980s? Plant Production Science 8: 251-272.

片山佃 (1951) 稲・麦の分蘗研究. 養賢堂, pp.1-117.

Minten B. ら (2003) Agriculture, pauvreté rurale et politiaues économiques à Madagascar, USAID, Cornel University, INSTAT and FOFIFA, pp.1-107.

Moser C., Barret CB. (2002) The disappointing adoption dynamics of a yield-increasing, low external input technology: The case of SRI in Madagascar. Agricultural Systems

76: 1085-1100.

Sester M. ら (2013) Conservation agriculture cropping system to limit blast disease in upland rainfed rice. Plant Pathology 63: 373-381.

Sheehy JE. ら (2004) Fantastic yields in the systems of rice intensification: fact or fallacy? Field Crops Res. 88: 1-8.

高谷好一ら（1989）〈特集〉マレー世界のなかのマダガスカル．東南アジア研究26（4）：349-454.

田中耕司（1989）マダガスカルのイネと稲作〈特集〉マレー世界のなかのマダガスカル．高谷好一編．東南アジア研究26（4）；367-393.

鳥山和伸（2011）SRIが拓く新たな稲研究．稲作革命SRI（J-SRI研究会編）．日本経済新聞社．pp.205-220.

Tsujimoto Y. ら (2009) Soil management: The key factors for higher productivity in the fields utilizing the system of rice intensification (SRI) in the central highland of Madagascar. Agricultural Systems 100; 61-71.

辻本泰弘・堀江武（2009）マダガスカルの稲作—集約的水稲栽培法SRI．最新農業技術 作物 vol.1．農山漁村文化協会．pp. 97-106.

Tsujimoto Y. ら (2010) The effects of soil drying and rewetting on rice growth in lowland aquatic Ferralsols in the southeastern forest region of Madagascar. Plant and Soil 333; 219-232.

Tsujimoto Y. ら (2012) Land-use strategies of farmers in responding to rising land-use pressures in the southeastern forest region of Madagascar: A comparative study between lowland households and hillside households. JARQ46 (3): 249-256.

Tsujimoto Y. ら (2014) Limited Si-nutrient status of rice plants in relation to plant-available Si of soils, nitrogen fertilizer application, and rice-growing environments across Sub-Saharan Africa. Field Crops Research 155: 1-9.

渡部忠世（1990）日本のコメはどこから来たのか：稲の地平線を歩く．PHP研究所．

# 第8章　中国四川省の集約的な土地利用と稲作

稲村達也

　「1300kgが目標です」。中国四川省南部の農村で、農業科学研究所の秦さん（仮名）が、地域における食糧*自給達成のためのイネの目標反収（10a当たり収量）を力説していた。当時（1997年）の農家反収は770kgである。水稲収穫後にトウモロコシ、サツマイモ、ハクサイ、キャベツそしてナスやエダマメなどの野菜が、耕地を空けることなく作り続けられるとともに、条件の良い水田では、野菜が周年にわたり栽培される（写真8-1）。耕地の利用率を高めることと反収の向上で食糧総生産量を増大し、食糧自給を達成するとともに、農業収入の向上を目指してきた。しかし、1990年代後半を境として中国の水稲総生産量は停滞し、その後は減少を続けている（図8-1）。

　21世紀の世界の食糧事情

**写真8-1　中国における集約的な土地利用（四川省攀枝花市）**

手前は枝豆、遠景は長ネギの収穫。枝豆から順に、トウガラシ、水稲苗代、枝豆、長ネギ、サヤインゲンが栽培されている。

---

*ここで使用する食糧は中国特有の定義で、コメ、コムギ、トウモロコシ、コーリャン、アワ、その他雑穀、マメ類、イモ類（ジャガイモ、サツマイモ）を含む。食糧生産量の統計では、1963年以前は生イモ4kgを食糧1kgに、64年以降は同5kgを食糧1kgに換算する。

## 第Ⅲ部　労働集約段階の稲作

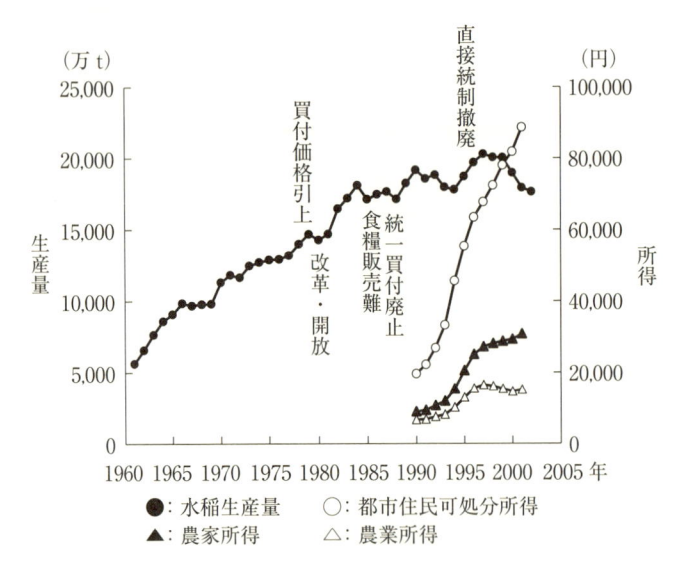

図8-1　中国における水稲生産量および都市と農村の所得格差の推移（中国統計年鑑、FAOデータより作成）

●：水稲生産量　　○：都市住民可処分所得
▲：農家所得　　△：農業所得

は、開発途上国の人口増と肉食化などによる食糧需要の拡大、砂漠化や塩類化そして都市化による耕地面積の減少、そして地球温暖化などの環境変化が、世界の食糧保障に大きな影響を及ぼそうとしている。これらについて考えるとき、世界の人口の約20％を占める中国の食糧生産の動向は、食糧の約60％を海外に依存する日本をはじめ、地球上の各国にとって重大な関心事である。中国の食糧生産の動向を判断するには、中国農業が今の姿となった過程とその問題点について、中国農業を取り巻く中国特有の社会・政治的環境との関係からみていくことが重要と考える。

本章では、中国西部内陸部における4ヵ年の農村調査の結果（Inamuraら2008）をふまえ、中国西部内陸部での農業システムの現状、特に改革開放以降の集約的な土地利用、およびその問題点と、中国農業を取り巻く中国特有の社会・政治的環境との関係を解析し、今後の中国農業の持続的、安定的な発展のための課題を明らかにしようとした。

## 1. 社会主義下での自由経済体制と農業生産

改革解放後の集約的な土地利用についての本論に入る前に、中国特有の農地の使用形態と、個別農家の成立過程を理解しておくことが、今後の議論を進める上で重要と考える。

## 1-1 人民公社の解体と農家請負制

1958年に始まった計画経済体制にかわる農村経済体制の改革は、中国共産党第11期3中全会（1978年12月）に始まる。この改革、いわゆる社会主義下での自由経済体制は、分権化と市場化に分けられる。分権化は、人民公社による集団農場経営を解体し、農業生産の農家生産請負制度（農家請負制）を導入することである。市場化は、国家による農産物流通の直接統制を、市場システムに重点を置いた間接統制に置き換えることである。

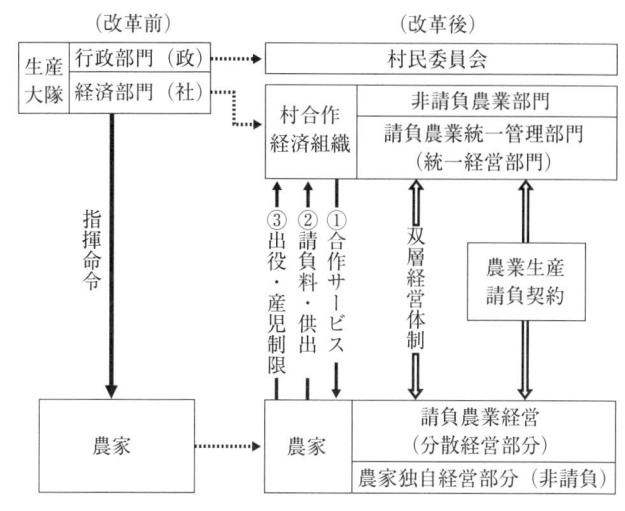

図8-2 双層経営体制の概念図（白石1994を改写）

農家請負制は、集団が所有する農地の耕作権の請負契約を集団と個別農家が締結し、個別農家がその農地を経営するものである（図8-2）。集団とは、人民公社の解体前においては生産大隊または生産隊、解体後においては、それらの経済部門の後身である合作経済組織（地区合作経済組織）である。調査地域での農家請負制の実施は1982年からである。

## 1-2 分権化による小規模農家の誕生

請負農地の配分は、各農家に配分された農地の総生産力が、農家間で均等になるように実施された。そのため、配分される集団の農地は生産力に応じて数水準に分類され、各水準の農地が全農家に均等に配分された。もともと農民の数に比較して耕地面積が少なかったため、農家は小区画で分散した農地を耕作することとなった。しかも、均等配分を基本とする農家請負制において、耕作面積が農家間で異なっている。その原因として、水田配分の基礎が家族の人員数であること、生産力

の劣る耕地や交通不便な耕地などは、一般的な耕地より多く配分されることなどが考えられる。

## 1-3 中国特有の地域農業経営―双層経営体制―

請負契約は農地の賃貸借だけでなく、集団は農地の受け手である農家が円滑な農業生産を実施できるように、合作サービス（優良種苗の供給、農業水利の運営、病虫害防除、農業生産資材の手配、農業技術普及など）を行なうことが求められている（図8-2中の①）。農家は農地耕作の賃借料支払いとともに、食糧などの供出義務、各種の負担金の納付、公共事業への無償労働の提供、産児制限を行なうことが求められている（図中の②、③）。このように農家生産請負体制は、農地の受け手である農家群が行なう直接的な営農と、経営地区合作経済組織がその所有農地の経営を農家に請け負わせるとともに、合作サービスを提供することによって行なう間接的な営農の2つの側面を有している。そのために農家生産請負体制は、双層経営体制と呼ばれる（白石1994）。

請負契約は、集団が必要とすれば農地を借り戻すことができる内容となっている。また、過耕作によって植生が破壊された森林の修復のため、傾斜25°以上の山間傾斜地での耕作（主に飼料用のトウモロコシ作）は、1998年から禁止されている。この政策は「封山育林」と呼ばれる。合作サービスは、農牧局の直営店や一般商店における農薬や種苗の販売、農業水利の提供、病虫害の予測と防除情報の提供、農業普及員による水稲種子の予約受付と販売、農牧局による農業技術情報の提供などである。少数民族に対する生産資材の販売価格の割引のような優遇制度がある一方、農業水利の運営費のように、地元負担（四川省での事例では水田で年間約600円/10a）を求めるものもある。しかし、作目ごとの流通量を制御するための、市レベルでの作付け制限や作付け振興などに関する、農家への直接的な指導は不十分である。

## 1-4 分権化と市場化による食糧生産性の向上

市場化によって、食糧生産・流通システムは、生産・流通量と価格のすべてを中央政府がコントロールし、市場を通じた自由取引を極力抑える直接統制から、政府による間接統制（市場価格を基本とした保護価格、余剰食糧対策としての備蓄制

度、保護対象作目数と対象数量の削減など）へと移行してきた。また、食糧・生産流通の目標は、都市住民への安価な食糧供給による都市消費者保護から、農業生産者保護を強めるものへ転換してきた（寳劔 2002；池上 1994）。

　請負農家は、人民公社による集団農場経営の時代とは異なり、耕地を個人の意思で管理できる場面が多くなった。農家は、同一の耕地をこまめに耕作・管理することで安定した農業生産を永続して享受できるようになり、さらに、市場化によって農産物の生産者価格が保護されたため、生産性は驚異的に向上してきた。しかし、中国では 1990 年代末から作付面積の減少と単収の停滞により、水稲生産量は停滞している（図 8-1）。

## 2. 農村調査の概要

　2002 年から 2005 年にかけて調査を実施した四川省攀枝花市（北緯 26 度、東経 101 度）は、雲南省との省境に位置する、省南西部の鉱工業と農業の都市である。成都（四川省の省都）へは成昆鉄道で約 12 時間、航空機で約 1 時間、昆明（雲南省の省都）へは成昆鉄道で約 6 時間の距離にある。年降水量 700～1600mm、年平均気温 19.2～20.3℃の亜熱帯気候に属する。

　攀枝花市は、河谷地区（揚子江の河岸段丘、中小河川の氾濫原、洪積段丘とその周辺の低傾斜地）、丘陵地区（中山間地の山腹傾斜地と小規模扇状地）および西北山間部（山間地の山腹斜面と小規模盆地）に区分されている。市中心部には、市の行政組織と中国随一の鉱工業団地があり、その周辺部に中心部からの距離に応じて集約度の異なる農業システムが同心円状に配置される、チューネンの孤立国の様相を呈している。調査地点は、市中央部と昆明を結ぶ国道沿いの仁和区総発郷立新村（海抜 1151m）である。総発郷は河谷地区に属する。総発郷は、仁和区最大の中央農業市場から車で約 20 分である。

　総発郷立新村から近接する 15 水田を選定し、それらを耕作する 15 農家の収入、土地利用と栽培方法、野菜の収穫量などを世帯主から聞き取り、水田の土壌調査と水稲の収量調査などを行なった。

## 3. 攀枝花市における地域農業システム

### 3-1 農業経営の概要

調査地における土地利用は、水田の水稲—野菜の多毛作、水田転換畑の野菜多毛作、丘陵地の傾斜畑での野菜多毛作や果樹栽培である。図8-3に、水稲と主要野菜などの多様な作型を示した。調査対象とした圃場間における、土地利用の集約度や耕作農家間の農業収入の違いなどを表8-1に示した。農家群Aは、野菜の作付け頻度が平均187％と非常に高く、農家の総収入に対する農業収入の割合が高い専業農家、農家群Cは、野菜の作付け頻度が平均87％と非常に低く、農家の総収入に対する農外収入の割合が高い兼業農家である。農家群Bは、農家群AとBの中間型であった。

このような農家群AおよびBにみられる野菜を中心とする水田多毛作が、改革開放から約10年後の1990年代中ごろから行なわれていた。農家群AおよびBでは、地域の中央市場に近い立地を生かした商品作物としての野菜（ナス、長ネギ、未成熟ダイズ、ニガウリなど）と果樹（マンゴー、リュウガンなど）の販売が農業収入に占める割合が高く、これら商品作物の作付け増加が総収入を押し上げていた。しかし、経営規模が小さく、しかも分散している小区画圃場を耕作するため、転換畑の野菜多毛作では合理的な作付け体系が組めず、連作による土壌伝染性の病害が発生していた。3農家群で生産されるコメは、ほぼ100％自家消費（家族消費

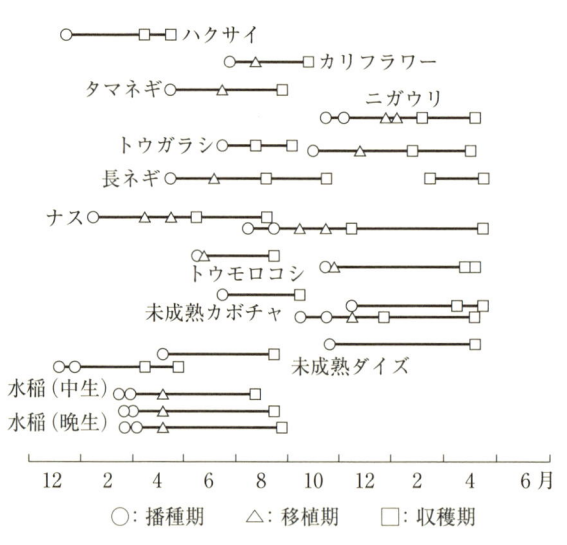

図8-3 調査地域における主要作物の作型

**表8-1** 調査圃場における土地利用と耕作農家の農業収入に基づく農家分類

|  | 農家群 A | 農家群 B | 農家群 C |
|---|---|---|---|
| 調査水田の大きさ（$m^2$） | 554 (38) | 577 (60) | 466 (54) |
| 野菜の作付け頻度（%） | 187 (9) | 127 (15) | 87 (9) |
| 水稲の移植日 | 5月13日 (1.8) | 5月13日 (2.6) | 5月10日 (2.1) |
| 水稲の収穫期 | 9月15日 (0.9) | 9月17日 (0.7) | 9月16日 (0.7) |
| 1990年代中ごろから2002年までの主要な作付け体系 | R-V-V<br>V-V-V | R-V-V<br>R-V<br>V-V | R-V<br>R-F |
| 調査期間における主要な作付け体系 | R-C-SW<br>R-P-C<br>R-E | R-C-S<br>R-E<br>R-SW | R-L<br>R-P<br>R-F |
| 年間農業収入（中国元／戸） | 11,781 (1,235) | 7,015 (674) | 3,350 (570) |
| 年間農外収入（中国元／戸） | 1,159 (111) | 1,777 (224) | 9,616 (1,923) |

平均値の後のカッコ内の数字は標準誤差を示す。
野菜の作付け頻度＝（年間の野菜作付け面積÷水田面積）×100
C；白菜，E；ナス，L；ネギ，P；未成熟カボチャ，R；水稲，S；ダイズ，SW；スイートコーン，V；野菜，FW；花。
日本円と中国元の為替レートは、おおよそ13.5円／元である（2010年）。

と家畜の飼料用）されていた。

### 3-2　水稲と野菜作における施肥管理と収穫量

　専業農家である農家群Aでは、化学肥料は重点的に野菜作に施用され、有機物施用にも同様の傾向が認められた（表8-2）。一方、自給的農業を営む兼業農家である農家群Cでは化学肥料が水稲に重点的に施用される傾向にあった。そのこともあって、野菜の年間収量は農家群Aで高く、水稲収量は農家群Cで高くなった。このように、化学肥料の施用量が野菜作または水稲作に偏るのは、農家単位での使用可能な化学肥料の総量が経済的に限られているからと考えられた。そして、農業収入比率の高い農家群Aの一部の農家では、水稲跡作の野菜作付けとの作業競合を考慮して、収量・品質の劣る中生水稲品種（図8-3）を栽培していたことも、水稲収量の低下と関連していると考えられた。

### 3-3　土地利用と土壌の理化学性

　調査地域では、野菜の作付け拡大または兼業によって、農家総収入の増大を図っ

表8-2 水稲作と野菜作における窒素施用量、有機物施用量、収量および成熟期の地上部窒素保有量

|  | 窒素施用量（化学肥料） | | 野菜作への有機物施用量(t/ha) | 収量 | | 地上部窒素保有量 | |
| --- | --- | --- | --- | --- | --- | --- | --- |
|  | 水稲(kgN/ha) | 野菜(kgN/ha) |  | 水稲(t/ha) | 野菜(t/ha/年) | 水稲(kgN/ha) | 野菜(kgN/ha) |
| 農家群平均 | | | | | | | |
| A | 37.8 | 188.0 b | 10.9 | 9.3 a | 24.1 b | 172.8 a | 256.0 b |
| B | 49.4 | 72.5 a | 7.8 | 10.0 b | 13.7 a | 181.5 b | 120.8 ab |
| C | 51.6 | 39.2 a | 9.9 | 10.6 c | 14.0 a | 189.3 c | 80.8 a |
| 年平均 | | | | | | | |
| 2003 | 44.1 | 112.7 | 10.0 | 9.7 a | 17.9 | 174.9 a | 167.7 |
| 2004 | 47.3 | 83.6 | 8.1 | 9.9 ab | 18.8 | 181.7 b | 160.1 |
| 2005 | 47.4 | 103.4 | 10.6 | 10.2 b | 15.2 | 187.0 b | 129.7 |
| 分散分析 | | | | | | | |
| 農家群 | ns | *** | ns | *** | ** | ** | * |
| 年 | ns | ns | ns | * | ns | ** | ns |
| 交互作用 | ns | ns | ns | ns | ns | ns | ns |

以下、表8-2から表8-5に共通。
*、**、***およびns（有意差なし）：$P < 0.05$, $P < 0.01$, $P < 0.001$ および $P \geq 0.05$
平均値の右側の異なる文字は、農家群間または年間で有意差（$P < 0.05$）があることを示す（Tukey's HSD）。

ていた。その結果、農家群 A および B では、耕地利用率（野菜の作付け頻度）の向上とそれに伴う水田の畑利用が進んだ。表8-3に示すように、農地の集約的利用が進んだ農家群 A および B が耕作する水田では、土壌の理化学性（全炭素含量（TC）、全窒素含量（TN）、炭素/窒素比（C/N 比）、有機態炭素含量（SOC））が劣化する傾向と、土壌の酸性化が認められた。稲わらの全量と野菜残渣の一部は、野菜作のマルチや飼料用などとして圃場から持ち出されるが、家畜の糞尿や堆肥は野菜作に還元されている。したがって、農家群間における有機物施用の違いが、土壌理化学性の差違に影響しているとは考えられなかった。水田の畑地利用は、高温・多湿の亜熱帯気候では、土壌の有機物分解をより促進する（Jenny 1980）ことから、農業収入比率の高い農家群の水田にみられた集約的な畑地利用が、TC、TN、C/N 比、SOC などを低下させた要因と考えられた。

水稲が吸収する窒素の約半分は、土壌由来と考えられている。表8-4に、水稲

第 8 章　中国四川省の集約的な土地利用と稲作

表 8-3　農家群間および年次間でみた土壌全炭素（TC）、土壌全窒素（TN）、C/N 比、土壌有機物（SOC）および土壌の pH

|  | TC (g/kg) | TN (g/kg) | C/N 比 | SOC (g/kg) | pH |
|---|---|---|---|---|---|
| 農家群平均 | | | | | |
| A | 11.2a | 1.16a | 9.6a | 8.7a | 5.4a |
| B | 12.8a | 1.22a | 10.5a | 10.1a | 5.7a |
| C | 16.0b | 1.32b | 12.2b | 11.5b | 6.2b |
| 年平均 | | | | | |
| 2003 | 13.0 | 1.20 | 10.7 | 10.0 | 5.6 |
| 2004 | 13.8 | 1.22 | 11.3 | 10.1 | 5.7 |
| 2005 | 13.1 | 1.27 | 10.3 | 10.2 | 6.0 |
| 分散分析 | | | | | |
| 農家群 | *** | *** | *** | ** | *** |
| 年 | ns | ns | ns | ns | ns |
| 交互作用 | ns | ns | ns | ns | |

表 8-4　湛水培養（30℃で 98 日間）で発現した無機態窒素量（NMs98）、移植～成熟期間中に圃場の作土層から発現した無機態窒素量（NMf）、作土深および仮比重

|  | NMs98 (mgN/kg) | NMf (kgN/ha) | 作土深 (cm) | 仮比重 (Mg/m³) | 有効積算地温 (℃) |
|---|---|---|---|---|---|
| 農家群平均 | | | | | |
| A | 39.2a | 69.2a | 15.2a | 1.33 | 1186a |
| B | 41.7a | 88.2b | 16.4a | 1.34 | 1219a |
| C | 47.9b | 106.4c | 18.0b | 1.34 | 1230b |
| 年平均 | | | | | |
| 2003 | 44.2 | 80.5a | 15.7 | 1.32 | 1294b |
| 2004 | 42.4 | 86.6a | 17.3 | 1.35 | 1069a |
| 2005 | 42.3 | 96.7b | 16.6 | 1.34 | 1271b |
| 分散分析 | | | | | |
| 農家群 | ** | *** | ** | ns | * |
| 年 | ns | ** | ns | ns | *** |
| 交互作用 | ns | ns | ns | *** | ns |

が利用できる土壌由来窒素の推定量（NMf）とその関連形質を示した。1kg の土壌を 30℃で 98 日間湛水培養した場合（培養期間の有効積算地温が水田でのそれとほぼ等しくなる 98 日間培養した）に発現する無機態窒素量（NMs98）は、農家群 C

の水田で多くなった。同様に、水稲の生育期間（移植から成熟）におけるNMfも農家群Cの水田で多くなった。農家群Cの水田でNMs98が多くなる理由として、高い土壌のTNが考えられた（表8-3）。同様にNMfが多くなる理由として、厚い作土深と、高い有効積算地温が考えられた（表8-4）。

前述したように、農家群AやBでみられた土壌の全窒素の低下要因として、水田での集約化された野菜作に見られる、過度な土地利用が考えられた。さらに、農業収入に占める水稲の収入比率が低下した農家群では、商品性の高い野菜と果樹栽培に農業労働力と資本を集中している反面、水稲作への労働力や無機肥料などの資材投入が減少している。水稲作の際の耕起・代かきなども簡略化されているため、それにともなう作土の浅層化と漏水もまた、有効積算地温や土壌全窒素の低下の要因として推察された（表8-4）。

### 3-4 水稲収量に対する土壌窒素無機化量と前作作物残渣の影響

農家群A、B、Cにかかわらず、各年次ともに、水稲収量と成熟期の地上部の窒素保有量との間に有意な相関関係があった（図8-4）。成熟期の水稲地上部の窒素保有量は、水稲生育期間における土壌からの窒素無機化量、および前作作物由来の土壌中の無機態窒素量に支配されていたが、施用された化学肥料の窒素量との間には、有意な関係が認められなかった（表8-5）。成熟期の水稲地上部の窒素保有量に対する、水稲生育期間における土壌からの窒素無機化量と前作作物由来の土壌中の無機態窒素量の影響の大きさは、表8-5の偏回帰係数の大きさからほぼ同程度と判断される。このように、調査地域での水稲収量は、土壌の窒素無機化能力と前作作物残渣の処理方法に強く影響されていることが示唆された。土壌からの窒素無機化量は、土壌の全窒素、作土深、仮比重、有効積算地温に支配されており、これらの形質が、野菜の作付け強度の異なる農家群間で異なることは、既に指摘したとおりである。一方、水稲前作の野菜類の残渣は、農作業の省力化や農外労働を優先するために焼却される場合が多く、作物残渣の土壌還元の重要性が指摘された。

前述したように、農業収入比率の高い一部の農家では、水稲跡作の野菜作付けとの作業競合を考慮して、収量・品質の劣る中生水稲品種を栽培していた。今後、さらに水田の高度利用が進めば、中生水稲品種の拡大による水稲生産性の低下とともに、土壌理化学性の劣化にともなう土壌からの窒素発現量の減少、および前作作物

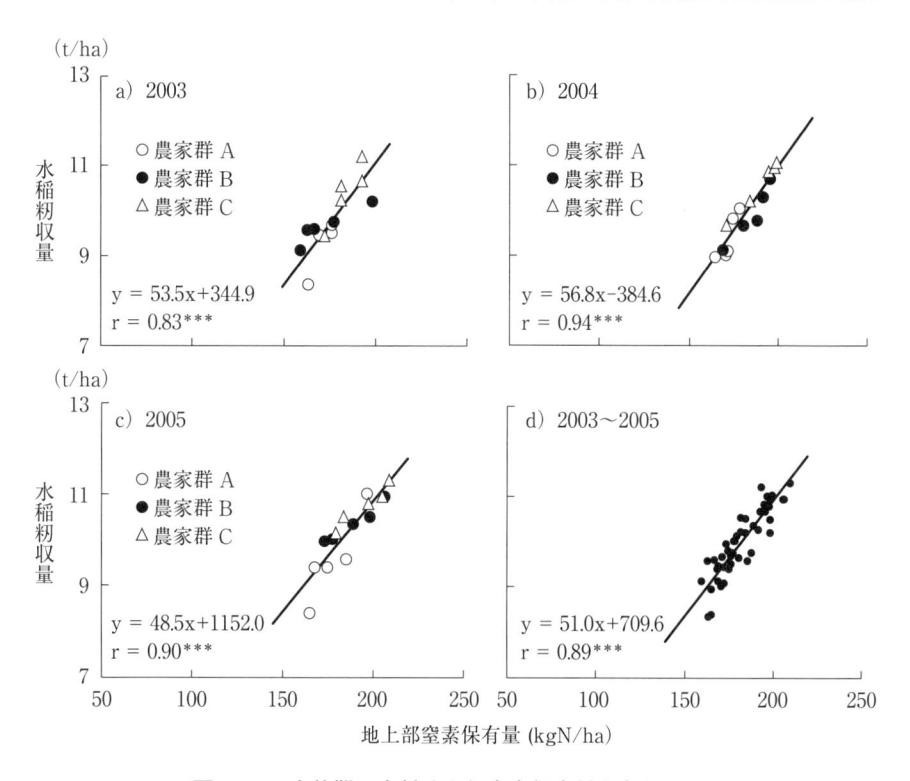

## 第8章　中国四川省の集約的な土地利用と稲作

**図8-4**　成熟期の水稲地上部窒素保有量と収量との関係

a) 2003　y = 53.5x+344.9　r = 0.83***
b) 2004　y = 56.8x-384.6　r = 0.94***
c) 2005　y = 48.5x+1152.0　r = 0.90***
d) 2003〜2005　y = 51.0x+709.6　r = 0.89***

農家群 A、農家群 B、農家群 C

***：0.1%水準で有意。

**表8-5**　生育期間中の水田土壌からの無機化窒素量、前作由来の土壌無機態窒素量、および水稲に施用した化学肥料窒素量と成熟期の水稲窒素保有量との関係

|  | 相関係数 | | | 偏相関係数 | 偏回帰係数 |
|---|---|---|---|---|---|
|  | 地上部窒素保有量 | 無機化窒素量 | 前作由来 | 地上部窒素保有量 |  |
| 無機化窒素量 | 0.94 *** |  |  | 0.94 ** | 0.538 ** |
| 前作由来窒素量 | -0.43 ns | -0.65 ns |  | 0.78 * | 0.480 * |
| 化学肥料の窒素量 | 0.80 * | 0.84 ** | -0.63 ns | 0.33 ns | 0.174 ns |

残渣の不適切な処理による窒素吸収量の低下が、水稲収量にさらに大きな影響を及ぼすかもしれない。そして、農業から非農業への労働力の移転による、農業労働経営者の素質の低下と絶対的な労働力の不足は、食糧生産力の低下をもたらすかもしれない。

## 4. 食糧生産の持続性と安定性

　農家請負制は、農業人口に対して相対的に少ない農地という制約のもとで、農地生産力の均等な請負配分を基本として実施された。そのため、1戸当たりの農業経営規模は小さく、その経営耕地は小区画で分散しており、農業機械の効率的利用（写真8-2）、合理的な作付体系の導入などが進まなかった。当初分配された請負農地の場所は固定され、農家の請負権利保護のため農地の集積が進まず、小規模で高コストな農業生産が継続された。このような小規模農業経営は、食糧の供給と小商品生産においてその役割を果たし、形成された小規模の営農システムにおける、集約的な野菜生産は農家収入の安定化に貢献した。しかし、この営農システムでは水稲作を中心に労働力や有機質資材を含む投資が減少し、過度な集約的土地利用がもたらす、土壌肥沃度の低下による水稲の生産性の衰退が懸念される。今後、農業から非農業への労働力の移転は、農村の若くて知識を有する労働者にさらに集中し、農村には年寄りと学歴の低い労働力が残されると指摘されている。すでに農村における主要な労働力の一部は非農業に従事しつつ、勤務時間以外に農業に従事しており、さらなる農業者の素質の低下と絶対的な労働力の不足が農業生産の維持と拡大を難しくすると考えられる。

　このような農業問題の原因の一つは、中国の農業経営が家族経営で規模が小さく、経営効率が悪いことである。経営効率の向上を実現できるように、土地利用型農業の経営規模拡大の推進とともに、労働集約型農業の生産性の向上を図れるように、農業の構造調整を推進する必要がある。

**写真8-2　農業機械センターによる請負収穫サービス（四川省攀枝花市）**

圃場区画が小さいことや圃場への進入路、農道、区画などの整備が進んでおらず大型機械の利用は進んでいない。

具体的には、水田の高度利用がさらに進んでも土壌理化学性を劣化させることなく、連作障害と環境負荷を回避できる合理的な土地利用と、土壌管理技術の開発と導入が必要である。しかし、小区画・分散圃場を所有する小規模農業経営は、合理的な土地利用と経営効率の向上を妨げている。土地利用型作物と労働集約的な野菜作を、同時に実現できる合理的な農地の使用形態の確立、すなわち、双層経営体制の機能を活用して小区画・分散圃場を集落営農\*に集め、そこで水稲と商品作物である野菜を輪作する田畑輪換\*\*をブロックローテーション方式で実施する営農方策が有効と考える。しかし、土地の耕作権を集積し、生産性のみを重視した集約度の非常に高い大規模農業は、2000年代に大都市近郊で急増し、より一層厳しい環境汚染を引き起こしつつある（Tanaka ら 2013）。

### 引用文献

寶劔久俊（2002）中国における食糧流通政策の変遷と農家経済への影響．「開発途上国の農産物流通―アフリカとアジアの経験―」（高根務 編）．日本貿易振興機構アジア経済研究所．

池上彰英（1994）中国における食糧流通システムの転換．農業総合研究，48: 1-52．

Inamura, T. ら (2008) Effects of nitrogen mineralization on paddy rice yield under low nitrogen input conditions in irrigated rice-based multiple cropping with intensive cropping of vegetables in southwest China. Plant Soil, 315: 195-209.

---

\*集落営農とは、営農の中心的役割を担う農家と兼業・高齢農家等が補完しあいながら、集落ぐるみで集落の圃場群を1つの農場として営農を展開し、地域農業の維持、コスト低減等を実現する経営方式。その営農形態には、機械や施設の共同利用型、受託組織が共同の機械や施設を使って農作業を請け負う作業受託型、生産から販売を協業で行ない収益を構成員に分配する協業経営型がある。

\*\*田畑輪換とは、輪作のひとつの形態で、同一の水田を夏期に畑（転換畑）とし畑作物を1～数年栽培した後、数年間水田（還元田）として水稲を栽培する土地利用である。食糧と商品作物（野菜）の栽培および水稲灌漑水量の節約などが可能で、水田（嫌気条件）と畑（好気条件）を繰り返すことによる土壌窒素の無機化の向上（乾土効果）および雑草や病害虫の抑制などが期待できる。集落営農において、集落の水田群を数ブロックに分割し各ブロックを単位とする田畑輪換（ブロックローテーション）を行なえば、前述の長所がさらに高まると共により高い規模経営の効果が期待できる。

Jenny, H. (1980) The soil resource. Ecological Studies Vol. 37. Springer-Verlag, New York. pp.316-318.

白石和良（1994）中国の農業・農村の再組織化と双層経営体制. 農業総合研究, 48: 1-73.

Tanaka, T. ら (2013) Irrigation system and land use effect on surface water quality in river at lake Dianchi, Yunnan, China. Journal of Environmental Sciences 25: 1107–1116.

# 第IV部

# 資源多投段階の多収稲作

# 第9章　中国雲南省の超多収稲作

桂　圭佑

## 1. アジアの最多収稲作地域としての雲南省

　世界の全人口の20%を超える13億人もの中国人にとって、その主食であり、摂取カロリーの30%近くを占めるコメは、極めて重要な作物である。現在、中国は世界最大の稲作国であり、イネ生産量は約2億トン（t）に達している。しかし、人口の増加速度は停滞傾向にあるとはいえ、今なお増加し続ける中国国民を養うためには、更なる増産が必要である。

　世界のイネ収量は、1960年代の緑の革命以降急速に増加してきたが、その中でも中国の収量増加率は際立って大きい。これには、生産力の高いハイブリッド品種の普及が大きく貢献している。異なった2品種をかけ合わせると、両親より生産力の高い雑種第1代（F1）種子が得られることがあり（雑種強勢）、これを品種として利用するものがハイブリッド品種である。ただしF1種子は遺伝的に固定していないので、栽培農家は毎年種子を購入しなければならない。

　中国では国をあげてイネの増産運動が行なわれており、1976年に普及が始まったハイブリッド品種は、以降国内に拡大し続け、近年では同国のイネ作付面積の半分以上を占めるにいたっている。それに伴い、中国のイネの平均収量は6t/haを超えるレベルに達している（図9-1）。一方で、中国の近年の目まぐるしい経済発展は、急速な都市化にともなう耕地の減少や、沿岸部の工業化や内陸部の森林破壊にともなう黄河の断流などの水供給の不安定化をもたらした。このため、中国におけるイネ作付面積は1980年代以降減少し続け、同国のイネ生産量は1980年代後半頃から停滞している。耕して天にいたるほどの農地開発が進んだ唐土に、更なる耕地を求めることは困難であることから、国内の需要に応えるためにも、イネ収量のより一層の向上が求められている。

多収を目指す中国にあって、雲南省はイネ多収事例について多くの報告がなされている。天野ら（1996）は、ジャポニカ型ハイブリッド品種である楡雑29号を用いて、雲南省賓川県において16t/haを超える収量を報告し、同地域の高いイネ生産性が、高い日射量と、ハイブリッド品種の高い光エネルギー利用効率によってもたらされたとしている。Yingら（1998）は、雲南省永勝県涛源村（とうげん）において15t/haを越える収量を報告

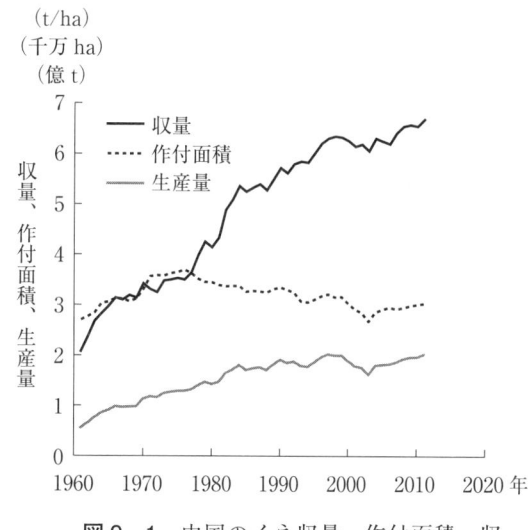

**図9-1**　中国のイネ収量、作付面積、収量の推移（FAO 2014 より作図）

し、同地域の高いイネ生産性は、熱帯に属する国際イネ研究所（IRRI）のイネに比べ、長い生育期間と高い生長速度によってもたらされたとしている。これらの報告が示す、雲南省の15t/haを超す収量レベルは、イネ多収地域として知られるオーストラリアやエジプトで報告された値と比較しても遜色なく、雲南省はイネの世界最多収地域の一つといって相違なかろう。
　しかし、雲南省で多収が得られる要因を、高い日射量、ハイブリッド品種の特性あるいは生育期間の長さだけで説明できるのであろうか。雲南省の環境および稲作技術と、その下で生育したイネの姿を調べ、さらに多収が生み出される機構をより詳しく調べることで、現在低迷しているイネ収量ポテンシャルを高める道が見えてくるのではなかろうか。このような目的で、筆者らは2002年と2003年の2年間、雲南省に滞在し、稲作の調査とイネの栽培試験を行なった。この調査から明らかになったことを以下に述べたい。

第Ⅳ部　資源多投段階の多収稲作

## 2. アジア最多収稲作の村―雲南省永勝県涛源村―

### 2-1　雲南省の自然と稲作

　雲南省は中国西南端の内陸部に位置し、ラオス、ベトナム、ミャンマーと接している。面積は約39万km$^2$で、人口約4400万人を抱えている。全人口のうち漢民族は約66％に過ぎず、イ（彝）族、ペー（白）族、ハニ（哈尼）族など、25もの少数民族が居住している。全省面積の84％が山地で占められており、省内には長江、メコン川、珠江、ホン川、サルウィン川といった大河の上流が、静脈のように走っている。雲南省は、亜熱帯から亜寒帯までの幅広い気候帯を有しているが、概して気候は穏やかである。省都昆明は1月の平均気温が10℃、7月は20℃、年間降水量は1500mmと、常に春のように暮らしやすいことから「春城」という別名があるほどである。

　雲南省は、全中国の約3分の1に相当する動植物の原種が集積していることから、生物多様性の宝庫と言われており、また、400万年前には既に猿人類「東方人」が生息していたとされ、アジア大陸古人類の発祥の地とも言われている。人類にとっても、動植物にとっても、暮らしやすい環境が昔からあったことがうかがわれる。このことはイネについても当てはまり、雲南省は多様な環境の下で、遺伝的変異に富む多様なイネ遺伝子型を集積してきた（中川原 1985）。稲作の歴史も古く、雲南省を中心とする東亜半月弧では、少なくとも4000年前には既に稲作が行なわれていたことがわかっており、稲作発祥の地の一つとして考えられている（渡部 1977）。現在も農業は盛んで、イネのほかに、トウモロコシ、マメ類、チャ、タバコ、キノコなどは全国的に有名である。

### 2-2　涛源村の稲作

　世界のイネ多収地域のひとつである雲南省の中でも、永勝県涛源村（北緯26度12分、東経100度34分、標高1170m、図9-2）は白眉たるものであり、国内の多くの研究者が、イネの世界最高収量を目指して栽培試験を行なっている。近年では毎年17t/ha前後の高収量が報告され、その記事が新聞やニュースに取り上げら

れているほどである。

　涛源村は省都昆明から北西に直線距離で200kmしか離れていないが、あたりは3000m級の山々が連なっており、アクセスするには、省の北西部に位置する世界遺産都市の麗江から車で8時間揺られなければならない。村には一面に水田が広がっており、どこか昔日の日本を感じさせる雰囲気が漂っている。しかし、四方を囲む山々に木がなく（写真9-1）、村を流れる長江の源流である金沙江は、流れが激しく茶色く濁っていた。毛沢東の鉄鋼大増産指令が出された中国では、1950年代後半以降、製鉄に使う炭を得るため急速に森林伐採が進んだ。文化大革命の混乱期には違法伐採が横行するようになり、樹木が薪や炭として密売された。さらには食糧増産の大号令が森林から耕地への転換の動きに拍車をかけたこともあって、内陸部で急速に森林破壊が進んでいった。実際、涛源村のような山奥まで森林破壊が進んでいるのである。そのため、村では水供給が不安定で、停電や断水が頻繁に起こる。恵みの雨でさえ、降り続けば川沿いの水田が水没する原因となり、時には村につながる唯一の道路の崖崩れの原因となることもあ

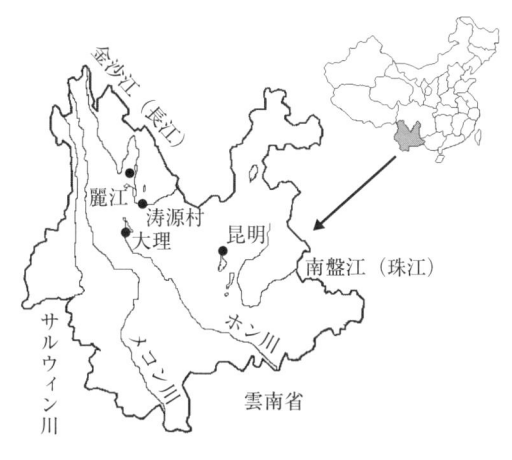

**図9-2**　涛源村の位置

**写真9-1**　涛源村の5月の風景
中央は筆者らの試験圃場。周りの山が禿山になっているのが分かる。

**写真9-2　牛を使った代かきの様子**
代かきは男性の仕事である。

**写真9-3　農家圃場の田植えの様子**
田植えは村の女性が協力し合って行なう。植え綱を使ってきれいに植えていっている。苗はかなりの成苗である。

るのだ。

　涛源村の稲作の作業暦は次のようである。3月ごろから農地の一角で育苗が始まり、併行して本田への堆肥の投入や田起こし、代かきなどが人牛一体となって少しずつ進められていく（写真9-2）。田植えは4月から5月にかけて行なわれる。ここでの田植えは女性の仕事であり、数人の女性が一組になって、植え綱を用いてきれいに、そして実に手早く植えていく（写真9-3）。この時期には、ある水田では堆肥の投入、別の水田では代かきや田植え、さらに別のところでは除草剤の散布と、様々な作業が並列に進行し、村は多くの色に綾取られ、非常な華やぎを見せる。収穫は8月中旬から9月にかけて行なわれる。女性がどんどんイネを刈っていき（写真9-4）、男性がそれを直径約1.5m、高さ約70cmの大きな籠の側面に叩きつけて脱穀していく（写真9-5）。収穫期には、国内の研究機関から研究者が収量調査に来たり、テレビ局がその報道に来たりと、村の小ささに似合わぬ大勢の来訪者が出入するようになる。

　村には農業局の出先施設があり、麗江から派遣された技術者が、農民に栽培の指導を行なっている。イネの栽培には化学肥料、除草剤、殺虫剤などが使用され、大

**写真9-4　収穫の様子**
刈り取りは女性が行なう。いかにも多収である様子が伺える。

**写真9-5　脱穀の様子**
収穫と同時に大きなザルの側面に穂を叩きつけることで登熟粒を落としていく。脱穀は男性が行なう。

型機械が使われないことを除けば、日本とほぼ同じような管理である。肥料の分施や中干しなどが励行されており、確固とした技術体系の下に稲作が営まれている。聞き取り調査から、村のイネの平均収量は13t/haであり、冬場には有機物、家畜の糞尿などを30～45t/haも投入している実態が明らかになった。水稲作付け中の窒素施肥量は約300kg/haにも及び、日本の平均的な施肥量の4～5倍にも当たる。有機無機を問わず大量の資源を投入しており、この村の稲作は典型的な資源多投の多収稲作といえる。

## 3. 京都・雲南比較栽培試験からみた多収イネの姿と多収要因

### 3-1　試験方法の概要

筆者らは多収イネの姿を探るために、2003年度に京都と雲南省の涛源村で、近年開発された第3世代のハイブリッド品種で、スーパーハイブリッドと呼ばれる「両優培九」（写真9-6）と、日本での栽培試験で最高水準の収量をあげるとされている「タカナリ」に対して280kg/haもの多量の窒素肥料を施用して、比較栽培試験を行なった。また、地力の比較のため、タカナリについて窒素肥料を与えない無施肥区を両地点に設けた。施肥などの栽培管理は両地点で統一し、病害虫や雑草

第Ⅳ部　資源多投段階の多収稲作

**写真9-6　雲南で栽培した両優培九の草姿**
登熟後期まで葉が直立し、大きな穂は群落中層に位置している様子が分かる。

害などが収量に影響を与えないよう適切に管理した。

## 3-2　多収イネの姿と生育パターン

京都・雲南比較栽培試験の多肥条件下で得られたタカナリ、両優培九についての結果をもとに、多収イネとはどのような姿をしているのか、また、それはどのような生育パターンのもとに形成されるかについて述べたい。

京都と雲南の2地点で、窒素施肥280kg/haのもと栽培した「タカナリ」と「両優培九」の収量、収量構成要素、および成熟期地上部乾物重を表9-1に示した。雲南省で、タカナリ15.1t/ha、両優培九16.5t/haという極めて高い籾収量が得られた。この値は日本の平均収量の2倍強に当たる高収量である。この両品種はともに多収性で、京都でもそれぞれ9.8t/haおよび9.7t/haの籾収量を示した。15t/haを超える多収品種は、面積当たり穂数、一穂籾数ともに著しく多かった。特に一穂籾

**表9-1　両優培九とタカナリの雲南と京都における収量、収量構成要素および成熟期地上部乾物重**

| | 収量<br>(t/ha) | 穂数<br>(/m²) | 籾数<br>(×1000/m²) | 一穂籾数 | 登熟歩合<br>(%) | 千粒重<br>(g) | 成熟期地上部<br>乾物重<br>(t/ha) |
|---|---|---|---|---|---|---|---|
| 京都 | | | | | | | |
| タカナリ | 9.8 | 256 | 41.3 | 161 | 69.5 | 23.3 | 14.9 |
| 両優培九 | 9.7 | 243 | 38.7 | 160 | 73.5 | 25.5 | 17.2 |
| 雲南 | | | | | | | |
| タカナリ | 15.1 | 369 | 69.7 | 189 | 74.5 | 22.8 | 24.2 |
| 両優培九 | 16.5 | 324 | 66.8 | 206 | 85.0 | 24.2 | 24.4 |

収量は粗籾収量を表し、水分含有率14%に換算した。

数は200粒にも達し、この値は京都で栽培された日本晴の2倍以上であった。これら2品種は京都で栽培しても多収となり、一穂籾数が多かった。多収のためには、穂数が多ければ穂は小さくてもよいとする考えもあるが、近年の多収イネ育種の傾向を見ても、15t/haを超すような超多収には、穂が大きいことが必須の要件であるように思われる。面積当たり穂数と一穂籾数の積である面積当たり籾数も、雲南省の多収イネは7万粒/m$^2$近い値を示した。

　雲南での大きな穂数、一穂籾数そして高い収量は、その形成発達に必要な物質生産があって初めて実現される。イネが一生の間に生産した物質の量は、収穫時の稲体の地上部乾物重とおおよそ等しい。雲南では、両品種とも実に24t/haもの地上部乾物が生産されたことが分かった。これはわが国の平均的なイネの約2倍の重さであり、比較試験の両品種の京都での値よりも40～60％も高かった。雲南でのこの高い物質生産は、生育日数が京都よりも長いことによるものではなかった。タカナリと両優培九の京都での生育日数がそれぞれ152日と159日、そして雲南でのそれらは149日と157日であり、雲南の方が生育日数は短かった。

　そこで、京都と雲南で見られた稲体の地上部乾物重の差異が、生育のどの時点で表れたのかを、生育に伴う地上部乾物重の変化から調べてみた（図9-3）。その結果、播種後約100日目頃までは、品種、地点に関わらず乾物重は同等の値を示していたが、それ以降出穂期にかけて、雲南と京都における地上部乾物重の差が急速に開いていった。この播種後100日頃は、ほぼ両品種の穎花分化期に相当する。穎花分化期から出穂開花期にかけては、イネの一穂籾数、籾の容積が決定し、また花粉が形成され、出穂後に穂に移行する炭水化物が稲体に蓄えられる時期で、収量ポテンシャルが決定す

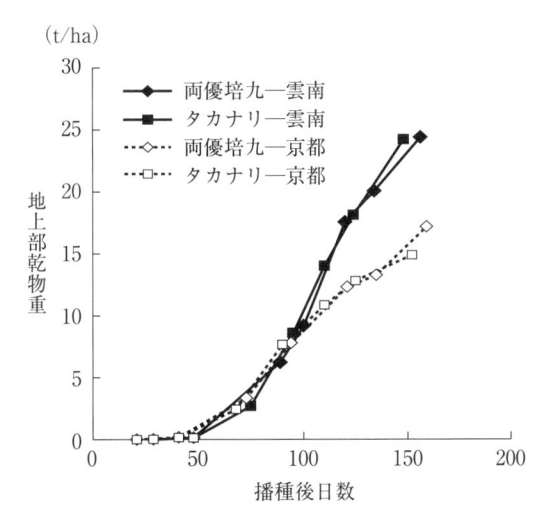

**図9-3**　両優培九とタカナリの雲南と京都における地上部乾物重の推移

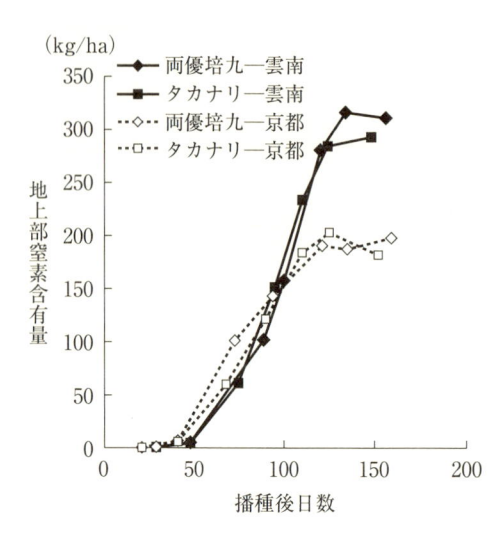

第Ⅳ部　資源多投段階の多収稲作

図9-4　両優培九とタカナリの雲南と京都における地上部窒素蓄積量の推移

る重要な時期である。雲南のイネが大きな一穂籾数と高い収量を生み出したのは、この時期の稲体乾物重でみた生長速度が高いことによるものである。このことは、イネ収量の地域間差異や環境間差異は、出穂前約2週間の稲体の生長速度の差異に比例する、というHorie（2001）の報告とも一致する。

加えて、雲南のイネの、穎花分化期から出穂開花期にかけての稲体乾物重の高い生長速度は、同期間の窒素吸収を著しく高めていた（図9-4）。実際、雲南のイネは2品種平均で300kg/haもの窒素を吸収したのに対し、京都でのそれは190kg/haであった。この高い窒素吸収は籾の形成・発達に不可欠であるとともに、葉の窒素濃度を高め、高い光合成速度を維持するのに必要である。さらに、京都のイネが出穂後は窒素をほとんど吸収しなかったのに対し、雲南のイネは出穂後もかなりの窒素吸収が認められた。この吸収窒素も、登熟期の葉の高い光合成速度の維持には不可欠である。

以上より、15t/haを超す超多収イネの姿として、1穂の籾数が極めて大きいこと、および高い光合成速度の維持に必要な葉身の窒素濃度が高く維持されていることが示された。さらに、多収イネのこのような特徴は、穎花分化期頃からの高い乾物生産速度と窒素吸収速度によって生み出されたことが明らかになった。

## 4. ハイブリッド品種の特徴と生産力

中国でのイネの多収は、しばしばハイブリッド品種と結び付けて語られる。ここで、1990年代に中国で始まったスーパーハイブリッドライス育種計画で開発されたハイブリッド品種と、わが国の水稲品種との生産力の違いについて触れておきた

い。前述の比較試験で用いた「両優培九」は、1996年に江蘇省農業科学院で開発されたスーパーハイブリッド品種であり、同育種計画で最も成功した品種の一つある。「両優培九」と日本の多収品種である「タカナリ」、および標準品種の「日本晴」の生産力および生理生態の違いについて、京都での品種比較試験をもとに述べる。

試験は、この3品種を、京都の圃場に栽植密度22.2株/m²、1株2本植えで移植し、窒素、リン酸、カリ、各140kg/haを分施して栽培した。まず、両優培九は、上述の1穂の大きさに加えて、稈長は中程度で、葉が日本の品種よりも幅広で長いにもかかわらず、直立しているという形態的特徴が見られた。また、両優培九は、この大きな葉を群落上層部に多く分布させていた（図9-5）。15t/ha以上の多収になると、登熟期には穂

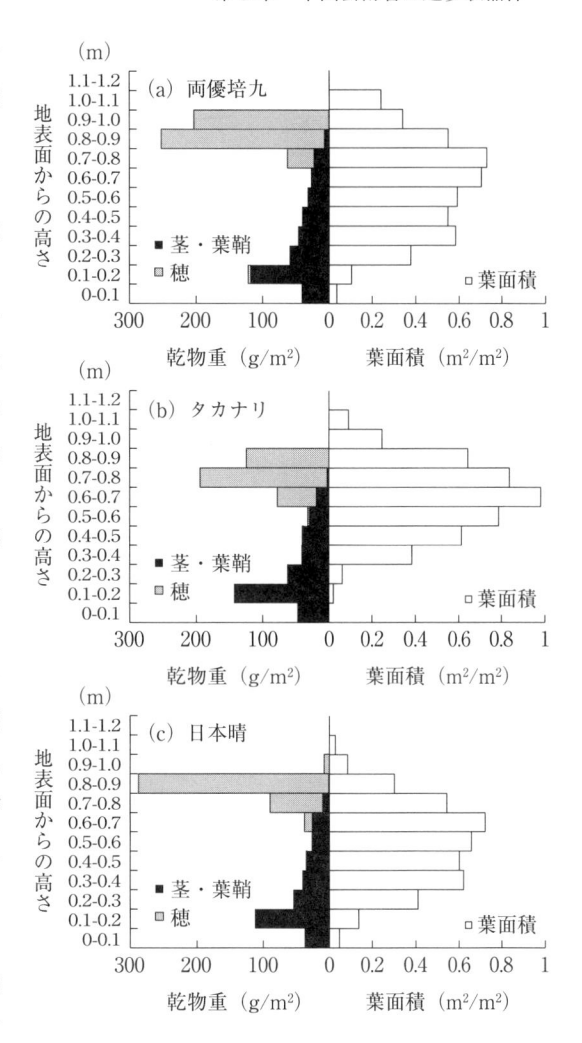

**図9-5** 両優培九（a）、タカナリ（b）、日本晴（c）の群落構造

によって日射がほとんど遮られるため、群落の下層にはほとんど光が到達しない。穂の上に多くの葉を展開させている両優培九のこの特徴は、登熟後期まで物質生産を旺盛に行なう上で必須のものである。また、両優培九の形態的特徴として、稈が太いことがあげられる。主茎基部の長径は両優培九で7.1mmであったのに対し、タカナリは5.9mm、日本晴は4.4mmであった。超多収を目指すイネにとっては、

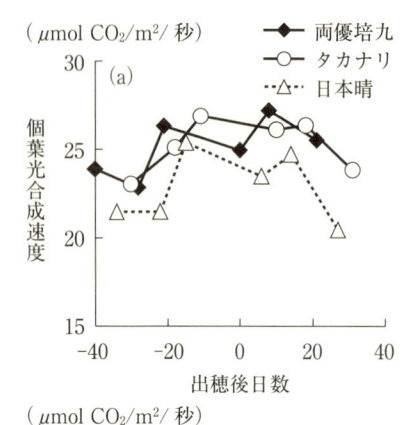

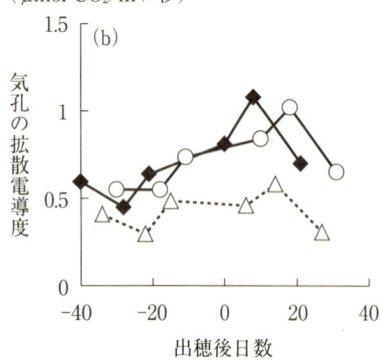

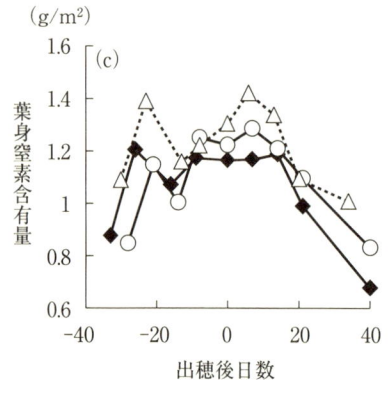

## 第Ⅳ部　資源多投段階の多収稲作

図9-6　両優培九、タカナリ、日本晴の個葉光合成速度（a）、気孔の拡散伝導度（b）、葉身窒素含有量（c）

太い稈による倒伏耐性の向上は、達成されなければならない育種目標である。実際に、雲南で15t/haを超える多収を実現したタカナリは、登熟後期に稈が穂の重みを支えきれず、上位の節で曲がってしまっていたのに対し、両優培九は最後までほとんど草姿を乱さなかった。これらは全て中国のハイブリッド品種の育種目標に定められている形態的特徴であり、それらが実際に高いレベルにあることが明らかになった。

上述のような形態的特徴に加えて、京都で測定した両優培九の個葉光合成速度は、生育期間を通して、日本晴よりも著しく高く推移していた（図9-6）。個葉光合成速度は、二酸化炭素の拡散とその固定によって決定されるが、これらはそれぞれ、気孔の拡散電導度と葉身窒素含有量に強く依存している。両優培九はその高い気孔の拡散電導度によって、高い個葉光合成速度を達成しており、吸収した窒素をより有効に物質生産に利用できていることが明らかになった。このように、両優培九は、日本晴のような日本の標準品種よりも光合成能力が有意に高いが、タカナリのような多収品種と比較すると、光合成能力もほとんど変わらず、タカナリと両優培九との収量差は、主に品種による生育期間の長短がもたらしたといえる（表9-1）。

以上より、近年育成された中国のスーパーハイブリッドと称される品種は、群落光合成の面で理想的な草型をもっているが、日本の

多収品種との収量差は 10% 以内であることがわかった。ハイブリッド品種は中国のこれまでのイネの増産に大きく貢献してきたことは確かであるが、日本で育成された固定品種タカナリは、ハイブリッド品種と遜色ない生産力を持つことが明らかになった。さらに、タカナリは 1989 年に開発された多収品種であるが、近年は北陸 193 号など、タカナリよりもさらに収量性の高い固定品種が開発されている（Yoshinaga ら 2013）。ハイブリッド品種は種子生産に多くの労働力を必要とすること、農家は毎年種子を購入しなければならないこと、コメの品質が均一でないことなどを考慮すると、その優位性は不確かといわざるを得ない。

## 5. 雲南省の多収要因を探る

ここまで、超多収イネの姿とその生育パターン、および近年育成された中国のスーパーハイブリッド水稲の生産力を明らかにしてきた。最後に、雲南省がなぜ多収になるかについて、比較試験の結果をもとに考えてみよう。

京都と雲南の気象条件の違いを、2003 年度について図 9-7 に示した。2003 年度の京都は冷夏であり、例年より気温、日射ともに低く推移した。雲南の最高気温は、生育前期は京都よりも高く、生育が最も旺盛な生育中盤には京都よりやや低く推移した。最低気温は生育末期を除き、京都より概して低く推移した。すなわち、

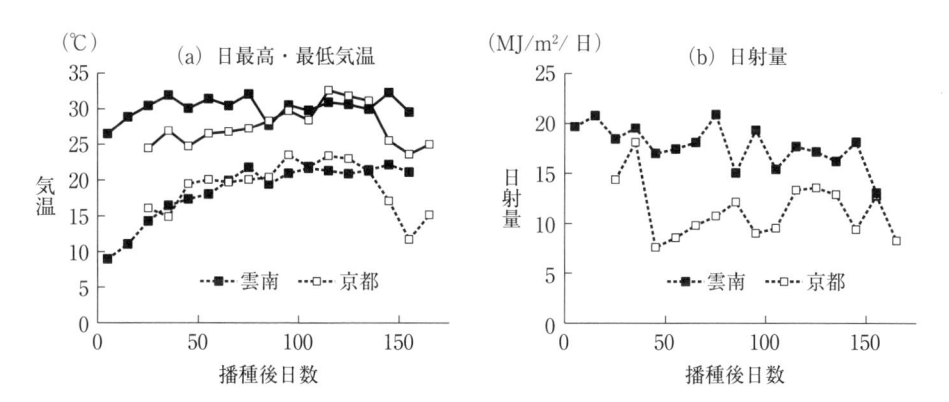

図 9-7 京都と雲南の日最高気温（実線）と日最低気温（破線）の推移（a）と、日射量の推移（b）

各プロットは 10 日間の平均値を表す。

第Ⅳ部　資源多投段階の多収稲作

雲南は気温の日較差が京都より大きかったことがわかった。一方、生育期間平均の1日の日射量は、雲南 $17.7MJ/m^2$、京都 $11.3MJ/m^2$ で、雲南が京都よりも56％高かった。雲南の高い日射量は天野ら（1996）およびYingら（1998）も認めており、イネ多収地域のひとつとして知られているオーストラリアのヤンコでの測定値 $23MJ/m^2$（Ohnishiら 1993）には及ばないものの、日本と比べてかなり高いといえる。雲南の稲作気象の特徴は、高い日射と日較差の大きい気温にあるといえる。

雲南のこの強い日射が、イネ収量にどのような影響を与えているかを、簡単な数式を使って調べてみよう。イネの収量（Y）は作物が生産した地上部全乾物重（W）の一部なので、$Y=H \times W$、と表すことができる。ここでHはWに占めるYの割合を示し、収穫指数と呼ばれる。京都のタカナリ、両優培九のHはそれぞれ0.57と0.49であり、雲南でのそれらの値は0.54と0.58であった。両地点でのHには大きな違いはないため、雲南での両品種の平均収量15.8t/haと京都でのそれ9.8t/haとの大きな収量差は、主にWの違いによることがわかる。

一般に、生育のある時点における稲体の地上部全乾物重Wは、その時点までにイネが受光した日射の積算値（Sa）に比例し、次のように表すことができる。$W=RUE \times Sa$。ここでRUEは太陽エネルギーから乾物への変換効率である。両地点、両品種の生育に伴うWとSaの関係を図にプロットしたところ、図9-8のような結果が得られた。

両品種とも、雲南で最終乾物重が大きいのは、イネが一生の間に受光した日射エネルギーが大きいためである。ある生育時点までの日射の積算受光量Saは、葉面積の展開パターンに支配される日射受光率と、圃場に到達する日射量の積で与えられる。両品種の葉面積指数（単位土地面積あたりの葉面積）の展

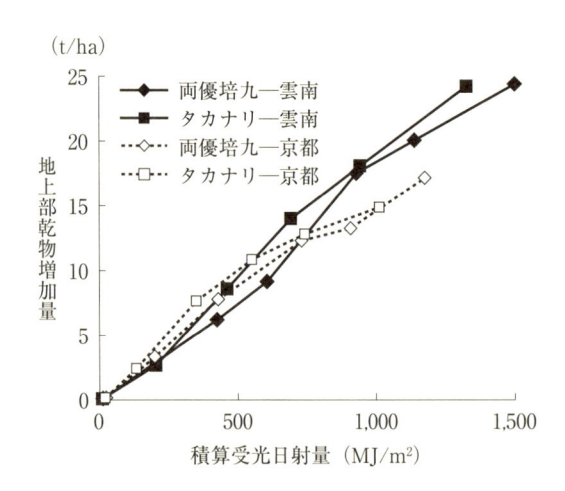

図9-8　両優培九とタカナリの、雲南と京都における積算受光日射量と地上部乾物増加量の関係

開過程には大きな差異はなかったことから（図9-9）、結局、雲南の高い乾物生産を可能にした第1の要因は、同地の高い日射量に基づくことがわかった。図9-8のWとSaの関係直線の傾きは、太陽エネルギーから乾物への変換効率RUEを表す。生育前半のRUEには品種・環境間で大きな差異は見られなかったが、生育後半には京都のイネのRUEが雲南より低下した。その原因としては、雲南のイネは、登熟末期まで平均して約2.9％もの高い葉身窒素濃度を維持していたのに対し、京都のそれは、同期間を平均して2.4％と低かったことがあげられる。雲南のイネのこの高い葉身窒素濃度は、生育後半の高い窒素吸収（図9-4）に支えられており、それらはさらに30～45t/haもの大量の有機物投入によるものと考えられる。実際、雲南の地力の高さは、無肥料で栽培したタカナリが収量で10.6t/ha、窒素吸収で122kg/haと、極めて高い値を示したことからもわかる。京都でのそれらの値は、それぞれ7.3t/ha、90kg/haであった。

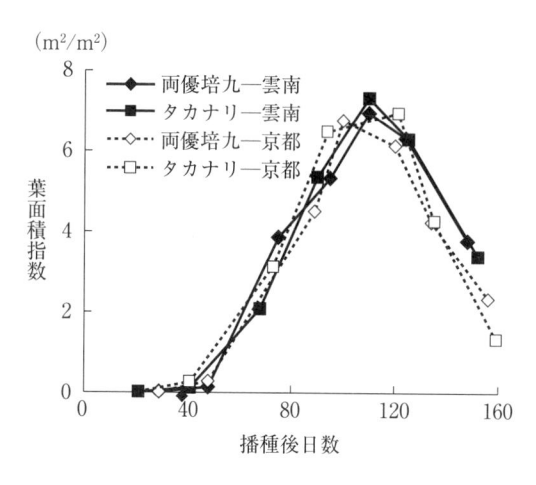

**図9-9** 両優培九とタカナリの雲南と京都における葉面積指数の推移

　以上より、雲南省永勝県涛源村で得られた16t/haの超多収は、日射量が高いこと、および有機物を多投入して窒素吸収を促進し、葉身の高い光合成を生育末期まで維持させたことの2つが、主要な要因と考えられる。さらに、雲南省の夜温が低く経過することも、呼吸ロスを抑え、高い日射変換効率に寄与したと考えられる。

　これらの要因以外に、現地で稲作に従事して印象的だったのは、水温と湿度の低さである。水温は京都よりも2度程度低く、湿度は京都では80％前後を推移していたのに対し、雲南では生育前半には30～40％、中盤から後半も50～70％と低く推移していた。これらは根の活性を生育後半まで高く維持させ、養水分の吸収や植物体内の水循環を促進させるのに貢献したであろう。これらの点が収量性にどのように作用しているのかは、さらなる調査・研究が待たれるところである。

第Ⅳ部　資源多投段階の多収稲作

## 6. 環境犠牲の下での雲南省の多収稲作

　雲南の多収要因のひとつとして、毎年 30 ～ 45t/ha もの堆肥と、平均 300kg/ha もの化学肥料窒素を投入している点がある。これは、堆肥の窒素含有率として日本の平均的な値の 0.6%（村山 1982）を仮定すると、総投入窒素量で 480 ～ 570kg/ha になる。イネによる窒素吸収は約 300kg/ha なので、実に 200 から 300kg/ha もの窒素が吸収されないことになる。この一部は土壌中に蓄えられるかもしれないが、大部分は河川に流亡したり、脱窒により大気中に失われることになる。それが河川・湖沼の富栄養化など水質の悪化につながっていることは想像に難くない。このように、雲南の超多収稲作は、環境負荷の大きい稲作といえる。日本にはない高い日射エネルギーと、温暖かつ日較差の大きい気候を考えれば、より少ない資源投入のもとで、環境調和性が高くかつ高収量の稲作が可能であろう。

　雲南省の山々が森林伐採により丸裸同然になっていることも、環境破壊のすさまじさを示しており、今回の調査期間中にも洪水や水不足が度々発生した。近年、長江流域で大洪水のニュースがしばしば伝えられるが、この森林破壊もその原因の一つとなっていると思われる。環境に配慮した地域資源の管理が望まれる。

**引用文献**

天野高久ら（1996）中国雲南省における水稲多収穫の実証的研究．第 1 報　ジャポニカハイブリッドライス楡雑 29 号の多収性．日本作物学会紀事, 65: 16-21.

FAO (2014) FAOSTAT (http://faostat.fao.org/)

Horie, T. (2001) Increasing yield potential in irrigated rice: breaking the yield barrier. In: Peng S. and Hardy B. (eds.) Rice Research for Food Security and Poverty Alleviation. IRRI, Los Baños, pp.3-25.

村山登（1982）収穫漸減法則の克服．養賢堂．

中川原捷洋（1985）稲と稲作のふるさと．古今書院．

Ohnishi, M. ら (1993) A comparison of the growth and yield of Japanese and Australian rice cultivars at Yanco in Australia. Rep. Soc. Crop Sci. Breed., Kinki, 38: 31-33.

渡部忠世（1977）稲の道．日本放送出版協会．

Ying, J. ら (1998) Comparison of high-yield rice in tropical and subtropical environments. I. Determinants of grain and dry matter yields. Field Crops Res. 57: 71-84.

Yoshinaga, S. ら (2013) Varietal differences in sink production and grain-filling ability in recently developed high-yielding rice (*Oryza sativa* L.) varieties in Japan. Field Crops Res. 150: 74-82.

第Ⅳ部　資源多投段階の多収稲作

# 第10章　オーストラリア乾燥地の大規模多収稲作

大西政夫

　国別の水稲の精籾平均収量が世界一であり、2006年に10.1t/ha、2010年に10.4t/ha（FAOSTAT）と、日本の1.5倍以上の多収を記録したオーストラリアでは、ニューサウスウエールズ州リベリナ地域の乾燥地でのみ稲作が行なわれている（2004年当時）。この地の稲作の最大の特徴は粗放栽培であり、世界一の収量達成のために匠の技を駆使するようなことは一切なく、現地のイネ研究者が「農家の人が田面水でその足を濡らすことはなく、主な作業は、田面水の水深確認と畦の穴の修復、そして幼穂分化期から出穂期までの期間に行なう深水管理だけ」というほどである。
　このような粗放栽培で世界一の多収を達成しているオーストラリア稲作の実態は、一体どのようなものであろうか。10t/haを越えるような多収のイネはどのような姿をしているのであろうか。そして、その多収がどのような機構に基づいているのであろうか。
　これらのことを明らかにするため、1991〜1992年にリベリナ地域にあるヤンコ農業試験場において、水稲の日豪共同栽培試験を行なうとともに、同地域の稲作の実態調査を行なった。この共同試験では、ヤンコ農業試験場に加え、日本の多収地域に位置する信州大学、および平均収量地域に位置する京都大学の圃場でも、現地の主力品種であるアマロー（Amaroo）の他に、コシヒカリとササニシキを供試して栽培を行なった。この試験研究の成果を踏まえながら、本章では、リベリナ地域の稲作の実態、地域比較試験から明らかとなった多収イネの姿と多収機構、および同地域の稲作がかかえる問題について述べる。

第10章　オーストラリア乾燥地の大規模多収稲作

## 1. ニューサウスウエールズ州リベリナ地域の稲作の概要

　ニューサウスウエールズ州リベリナ地域は、マリー川とマランビッジ川に挟まれたビクトリア州との州境に位置し、マランビッジ、コレアンバレーおよびマリーバレーの、3つの灌漑地域から構成されている（図10-1）。オーストラリアの稲作は、1905年にビクトリア州に移民した、松山市の高須賀穣夫妻によって始められた。同夫妻は、当時のオーストラリアが高価であったコメを2万t以上も輸入していたことを知り、1906年にマレー川流域に土地の割り当てを受けて、日本の水稲種子を持ち込んで、稲作を開始した。当時は灌漑設備が整っておらず、洪水や旱ばつの被害により稲作は困難を極め、1914年にやっとある程度の収穫ができるようになったという記録がある（SunRice Corp.）。また、この地域は真夏でも最低気温が10℃を下回ることがあり、障害型冷害の発生も稲作を困難にしていた原因の一つであったと思われる。1920年代に入って、大ジバイジング山脈からリベリナ地域に至る、延べ約1万kmに及ぶ灌漑水路および灌漑用ダムの建設が進んだ結果、今日の稲作地帯が形成されるに至った。

　この地域の水稲栽培農家約2500戸が組織している水稲生産者組合会社が、水稲の作付計画、貯蔵、乾燥、精米や出荷・販売計画までの全てを行なっている。オーストラリア国内のコメ消費量は年間30万t（16kg/人×1800万人の人口）と少なく、生産したコメの80%以上を70ヵ国以上に輸出し、その額は8億米ドルに達している。

　この地域の水稲の収穫面積と精籾収穫量は、1961年には2万ha、15万tであったものが、70年代に急増し、80年には12万ha、80万tに、2000年には17万ha、160万tに達している。しかし、

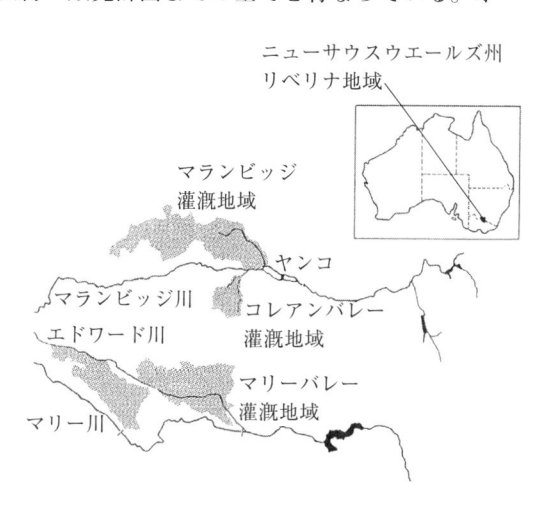

**図10-1**　オーストラリアのリベリナ地域の地図

第Ⅳ部　資源多投段階の多収稲作

1980年以降、収穫面積とそれに伴う収穫量の年次間変動が大きくなっており、2003～2012年は10年連続して、収穫面積が2001年のピーク時の半分未満に激減し、特に2008年には0.22万haとほぼ皆無というべき状態に陥った（図10-2）。

このような年次変動の一因は、コメの国際価格の影響もあるが、最大の原因は、不安定な灌漑水の供給量によるものである。灌漑水の供給量は、ダムの貯水量、すなわちその供給源である、冬期の大ジバイジング山脈の降水（降雪）量によって決まる。そのため、その年の稲作の使用可能水量は、水稲の作付準備を行なう前に容易に推定できる。2003年以降の収穫面積の激減とそれに伴う収穫量の減少は、灌漑水不足により、水稲生産者組合会社が水稲作付面積を厳しく制限したためである。すなわち、2003～2012年の期間は、10年連続して乾燥した年次であり、特に2008年は極めて乾燥した年であったことを反映している。このような乾燥年においても、通常年と同様の8t/ha以上の多収を達成しているだけでなく、2006年と2010年においては、過去最高の10t/ha以上の超多収を達成している

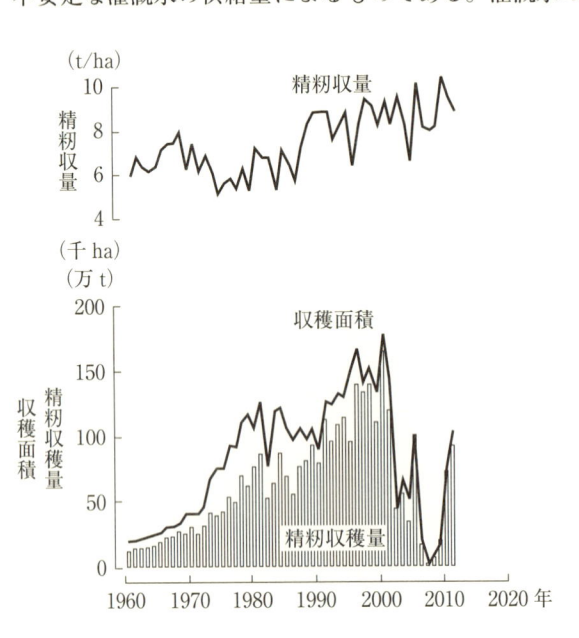

**図10-2** リベリナ地域における1961～2004年の精籾収量、水稲収穫面積および精籾収穫量の年次変化
（FAOSTATより）

**表10-1** 3地域における各農家および典型的農家の所有水田面積の規模

| 灌漑地域 | 各農家の所有水田面積の範囲 (ha)　(ha) | 典型的農家の所有水田面積の範囲 (ha)　(ha) |
|---|---|---|
| マランビッジ | 45～400 | 160～225 |
| コレアンバレー | 170～300 | 200～212 |
| マリーバレー | 50～500 | 200～350 |

Rice Growing in New South Wales, Department of Agriculture New south Wales and Rice Research Committee, 1984 より。

（図10-2）。これは、厳しい水稲の作付制限の徹底により、作付した水稲は、灌漑水不足による旱ばつ害を受けず、また後述する障害型冷害対策としての深水管理を、通常年と同様に行なえたことが主因と考えられる。加えて、乾燥年であるため、バイオマス生産のエネルギー源である日射量が多いこと、および農家当たりの栽培面積の減少により、通常年より栽培管理が細かくできたことが、2006年と2010年の超多収を達成した要因と推察される。

この地域の典型的農家の所有水田面積（表10-1）は約200ha以上あるのに対し、農家当たりの平均収穫面積（表10-2）は約65haしかない。これは、灌漑水の供給量の制約により、通常年においてさえ、所有水田面積の3分の1以下という作付制限があるためである。そして上述したような灌漑水不足の乾燥年には、さらに厳しい制限が設定されている。また、灌漑水の使用量は1ha当たり1400万リットル（降水量換算で1400mm）以下に厳しく制限されており、使用量は各農家の取り入れ口に設置された水車で測定され

**表10-2** 3地域における水稲栽培農家数、栽培面積、精籾収穫量および精籾収量

| 灌漑地域 | 1992 | 1998 | 2000 | 2002 |
|---|---|---|---|---|
| 水稲栽培農家数（戸） | | | | |
| マランビッジ | 594 | 671 | 670 | 640 |
| コレアンバレー | 340 | 374 | 389 | 366 |
| マリーバレー | 1,210 | 1,251 | 1,070 | 1,255 |
| 合計 | 2,144 | 2,296 | 2,129 | 2,261 |
| 水稲収穫面積（万ha） | | | | |
| マランビッジ | 3.8 | 5.2 | 5.3 | 5.2 |
| コレアンバレー | 2.3 | 2.7 | 2.8 | 2.6 |
| マリーバレー | 6.2 | 6.1 | 5.1 | 6.9 |
| 合計 | 12.3 | 14.0 | 13.2 | 14.7 |
| 精籾収穫量（万t） | | | | |
| マランビッジ | 35.3 | 50.4 | 45.4 | 47.8 |
| コレアンバレー | 20.9 | 26.3 | 22.8 | 21.2 |
| マリーバレー | 53.2 | 55.5 | 40.7 | 55.2 |
| 合計 | 109.4 | 132.2 | 108.9 | 124.2 |
| 精籾収量（t/ha） | | | | |
| マランビッジ | 9.29 | 9.69 | 8.57 | 9.19 |
| コレアンバレー | 9.09 | 9.74 | 8.14 | 8.15 |
| マリーバレー | 8.58 | 9.10 | 7.98 | 8.00 |
| 平均 | 8.89 | 9.44 | 8.25 | 8.45 |
| 農家当たりの収穫面積（ha） | | | | |
| マランビッジ | 64.0 | 77.5 | 79.1 | 81.3 |
| コレアンバレー | 67.6 | 72.2 | 72.0 | 71.0 |
| マリーバレー | 51.2 | 48.8 | 47.7 | 55.0 |
| 平均 | 57.4 | 61.0 | 62.0 | 65.0 |
| 農家当たりの収穫量（t） | | | | |
| マランビッジ | 594.3 | 751.1 | 677.6 | 746.9 |
| コレアンバレー | 614.7 | 703.2 | 586.1 | 579.2 |
| マリーバレー | 439.7 | 443.6 | 380.4 | 439.8 |
| 平均 | 510.3 | 575.8 | 511.5 | 549.3 |

Annual report for the year ended June 30, 2002. The Rice Marketing Board for the State of New South Wales より。

第Ⅳ部　資源多投段階の多収稲作

ている（写真10-1）。この制限の中で、水稲は、後述するコムギ、牧草との輪作体系の中で栽培されている。

## 2. リベリナ地域の自然条件

**写真10-1**　農家の灌漑水使用量測定のための水車

リベリナ地域の気象は、年次間で大きく変動している。そこで、同地域の平均的な気象条件をみるために、マランビッジ灌漑地域のグリフィスにおける、1983～1991年の9年間を平均した月平均気温、相対湿度および日射量を、同期間における長野県松本市と対比して図10-3に示した。さらに、グリフィスから東へ約40kmに位置するヤンコ農業試験場の、1991～92年の水稲生育期間中の気温と日射量の推移を図10-4に示した。

リベリナ地域における水稲生育期間（10～3月）の気象をみると、日平均日射量は松本市（17.5MJ/m$^2$）の1.4倍にあたる25MJ/m$^2$もあり、降水量はわずか約200mm、日平均相対湿度と日最低湿度の月平均値は、それぞれ50％および27％と極めて低い。気温の日較差も大きく、水稲生育期間中の平均で約16℃もある。また、図10-4のヤンコの気温からわかるように、日々の変動も大きく、最高気温が40℃を越える日もあれば、20℃に達しない日もある。また、真夏（12月）でも最低気温が10℃前後まで下がる日が多く、障害型冷害が水稲栽培上の大きな問題となっている。その回避のため、幼穂分化期から出穂期まで、水深を30cm以上に保つ深水管理が不可欠な栽培技術となっている。この深水管理に必要な灌漑水量を確保するために、前述したような厳しい作付け制限が設定されている。このような障害型冷害の発生頻度を示す統計データは得られなかったが、過去の収量の変動の大きさ（図10-2）から、障害型冷害が少なからず発生したと思われる。

平均風速は、松本市と同程度の2.2m/秒である。このような半乾燥気候にあるため、水稲生育期間中の水面蒸発量（最大蒸発量）は6.8mm/日と極めて高い。

土壌は主にRed Brown Earthsという重粘土壌であるとともに、塩類土壌でもあ

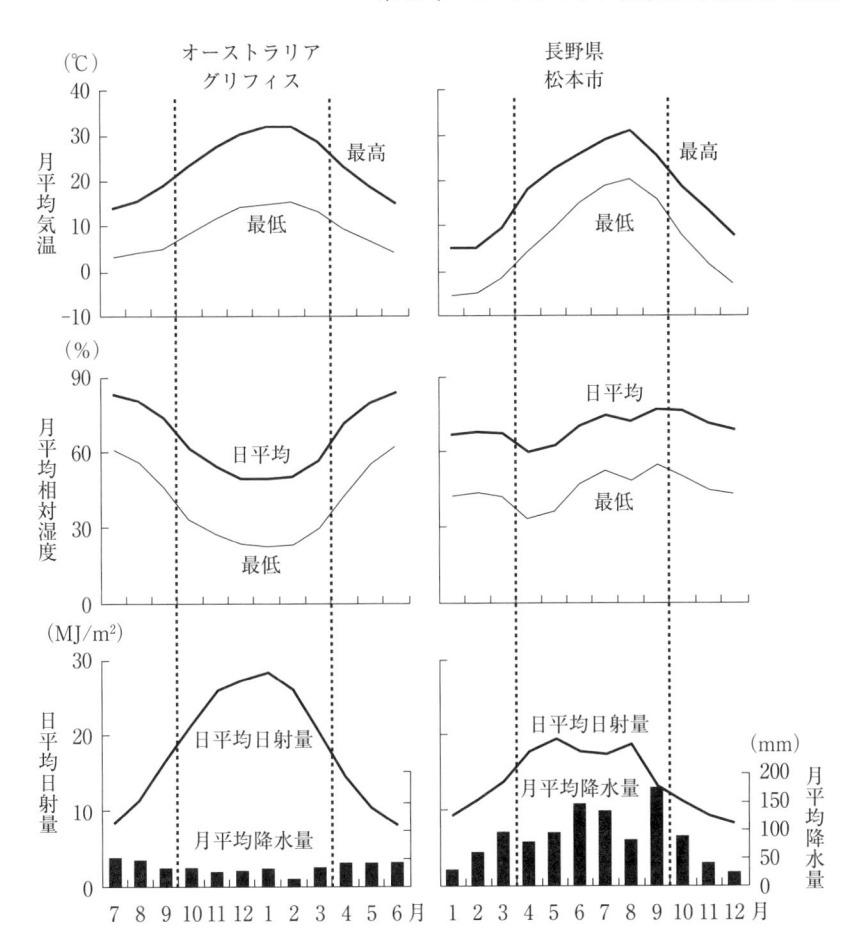

第10章　オーストラリア乾燥地の大規模多収稲作

**図10-3** オーストラリアのグリフィスおよび長野県松本市の平均気温、相対湿度および日射量（1983〜1991年の月別平均値）

る。現地のイネ研究者が、減水深は0mm/日と考えてよいと言うくらい透水性は極めて低いものの、稲作により大面積で長期間湛水状態を保つため、面積×湛水時間×透水性で表すことのできる地下浸透量は無視できず、灌漑水が土壌中の塩類を溶出しながら地下浸透するため、後述するような地下水の水質汚染の深刻化とともに、この地下水が地表にわき出てくる場所での塩類集積が問題となっている。

　リベリナ地域の地形は平坦で、平均すれば1km進んで0.5〜0.75mの標高差しかない。そのため、運河の水がどちらの方向に流れているかは明確ではなく、水に

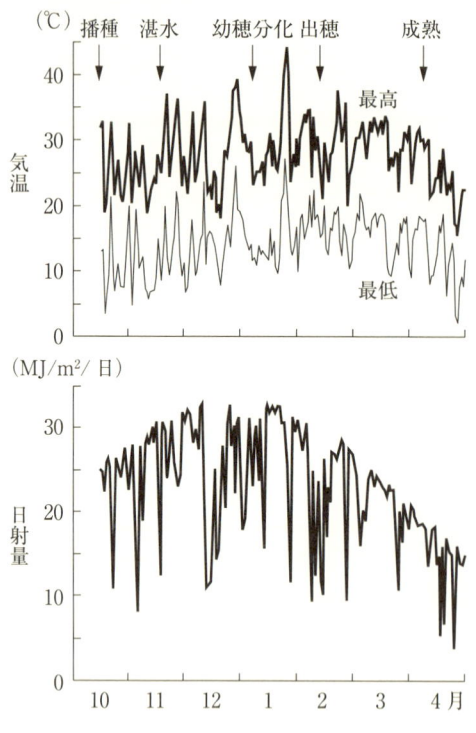

# 第Ⅳ部 資源多投段階の多収稲作

図10-4 ヤンコ農業試験場における水稲生育期間中の気温と日射量の推移（1991〜1992年）

浮かんでいる葉などを目印として流れる方向を確認しようとしても、その動く方向は風向きによって、流れと全く逆に動くことがある。また、降雨が極めて少ないことにより、橋桁の僅か30cmほど下のところに運河の水位があり、初めて見た人は、すぐに洪水になるのではと心配になるほどである。

　この地域で生じる洪水は、多量の降雨がもたらす河川や運河の氾濫ではない。夕立のような強い降雨により、その降水が平坦な地形の中で、重力に従って僅かに標高の低い所に集まり、そこから流れ出る先がないため、その場所で滞水するために生じる洪水である。そして、土壌の透水性も極めて低いため、この洪水が収まるまで、すなわち水が全て蒸発するまで、待つという対応策しかないといっても過言ではない。河川や水路が近くにない道路で、しばしば、洪水注意という警告表示を目にした。はじめこの洪水の原因が全くわからなかったが、この道路が周辺よりも若干低くなっており、降水が集まる場所であったことが、後になって判明した。水稲生育期間中の平均降雨量は前述したとおり、わずか200mmであるが、播種、苗立期にこの地の洪水の原因となる強い降雨があると、播種後の推奨水深10cmを大きく超えて、苗立ちが著しく低下する場合もある。

## 3. 水稲の栽培管理の概要

### 3-1　輪作体系の中の稲作

リベリナ地域での稲作は、「水稲（1～2年）―休閑（0～1年）―コムギ（1年）―サブタレニアンクローバー（3年）」の5～7年輪作を中心とした作付体系の中で、大規模粗放的に行なわれる。

本田準備は8～9月、水稲の播種は9～10月、収穫は翌年の3～5月に行なわれる。そして、収穫後の水田には、羊を放牧し、水稲の切り株（コンバインの刈取高が30cm以上ある、写真10-3）を飼料として利用している。コムギ播種のための耕耘等の耕地準備は、通常4月から開始されることより、稲作後の「休閑」は、コムギ播種準備が間に合わないことが一因となっていると思われる。コムギの播種時には、随伴作物としてサブタレニアンクローバーも同時に播種し、コムギ収穫後、直ちにサブタレニアンクローバー畑として羊を放牧する場合が多い。

### 3-2　水田の形状

水田準備の耕耘時に、水田内の高低差をレーザーで測量しながら、同時にその高低差をなくし均平化するという農業機械技術が発達した。このことにより、等高線に沿った畦をもつ不定形の水田（写真1-7のカリフォルニアの水田風景をオーストラリアの水田風景といっても全くわからないくらい類似している）を、作業性のよい長方形型水田に再整備することが容易になり、近年、長方形型水田が増加している。

また、畦の作成・修復は、図10-5に示すとおり、畦両側の水田内の土を掘り上げて、田面から30～50cm程度の高さになるように行なわれる。このため、畦に沿って幅50～100cm程の窪みが、水路のように水田を取り囲んでおり、この窪

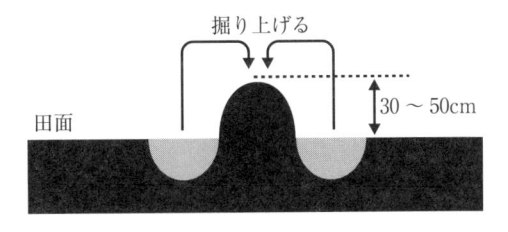

図10-5　リベリナ地域における水田の畦の断面図

み部分では、水深が深すぎて水稲は生育できない（写真10-2）。所有面積の大きいリベリナ地域では、この窪みによる栽培面積の減少（100 × 2000m = 20haの長方形水田の場合、約0.21～0.42ha、全体の約1～2%）は、全く無視されている。むしろ、この畦に沿ってできた窪みは、水田全体に一様に入排水するための水路の役目を果たすと考えられている。

### 3-3　栽培品種

2001年当時、中粒種であるアマローが全栽培面積の約68%を占めており、Boogan（4%）、Jarrah（6%）、およびMillin（3%）などを合わせると、中粒種の栽培比率は約82%に達している。Doongara（2%）、Oelde（6%）、およびLangi（2%）という長粒種の栽培面積は10%、そして、Goolarah（2%）やKyeema（1%）の香り米も3%程度作付けされている。また、近年、主に日本向けとして短粒種の栽培や、コシヒカリを親とした新品種の育成も始まっている。

主力品種であるアマローは、カリフォルニアのイネ品種CalroseとM7を交配親として、1987年に育成された品種である。他のオーストラリア栽培品種の多くも、同様にカリフォルニア品種を親として育成されており、それらの品種特性は、カリフォルニア品種と類似していると考えられる。

### 3-4　3つの播種法

水稲の播種法および栽培概要は、表10-3に示すとおりである。播種法は飛行機（セスナ機）から散播する湛水直播（以下、飛行機播種という）、トラクターに播種機を装着して行なう乾田直播（以下、トラクター播種という）、前作物のクローバー畑の立毛中にトラクターに播種機を装着して行なう草生不耕起乾田直播（以下、トラクター草生播種という）、の3つに大別される。

いずれの播種法においても、苗立ち数150本/$m^2$以上、湛水開始30日後の分げつ数1000本/$m^2$以上の確保を目標として、播種量を150～180kg/haとしている。これは、日本の20～40kg/ha（水稲直播研究会 2012）と比べるといかに多いかがわかる。一般に、水稲の直播栽培では、出芽・苗立ち率は非常に不安定であり、苗立ち数が過剰となると水稲は過繁茂状態に陥り、倒伏等により収量が激減する。また、苗立ち数が不足しても、穂数不足等で収量が激減する。このため、日本の直播

表 10-3　リベリナ地域における播種法の水稲栽培概要

| | 飛行機播種<br>(90%) | トラクター播種<br>(4%) | トラクター草生播種<br>(6%) |
|---|---|---|---|
| 播種前 | 耕起<br>整地<br>窒素施肥（基肥）<br>畦の作成・修復<br>湛水開始（水深10cm）<br>除草剤 | 耕起<br>整地<br>窒素施肥（基肥）<br>畦の作成・修復<br><br>除草剤 | 除草剤<br>羊放牧<br><br>畦の作成・修復 |
| 播種〜播種後30日頃<br>（苗が10〜15cm程度<br>に伸長するまで） | 播種（24時間浸漬後）<br><br>除草剤<br>殺虫剤 | 播種（浸漬なし）<br>湛水開始（水深10cm）<br>除草剤<br>殺虫剤 | 播種（浸漬なし）<br>窒素施肥（基肥）<br>フラッシュ灌漑<br>羊放牧<br>フラッシュ灌漑<br>羊放牧 |
| 播種後30日頃〜幼穂<br>分化期 | 湛水（水深10cm） | 湛水（水深10cm） | 湛水開始（水深10cm）<br>除草剤 |
| 幼穂分化期〜出穂期 | 湛水（水深30cm以上）<br>窒素追肥（穂肥） | 同左<br>同左 | 同左<br>同左 |
| 出穂期〜成熟期 | 湛水（水深10cm）<br>湛水終了<br>収穫 | 同左<br>同左<br>同左 | 同左<br>同左<br>同左 |

（　）内の数字は各方法で播種された面積の割合（1992年）。

栽培では、酸素発生剤を使用して、出芽・苗立ち率を安定化させて播種量を少なくする工夫が行なわれている。しかし、オーストラリアでは、湛水開始30日後の分げつ数1000本/$m^2$以上という、日本では超密植・超多肥栽培条件下で、水稲を極度の過繁茂状態に陥らせないと達成できない分げつ数を目標に栽培管理が行なわれる。これは、膨大な日射量と倒伏耐性の高い品種のおかげで、過剰な苗立ちによる過繁茂や倒伏がほとんど問題とならないからである。つまり、苗立ち数の上限値の設定が不要であり、下限値である苗立ち数150本/$m^2$を上回ればよい。そのため、酸素発生剤は使用せずに、播種量を多くするという方法が取られている。

　飛行機播種では、種子の浸漬（吸水・催芽）処理と、その水切り処理を各24時間行なった後、播種される。一方、トラクター播種とトラクター草生播種では、種子の浸漬処理を行なわずに、播種される。

　本田準備の開始時期と方法は、播種法に応じて少し異なっている。飛行機播種と

トラクター播種では、前作物のクローバーを除去するために8月に耕起、9～10月に整地、畦の修復を行なった後、10月に播種する。トラクター草生播種では、9月に羊放牧と除草剤散布を行なって、クローバーの草勢を弱めた後、畦を修復して、9～10月にクローバーの立毛中に播種する。

## 3-5 施肥と水管理

窒素施肥は、基肥と穂肥の2回行なわれる。基肥は、飛行機播種とトラクター播種では、本田の畦の修復前に、トラクター草生播種では播種時に、それぞれトラクターを用いて施用される。穂肥は、3播種法とも幼穂分化期頃に施用される。穂肥量は、幼穂分化期にイネを採取し、電子レンジで乾燥、粉砕機で粉砕したサンプルの窒素含有率を近赤外分光光度計を用いて簡易迅速測定し、その結果をもとに決定される。穂肥散布は飛行機で行なわれる。リン酸肥料は、飛行機播種とトラクター播種では基肥として、窒素肥料より前に施用される。カリ肥料は前作のクローバー栽培時に十分量施用しているので、3播種法とも通常は施用しない。

水管理に関しては、トラクター草生播種の場合、播種～湛水開始までの約30日間に通常2回、入水した水が24時間以内に田面からなくなる程度の量を入れるフラッシュ（flush）と呼ばれる灌漑を行なう。そして、苗の草丈が10～15cmに伸長すれば、湛水を開始する。飛行機播種では播種時から、トラクター播種では播種後に、湛水を開始する。

湛水の水深は、幼穂分化期から出穂期の期間は、障害型冷害回避の目的で30cm以上に保たれる（写真10-2）。それ以外の時期は水深10cmに保たれ、収穫の約2週間前に落水する。また、日本のように、出芽や苗立ちを良好にするための直播直後の浅水管

**写真10-2 幼穂分化期頃の深水管理の様子**
写真右上の畦（40cm以上）の高さまで、水位を上げている。
水田内の土を掘り上げて畦を作成するため、畦の両側が窪地となり、水路のようなスペースがみられる（図10-5参照）。

理、根の活性を保つための生育中期の中干しや、出穂期以降の間断灌漑といった、細かな水管理は一切行なわれていない。

## 3-6 病害虫・雑草の防除

　苗の活着を阻害するBloodwormというボウフラが、唯一、防除が必要な害虫である。そのため、播種の前後から湛水を開始する飛行機播種やトラクター播種では、1～2回、殺虫剤が散布される。トラクター草生播種では、苗立ち後に湛水を開始するため、殺虫剤を散布する必要がない。

　雑草防除は3播種法とも必要である。飛行機播種やトラクター播種では、播種直前に1回、播種後に1～2回の計2～3回、トラクター草生播種では、上述したクローバー畑の状態で1回、播種後に1回の計2回、除草剤を散布する。散布方法は、灌漑水の入口で点滴施用し、灌漑水とともに水田に流し込む方法と、飛行機から散布する方法がある。トラクター草生播種のクローバー立毛中での除草剤散布は、トラクターを用いる。

## 3-7 収穫・調製・出荷

　収穫はコンバイン（写真10-3）で行なわれ、コンバインから圃場での精籾の一時集積機に移された後、輸送用トラックに吹き上げて積み込まれる。収穫した精籾は、水稲生産者組合会社に全て集められ、そのまま貯蔵、乾燥される。この地域では相対湿度が低いため、送風するだけで籾の乾燥ができる。そして、需要に応じて籾すり、精米、袋詰めを行ない、SunRiceというブランド名で出荷・販売している。

　各農家から集荷した精籾の一部をミニプラントにより籾すり・精米を行ない、白米品

**写真10-3　ヤンコ農業試験場におけるコンバインによる収穫風景**

コンバインの右側が刈取りを終了した箇所。切り株の高さが30cm以上ある。

質を調査し、精籾の単価を決定する。その単価と出荷量をもとに、農家へ代金が支払われる。その代金の一部（2005〜2006年用NSW州の農家向け栽培経営計画書によると、収入見込額の2％と考えられる）は、水稲栽培農家の収入増加のため稲作研究の資金として水稲生産者組合会社にストックされ、研究者がその資金に応募して研究費を得る仕組みがある。この研究費の助成を受けた研究者は、水稲栽培農家に対して、研究内容、実施状況および成果を説明する義務があり、この説明会には200〜300kmもの遠方から農業者が出席することもごく普通である。

## 3-8　水稲栽培の収益性

オーストラリア稲作の収益性は、米価の国際価格変動の影響を受けて大きく変動するものの、2004〜2005年の水稲栽培におけるNSW州の農家向け栽培経営計画書（マランビッジ灌漑地域用）によれば、およそ次のようである。

まず、粗収入は、中粒種で収量10t/ha×米価260豪ドル/t（玄米60kgで約1560円）＝2600豪ドル/ha（約20.8万円/ha）、長粒種で収量9t/ha×米価300豪ドル/t（玄米60kgで約1800円）＝2700豪ドル/ha（約21.6万円/ha）が標準となっている。一方、生産費（減価償却費を除く）は、播種法によって異なるものの、900〜1200豪ドル/ha（約7.2万〜9.6万円/ha）ときわめて少ない。これをもとに計算すると、水稲1ha当たりの収益（粗収入－生産費）は1400〜1670豪ドル（約11.2万円〜13.4万円/ha）となる。これは、他の1年生作物より大きい。中粒種を飛行機播種法で栽培した場合の農家の収益を試算すると、65ha（平均作付面積）×1400豪ドル≒9万豪ドル（約720万円）となる。

生産費の内訳をみると、3播種法とも、灌漑水費が350豪ドル/ha（約2.8万円/ha）前後と高く、全体の30％以上を占めている。次いで収穫＋運搬費用、肥料費、除草費用の順となり、これらを合わせると90％以上となる。水稲1ha当たりの機械作業の総時間数は0.75〜1.73時間と極端に少なく、これは他の1年生作物の半分以下である。機械作業時間を単純に全労働時間とは考えられないものの、現地のイネ研究者が「農家の人が田面水でその足を濡らすことはない」というくらい省力栽培であることは事実である。すなわち、田面水のない湛水開始前の水田準備と、湛水終了後の収穫作業では農家の人は水田内に入るが、田面水のある湛水開始後の播種、施肥時には、農家の人は畦に立って飛行機のパイロットに散布水田の指示を

第10章　オーストラリア乾燥地の大規模多収稲作

出すだけでよい。それ以外の湛水期間中の主な作業は、水深の確認および畦にモグラ等の小動物が穴をあけていないかのチェックでだけである。このような短い作業時間で、前述したような収益が水稲1作で得られる。

さらに、1ha当たり、水使用量当たり、そして機械作業時間当たりの収益性で、水稲を上回る作物は、2年目以降のアルファルファ草地しかない。このことから分かるように、水稲は農家にとって最も収益性の高い重要な作物といえる。しかし、このリベリナ地域での作物生産を制限している最大の要因は、灌漑水の不足である。生育期間中に必要とされる水稲の水使用量が、地域で定められた灌漑水の供給上限値（1ha当たり140万リットル）とほぼ同じであることが、水稲栽培の最大の弱点であり、2003年以降、特に2008年、のような灌漑水不足の年には、著しい作付制限を受けて、収穫面積と収穫量が激減する。

## 4．リベリナ地域の稲作の多収機構
　　―ヤンコ、長野、京都での比較栽培試験から―

ヤンコ農業試験場で、現地の主力品種アマローと、コシヒカリ、ササニシキを用いて行なった水稲栽培試験の栽培管理法は、施肥法を除いて、概ねリベリナ地域の当時の慣行に従った。1991年10月15日に、播種密度120kg/ha、条間15cmでトラクター播種、通常より1回多い3回のフラッシュ灌漑を行なった後、11月19日に基肥をトラクターを用いて施用した（写真10-4）。そして、11月20日より湛水を開始した。当時のトラクター播種栽培では、水管理はトラクター草生播種と同様な方法で行

写真10-4　トラクター播種（すじ播き）による湛水開始直前の基肥の施用風景

トラクターで苗を踏みつけることを全く気にしていない。緑色の濃い試験区が、苗立数が多く初期生育の優れたアマロー。緑色の薄い試験区がコシヒカリとササニシキ。

なっており、通常2回のフラッシュ灌漑後、苗の草丈が10～15cmに伸長するのを待って、湛水を開始していた。

ヤンコとの比較のための長野と京都での栽培試験では、1994年4月15日に乾籾50gを育苗箱に播種して、京都で育苗した苗を長野では5月24日に、京都では5月13日に本田に移植した。両地域とも栽植密度22.2株/m² (30cm×15cm)、1株2本植えであった。窒素施肥の時期と量は、3地域とも同一の基肥40kgN/ha、分げつ肥40kgN/ha、穂肥30kgN/ha、実肥20kgN/haの4回、計130kgN/haとし、ヤンコでの基肥を除いて、全て人力で施用した。また、ヤンコでは、上記の各時期の施肥量を2倍および3倍とした260kgN/haおよび390kgN/ha区も設けた。

この地域比較栽培試験（大西 1995、堀江と大西 1995、Horieら 1997）から明らかになった、オーストラリアの水稲多収の要因と機構について以下に述べたい。

### 4-1 リベリナ地域におけるイネの生育相の特徴

**播種から湛水開始までの生育**

リベリナ地域では、コシヒカリとササニシキの日本品種は、播種から湛水開始までの出芽、苗立ちおよびその後の生育が、アマローと比較して著しく劣った（図10-6、写真10-4）。湛水開始直前の茎数は、アマローで約600本/m²であったのに対して、コシヒカリでその2分の1の約300本/m²、ササニシキでは3分の1の約200本/m²しかなかった。その時の葉面積および乾物重も、アマローの3分の1以下であった。同様に根の生長も貧弱で、アマローは、苗を強く引っぱっても抜けずに、苗がちぎれてしまうほど根張りがよく、根量も多かったのに対し、日本品種は軽く引っぱっただけで苗が抜けてしまうほど、根張りが悪く、根量も少なかった。このように日本品種の生育が極めて悪かったため、フラッシュ灌漑を通常より1回多い3回行なう必要が生じた。一方、育苗箱で育てた苗を移植した京都と長野の栽培試験では、3品種間の初期生育に全く差異が認められなかった。

このように、リベリナ地域においてのみ認められたアマローと日本品種の間の初期生育の大きな差異は、日本では移植を、リベリナ地域では、直播を前提にそれぞれ水稲育種が行なわれてきたことが反映したと考えられる。すなわち、リベリナ地域では、直播後の水ストレスと夜間の低温にさらされた条件下で育種を行なうた

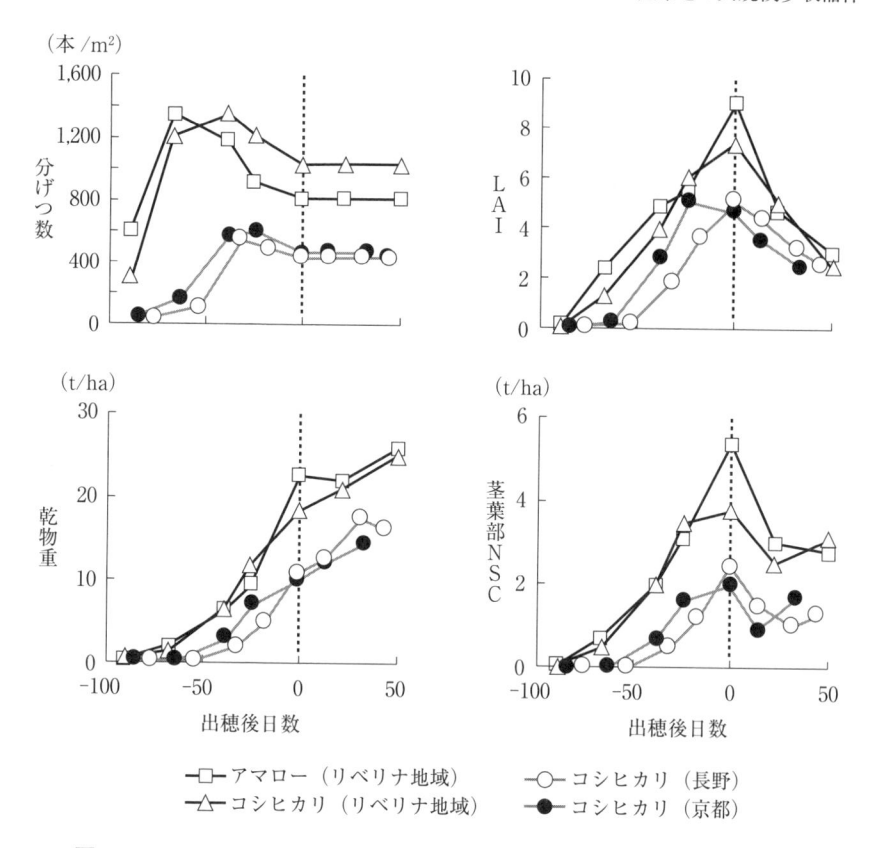

第10章　オーストラリア乾燥地の大規模多収稲作

図10-6　リベリナ地域、長野および京都で生育したアマローとコシヒカリの分げつ数、葉面積指数、乾物重および茎葉部非構造性炭水化物（NSC）の推移

凡例：
- □ アマロー（リベリナ地域）
- △ コシヒカリ（リベリナ地域）
- ○ コシヒカリ（長野）
- ● コシヒカリ（京都）

め、このような過酷な条件下では、日本品種のように初期生育が悪いものは真っ先に淘汰される。こうして選抜されたアマローは、日本の水稲に比べ、生育初期の水ストレスや低温ストレスに高い耐性をもっていることが推察された。

**湛水開始から幼穂分化期までの生育**

リベリナ地域における湛水開始後の両日本品種の生育は、アマローよりも旺盛で、湛水開始までの著しい生育の差異は、幼穂分化期には消失した（写真10-5）。そのときの地上部乾物重は3品種とも6～7t/haに達していた。この時期の乾物重は、日本の多収地帯の1つである長野の2倍以上高かった。最高分げつ期は、アマ

第Ⅳ部　資源多投段階の多収稲作

**写真10-5** 幼穂分化期頃のアマロー（左）とササニシキ（右）の生育状況

ローでは湛水開始後30日頃の栄養生長中期であったのに対し、コシヒカリとササニシキでは幼穂分化期頃（湛水開始後60日頃）であった。京都と長野では、最高分げつ期は3品種とも幼穂分化期頃であった。このことより、リベリナ地域で生育したアマローは旺盛な初期生育の結果、湛水開始後30日頃に約1400本/m²に達しており、物理的、空間的にこれ以上の分げつ発生が困難な状態に達していたと考えられる。一方、初期生育に劣る日本品種は、その後30日ほど分げつを増やし続け、生育の遅れを回復したと考えられる。

**幼穂分化期から出穂までの生育**

リベリナ地域で水深30cm以上の深水管理が行なわれる、幼穂分化期から出穂期にかけての生育には、明確な品種間差異が認められなかった。出穂期乾物重は3品種とも、長野の約2倍の20t/haに達していた。

**出穂から成熟までの生育**

リベリナ地域での登熟期間の生育をみると、その乾物増加量はアマローが3t/haであったのに対し、コシヒカリとササニシキでは6t/haと、日本品種の方が約2倍大きかった。成熟期には、3品種とも稲株がごく簡単に引き抜けるほど根が傷んでいた。京都と長野での乾物増加量は、3品種とも5～6t/haであった。登熟期間の日射量のリベリナ地域（約950MJ/m²）、京都（約600MJ/m²）および長野（約680MJ/m²）の差異を考慮すると、リベリナ地域の登熟期間の乾物生産量や日射変換効率（乾物生産量÷受光日射量）はかなり小さく、「秋落ち的生育」を示しているといえる。

出穂期における茎葉のデンプンなどの貯蔵炭水化物量は、リベリナ地域ではアマローで5.5t/ha、コシヒカリとササニシキでは3.5t/haと品種間差異が認められた。一方、京都と長野では品種間差異が認められず、それぞれ2.0t/haと2.2t/haであっ

た。

　出穂期から登熟中期までの、茎葉部から穂への貯蔵炭水化物の転流速度は、リベリナ地域ではアマローで約10g/日、コシヒカリとササニシキで約5g/日、長野ではアマローで約7g/日、コシヒカリとササニシキで約5～6g/日、そして京都では3品種とも約4g/日であった。

　このことから、アマローは、コシヒカリやササニシキより、出穂期に茎葉部に炭水化物を蓄積しやすく、穂への転流量が多い特性を持つ品種であり、この特性は、日射量（乾物生産量）が多い場合に明確になると考えられる。

　さらにリベリナ地域では、出穂後の貯蔵炭水化物の転流量が多いほど、出穂後の乾物増加量が少なく、したがって日射変換効率の低下が大きくなることが認められた。出穂前に葉で合成した光合成生産物を、茎（葉鞘＋稈）に転流させてデンプンを合成するのに要するエネルギーと、出穂後に葉で合成した光合成生産物を、穂に転流させてデンプンを合成するのに要するエネルギーが同じと仮定した場合、出穂後に茎（葉鞘＋稈）に蓄積したデンプンを解糖し、茎から穂へ転流させてデンプンを合成するのに要するエネルギーの分だけ、出穂後のエネルギー消費量が多くなると考えられる。

　上述した「乾物増加量」や「日射変換効率」は、「真の光合成量」や「真の日射変換効率」から、転流等で消費されるエネルギーが差し引かれた結果である。リベリナ地域での出穂後の「乾物増加量や日射変換効率の低下」は、「真の光合成量」や「真の日射変換効率」の低下ではなく、出穂前に茎に蓄えられた極めて多量のデンプンの、穂への転流に要するエネルギーが極めて多いことに起因すると考えられる。

## 4-2　アマローの品種特性

**発育特性**

　アマローの出穂期、成熟期は、リベリナ地域では、早生品種のコシヒカリやササニシキとほぼ同じであったが、京都や長野では遅かった（表10-4）。これは、リベリナ地域で湛水開始までの期間、水ストレスと夜間の低温により、コシヒカリとササニシキの発育が遅延したことが原因と考えられる。アマローの幼穂分化期や出穂期を、堀江ら（1990）の発育予測モデルに、中生品種の日本晴のパラメータセッ

表10-4 リベリナ地域、長野、および京都で生育した供試品種の出穂期と成熟期

| 栽培地 | 品種 | 栽培年 | 播種日 | 移植日 湛水開始日 | 出穂期 | 成熟期 |
|---|---|---|---|---|---|---|
| リベリナ地域 ヤンコ 農業試験場 | アマロー ササニシキ コシヒカリ | 1991～ 1992年 | 10月15日 | 11月20日 | 2月16日 2月11日 2月17日 | 3月31日 3月27日 3月31日 |
| 長野県伊那地域 信州大学 農学部 | アマロー ササニシキ コシヒカリ | 1994年 | 4月15日 | 5月24日 | 8月10日 8月 6日 8月 6日 | 9月29日 9月22日 9月26日 |
| 京都府京都市 京都大学 農学部 | アマロー ササニシキ コシヒカリ | 1994年 | 4月15日 | 5月13日 | 8月 4日 7月22日 7月25日 | 9月 9日 8月28日 8月29日 |

ト（感光性、感温性、基本栄養生長性等を示すパラメータ値）を組み込んで予測したところ、3地域での発育日数をよく説明できた。アマローの発育特性は、日本晴と類似しているとみなすことができる。

**耐倒伏性**

収穫直前の豪雨により、コシヒカリやササニシキでは130kgN/haを施用した区で倒伏が認められたが、アマローでは260kgN/haを施用した区でもそれが認められなかったことから（写真10-6）、アマローの耐肥性、耐倒伏性は極めて強いといえる。

**収量性**

表10-5の収量および収量構成要素をみると、3地域とも、アマローはコシヒカリやササニシキより穂数が少なく、1穂穎花数が多かった。このことより偏穂重型品種であるといえる。また、アマローは、日射量が多いリベリナ地域ではコシヒカリやササニシキより精籾千粒重が3gほど大きくなり、中粒種であることが明確になるが、京都や長野では、コシヒカリやササニシキとほぼ同程度となってしなう。

$m^2$当たりの穎花数、登熟歩合および精籾収量は、3品種間では明瞭な差異は認められなかった。このことから、アマローの穎花生産能力、登熟能力および収量性は、コシヒカリやササニシキと同程度であるといえる。3品種とも精籾収量の地域間差異は大きく、リベリナ地域、長野、京都での3品種の平均収量は、それぞれ14t/ha、9t/ha、7t/haであった。

第 10 章　オーストラリア乾燥地の大規模多収稲作

　　　コシヒカリ、130kgN/ha　　　　　　　アマロー、260kgN/ha

**写真 10-6**　収穫直前の豪雨後のコシヒカリ（130kgN/ha 施用区）とアマロー（260kgN/ha 施用区）の様子

コシヒカリでは若干の倒伏が認められたが、アマローでは2倍施肥でも倒伏はほとんど見られなかった（写真後方は別品種の別処理）。

**表 10-5**　リベリナ地域、長野、および京都で生育した供試品種の収量と収量構成要素

| 栽培地 | 品種 | 穂数<br>($\times 100/m^2$) | 穎花数<br>(/穂) | 穎花数<br>($\times 1,000/m^2$) | 登熟歩合<br>(%) | 精籾千粒重<br>(g) | 精籾収量<br>(t/ha) |
|---|---|---|---|---|---|---|---|
| リベリナ地域<br>ヤンコ<br>農業試験場 | アマロー<br>ササニシキ<br>コシヒカリ | 8.1<br>11.0<br>10.3 | 70.6<br>62.8<br>62.4 | 57.0<br>69.0<br>63.7 | 82.8<br>85.6<br>86.1 | 28.5<br>25.1<br>24.4 | 13.4<br>14.8<br>13.4 |
| 長野県伊那地域<br>信州大学<br>農学部 | アマロー<br>ササニシキ<br>コシヒカリ | 3.1<br>3.8<br>4.3 | 122.5<br>89.3<br>99.8 | 37.7<br>33.8<br>43.0 | 73.3<br>94.0<br>85.7 | 27.9<br>27.5<br>27.3 | 7.7<br>8.7<br>10.0 |
| 京都府京都市<br>京都大学<br>農学部 | アマロー<br>ササニシキ<br>コシヒカリ | 3.4<br>4.3<br>4.6 | 118.4<br>90.3<br>90.5 | 40.4<br>38.5<br>41.7 | 64.7<br>64.5<br>69.6 | 25.4<br>25.6<br>24.9 | 6.6<br>6.3<br>7.2 |

**生態特性**

　アマローは、コシヒカリやササニシキと比較して、低温、水ストレス条件下でも大きな初期生育を示し、日射量が多い条件下では、出穂期までに、茎葉部により多くの炭水化物量を蓄積・貯蔵して、出穂後にそれらを穂に速やかに転流させる能力

が高い品種といえる。また、インド型水稲と同様に、登熟後期の茎葉部への炭水化物の再蓄積が少ない。偏穂重型の中粒種で、耐肥性および耐倒伏性は極めて強いが、収量性はコシヒカリやササニシキと同程度である。

このようなアマローの特性は、リベリナ地域の高日射と生育初期の低温条件下の直播栽培において、安定して多収を得るのに必要な特性と考えられる

## 4-3 リベリナ地域の多収要因

収量は、成熟期の乾物重×収穫指数という図式でとらえることができる。以下、この図式に従って、リベリナ地域が多収となる機構を探ってみよう。

3品種平均収量で認められたリベリナ地域、長野、京都で、それぞれ14t/ha、9t/ha、7t/haという精籾収量の差は、第1に収穫時の乾物重、第2に収穫指数の違いを反映して生じている。

**乾物生産**

第1の要因である成熟期乾物重の地域間差異は、全日射量と気温の違いに起因している。すなわち、ヤンコでは生育期間の日平均日射量が24.3MJ/m$^2$と、京都や長野の1.5倍もあり、またヤンコと長野は生育期間の平均気温が京都より低く、そのため3品種平均の生育期間が京都よりそれぞれ20、10日長くなっていることが、乾物重に地域間差異を生じさせた。

さらに、ヤンコでは、膨大な日射量を最大限に活用するため、生育初期より受光率を高め、多くの受光日射量の確保を目指して、湛水開始30日後の茎数1000本/m$^2$以上を目標に、高密度で播種（150～180kg/ha）し、初期葉面積を高める栽培法が用いられている。その結果、ヤンコの日射受光率は75％、受光日射量は京都や長野の2.1倍の2400MJ/m$^2$にも達しているが、その反面、無効分げつ数が多く、過繁茂状態に陥り生産効率の低い生育となっている。

京都のイネは長野より日射受光率が高く、その結果、受光日射量には両地域ではほとんど差異がない。これは、葉面積の生長が、京都では高温のため促進され、長野では低温のため抑制されるためである。この結果、京都ではヤンコと同様に無効分げつが多く、容易に過繁茂状態に陥り、生産効率の低い生育となる。一方、長野は無効分げつが少なく、過繁茂状態に陥りにくい、生産効率の高い生育となる。

生育期間中の全日射量の乾物への変換効率には、長野でやや高い傾向が認められ

るものの、3地域間で大きな差異はない（0.76～0.89g/MJ）。しかし、水稲が生育期間中に受光した日射量をベースに考えると、その乾物への変換効率は、長野が1.58g/MJと最も高く、京都で1.31g/MJ、そしてヤンコは1.02g/MJと最も低く、特に登熟初期の低下が著かった。

ヤンコで、受光日射量に対する乾物変換効率が低くなった一因は、受光日射量を確保することを最優先した栽培法が、生育後期の生産効率の低下をもたらしたことにある。それに加えて、強い日射のもとで、群落光合成が光飽和状態になっていることも考えられる。さらに登熟初期の低下は、長期湛水による根の機能低下と、特にアマローで、茎葉部から穂への貯蔵炭水化物の多量の転流により、多くのエネルギーが呼吸で失われたことによると考えられる。

以上のことからみえてきたオーストラリア稲作の高い乾物生産の要因は、極めて大きな日射量とやや冷涼な気温のもとでの生育期間の長さにあり、生産の効率は日本に劣ることが明らかになった。

**収穫指数**

収量決定の第2の要因である収穫指数は、3地域における生産効率の良否を反映し、長野が0.58と最も高く、ヤンコで0.53そして京都が最も低い0.52となった。

以上のことより、オーストラリア・ヤンコでは、生産効率を犠牲にして、膨大な日射量をできるだけ多く受光して、群落光合成を高めることを最優先することで多収を達成している。そのため、生育初期から分げつ数や葉面積を増大させた結果、無効分げつが多く、過繁茂状態に陥りやすいため、生育後期の受光日射量の乾物への変換効率と収穫指数の低下を招くことになる。

一方、長野は、栄養生長期の低温により、分げつ数や葉面積の増大が抑制された結果、日射受光率は低くなるものの、無効分げつが少なく、過繁茂状態に陥ることがなく、生育後半の生産効率と収穫指数が高まり、多収が得られた。

京都は、全日射量が少なく、栄養生長期の高温により、分げつ数や葉面積が増え、受光日射量は長野と同程度になるものの、無効分げつが多く過繁茂状態に陥ったため、生育後半の生産効率が低下して低収となってしまった。これらのことがあいまって、3地域で水稲収量に大きな違いをもたらしたと考えられる。

## 5. オーストラリア稲作のかかえる問題

　2003〜2012年の10年間、連続して収穫面積と収穫量の激減（図10-2）していることが示すように、この地の水稲生産を制限している最大の要因は灌漑水不足である。この地域の水稲生育期間中の降水量は、わずか200mm程度であるため、特に障害型冷害回避のために、幼穂分化期から出穂期にかけて行なう深水管理のために多量に必要となる水量には遠く及ばない。深水管理は、この地の水稲栽培にとっては必要不可欠な栽培技術であり、これが行なえないと、最悪の場合、障害型冷害により収量皆無となる。この深水管理を含むほぼすべての灌漑水は、貯水ダムを介して、年次変動が大きい大シバイジング山脈の冬期の降雨・降雪量に頼っている。そのため、リベリナ地域での水稲生産を現在以上に拡大するには、大ジバイジング山脈における集水域を広げるダムを多数建設して、貯水量を飛躍的に増加させるしか道はない。

　さらに、この地域の土壌は塩類土壌であるため、作物栽培に伴う灌漑排水により、土壌中の塩類が溶出して集積するという問題を抱えている。

　湛水栽培を行なう水稲は、この塩類を多量の灌漑水で溶解して押し流すため、稲作では塩類集積による塩害はほとんど生じない。しかし、この溶出した塩類は、地表水だけでなく地下水も汚染する。土壌の透水性は極めて低いものの、稲作により大面積で長期間湛水状態を保つため、面積×湛水時間×透水性で表すことのできる地下浸透量は無視できない。この浸透水が土壌中の塩類を溶出しながら地下浸透するため、地下水汚染を引き起こす。そして、この地下水が地表に出てくる場所で、塩類が集積する。近年、この塩類による水質汚染が深刻化し、下流のアデレード市民との軋轢が高まってきている。仮に上述したダム建設等により、灌漑水による制約がなくなったとしても、この塩類溶出による水質問題や塩害が、水稲生産を制限する要因となる。

　これらのことから、リベリナ地域では、技術と労力をあまり投入しない大規模粗放的な水稲栽培で、14t/haという世界最高レベルの精籾収量を多くの農家が達成しているものの、灌漑水の確保と水質汚染問題を解決しない限り、現在の14万haという水稲栽培面積を、飛躍的に拡大することは不可能である。

第 10 章　オーストラリア乾燥地の大規模多収稲作

## まとめ

　オーストラリア唯一の稲作地帯であるニューサウスウエールズ州リベリナ地域では、アジア各地域の小規模な自給的稲作とは対照的に、1 農家当たり平均作付面積 65ha、生産量の 80％以上を輸出するという大規模・商業的稲作が行なわれている。そして、主な管理作業を全て機械化した省力・粗放的栽培法により、生産費は 1200 豪ドル /ha（約 9.6 万円 /ha）以下と極めて低く、逆に収益は、1400 豪ドル（約 11.2 万円 /ha）以上であり、これはオーストラリアの他の 1 年生作物より高い。このようにオーストラリアの稲作には、高い国際競争力が認められる。

　半乾燥気候ということもあり、病虫害の発生はほとんどなく、障害型冷害を除けば、栽培管理上の生産阻害要因は非常に少ない。そのため、大規模粗放的な栽培管理であっても、水さえ確保できれば、豊富な日射量（25MJ/m²/ 日、長野県松本市の 1.4 倍）を最大限に利用する栽培法（生育初期より受光率を高め、多くの受光日射量を確保するため、高密度で播種し、初期葉面積を高める栽培法）により、国別の精籾収量世界一で、2010 年には 10.4t/ha（図 10 − 2）という極めて高い収量を達成している。しかし、その反面、無効分げつ数が多く、生育後半には過繁茂状態に陥り、収穫指数が低下する生産効率の低い生育となっている。

　この地域での最大の生産制限要因は、利用可能な水の量であり、平常年においてさえ、所有水田面積の 3 分の 1 以下、旱ばつ年には、さらに厳しい作付け制限が設定され、その使用量も 1ha 当たり 1400 万リットル（1400mm）以下に制限されている。そのため、2003 〜 2012 年の 10 年連続して乾燥年が続いており、栽培面積と生産量が 2001 年のピーク時の半分未満に激減し、特に 2008 年には 0.22 万 ha とほぼ皆無の状態に陥った。さらに、この地域は塩類土壌であるため、作物栽培に伴う灌漑排水により、土壌中の塩類が溶出して、地表水や地下水を汚染する水質汚染が深刻化しているとともに、水田以外の場所でこの塩類が集積して塩害を引き起こす。

　このため、利用可能な水の確保と水質汚染問題を解決しない限り、現在の 14 万 ha という水稲栽培面積を、飛躍的に拡大することは不可能である。この地の多くの農家において達成されている 14t/ha という高収量から考えると、この地域での

精籾生産量の上限値は、14万 ha × 14t/ha ≒ 200万 t ということであろう。これ以上の生産量を安定的に得ることは現状では不可能と考えられる。

### 引用文献

FAOSTAT. http://faostat.fao.org/

堀江武・中川博視（1990）イネの発育過程のモデル化と予測に関する研究．第1報　モデルの基本構造とパラメータ推定法および出穂予測への適用．日作紀 59：687-695，1990．

堀江武・大西政夫（1995）第13章 海外の試作状況 第2節 オーストラリア 3. リベリナ地域と長野県の多収と日射利用効率．日本作物学会北陸支部・北陸育種談話会編．コシヒカリ．農文協，東京，pp.616-617.

Horie, T. ら (1997) Physiological characteristics of high-yielding rice inferred from cross-location experiments. Field Crops Res. 52: 55-67.

New south Wales and Rice Research Committee (1984), Rice Growing in New South Wales, Department of Agriculture.

大西政夫（1995）第13章 海外の試作状況 第2節 オーストラリア 1. リベリナ地域の自然条件と水稲の栽培概要 2. リベリナ地域におけるコリヒカリの生育概況．日本作物学会北陸支部・北陸育種談話会編．コシヒカリ．農文協，東京，pp.612-616.

水稲直播研究会（2012）水稲湛水直播栽培の手引き，農林水産省 http://www.maff.go.jp/j/seisan/ryutu/zikamaki/z_kenkyu_kai/pdf/24chokuha.pdf

SunRice Corporation. 高須賀穣ものがたり，http://www.sunricejapan.jp/takasuka.html.

The Rice Marketing Board for the State of New South Wales (2002). Annual report for the year ended June 30, 2002.

# 第V部

# 品質・環境重視段階の稲作

# 第11章　滋賀県にみる日本の稲作

白岩立彦

　日本の稲作は、ほぼ全て灌漑化された水田で営まれ、かつ早くから精緻な肥培管理が行なわれてきた。肥料・農薬をはじめとする資材投入の種類と量は多く、かつ常に改良が加えられてきた。しばしば、日本稲作の特徴として"精密管理"指向の強さが挙げられるが、労働生産性の向上が強く要請されている中にあっても、移植栽培の圧倒的優位が依然として続いている点にもそれが現れている。そして、1970年代半ばには平均収量は精籾として6t/haに達した。ところが、その後はコメの過剰を背景に、増収よりも食味品質向上、および環境負荷の低減が強く指向されるようになり、収量の伸びは停滞し今日に至っている。本章では、品質・環境重視の段階にある日本稲作の現状を、滋賀県の稲作を例にしながら概観し、今後の課題を考える。

## 1. 滋賀県の稲作の概要と栽培品種

　滋賀県は、水田面積は5万400haと全国18位であるが、全耕地面積に占める水田面積の割合は92%（同2位）と非常に高い。滋賀県産米はかつて良質米として高く評価され、特に1930年代後半には、"江州米"の名で市場において全国で最も高い評価を得ていた（野々村 1985）。農業の稲作依存率が高いとともに、歴史的にみて高い技術水準を早くから有した、稲作熱心県でもある。水田の大半は沖積土で灰色低地土が最も多く、グライ土および褐色低地土が次いで多い。稲作期間の平均気温、降水量および平均日射量はそれぞれ21.8℃、920mm および 14.4MJ/m²/日であり、収量形成時期の日射量と気温にもとづく村田（1964）の気象生産力示数でみれば、滋賀県は日本全国の中上位に位置し、平均単収でも全国の中上位となっている。

　大正期以降の滋賀県の稲作の変遷を栽培品種からみると、4つの時期に区分でき

る。

　第一は1920年代までの神力系品種時代である。「神力」は明治期後半から大正にかけて普及した当時の"高収量性品種"であるが、在来品種を含め多様な品種が栽培されていた時代にあって、神力系品種の作付率は30％（1920年）と著しく高かった。

　第二は1930年代から1940年代にかけての旭系品種時代である。純系選抜によって育成された多くの旭系品種が登場し、それらの米穀市場における良食味品種としての評価はきわめて高かった。滋賀県農業試験場で育成された「滋賀旭20号」および「滋賀旭27号」は、作付率が最高20％を超え、他の同系品種と合わせた旭系品種の作付シェアは、1930年代なかばには3分の2近くにまで達した。"江州米"は当時の有力ブランドとして知られるが、それも旭系品種であった。第2次世界大戦後は食料増産要求を背景にして、多肥条件下での収量性にすぐれる改良品種が急増した。

　そして1970年代から1980年代にかけては、「日本晴」が圧倒的に高い作付率を示した。「日本晴」は典型的な半矮性品種であり、収量の安定性に加えて相対的に良好な食味品質を有していることから、特に滋賀県での作付率は、1980年代を通じ60％以上に達した。こういった改良品種の増加期と「日本晴」が卓越した時期は、後に述べるように、滋賀県の栽培品種の平均的な収量性がもっとも高まった時期となっており、耐肥性品種時代（第三期）とみることができる。その後は"米余り"基調と流通の自由化があいまって、収量性よりも品質を重視する傾向が顕著に高まった。特に1990年代以降は、「コシヒカリ」をはじめとする良質米が圧倒的な優位を示す時代（第四期）に入り、現在に至っている。

　このようにみると、近年の生産性・安定性から高品質米への重心の変化は実ははじめてでなく、戦前の旭系品種の普及のように、かつてその時代なりに経験されていたことがわかる。しかし戦後の食糧難の時代になって、栽培の重心が再度生産性への大きく逆戻りした。

## 2. 滋賀県の稲作の生産性

　滋賀県の稲作は、生産性からみてどのように変遷してきたであろうか。ここでは

第Ⅴ部　品質・環境重視段階の稲作

まず、長い間、栽培面積の第1位を占めてきた品種日本晴のみを対象にし、これを栽培したときの収量水準について検討する。

図11-1は、県内の農業試験場などで日本晴を供試して行なわれた数々の栽培試験の中で、最も高かった試験区の収量（以下、試験場収量）および滋賀県平均収量（作物統計による収量、以下、農家収量）を示している。期間は日本晴が新品種として導入された1963年を起点にして、それ以降である。試験場収量は、所与の気候下で、養分欠乏や病虫害などの生産阻害要因を基本的に取り除いた場合の、同品種の達成可能収量を示し、一方、農家収量はさまざまな要因によって変動する実収量の地域平均値を示すものである。なお、本章の収量はすべて他の章に合わせて精籾ベースで表わされており、日本の表示方法である玄米収量よりも高い値となっている。

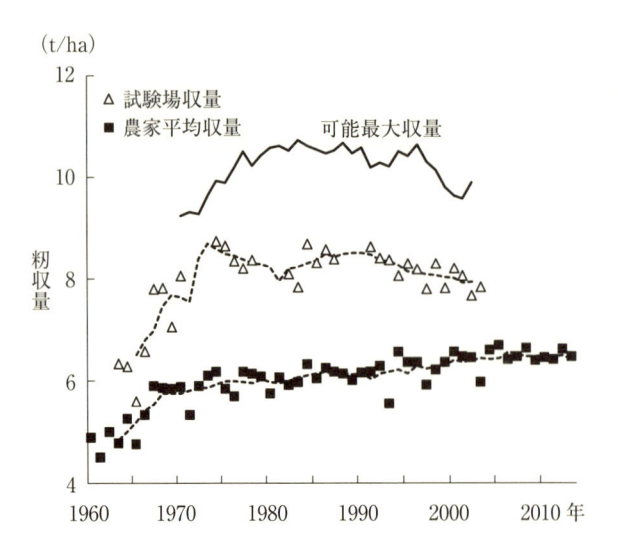

**図11-1　滋賀県における水稲収量の推移**

図中の線はそれぞれの5年間移動平均を示す。
可能最大収量は、本文（1）式を用いて、平均生育期間の日射量S、HIとRUEはそれぞれ、定数の0.45と1.45g/MJ、受光率Fは生育段階ごとの最も大きい実測値、により算出した。日射データの制約のため1970年以降についてのみ算出。

試験場収量は、日本晴を導入後の数年間急速に高まり、1970年代に8t/haとなった。その後は8t/haから8.5t/haの間を上下し、過去15年の平均をとると8.1t/haであった。一方の農家収量は、後でも検討するが1960年代を通して急速な伸びを示した。そして1970年代半ばに6t/ha台に達した後、横ばいからわずかな増加傾向を示しながら推移してきた。最近の5年間はおよそ6.5t/ha付近を前後している。両者の隔たりは、試験場収量を基準として長い間25％前後であったが、近年は20％程度まで縮小している。

さらに、あらゆるストレスを取り除き、供給可能な資源を最大限供給すると、作

物群落の収量生産力の上限は、生育期間に群落に到達する日射エネルギーの積算値によって基本的に決まる。それは第（1）式のように表わされる。

$$Ymax = H \times RUE \times \sum^{n} (F \times S) \qquad (1)$$

ここで、Sは日々の日射量、Fは葉身の展開量によって決まる群落の日射受光率である。RUEは、受光量（F×S）当たりの乾物生産量であり、群落の光合成の効率に左右される。Hは全乾物生産量に占める収穫器官（籾）の割合であり、ここで対象にしている"好適"条件ではもっぱら品種特性に依存している。

第（1）式に、滋賀県の年々の日射条件、およびこれまでの圃場試験から得た日本晴の特性値を与えて求めた可能最大収量が、図11-1に示されている。なお、生育期間（n）は各年の平均移植期、同出穂期および収穫期を参照して求めた。これより、滋賀県における日本晴の可能最大収量は、概ね10.5～11t/haの水準にあった。ここでの可能最大収量は、速やかな葉群の発達とその維持により、日々の日射エネルギーが最大限捕捉され、群落による受光エネルギーの利用効率が高い値で維持され、かつ光合成産物の穂への分配率も品種固有の値が維持される（すなわち、低下しない）時に得られる収量である。言うまでもなく、病害虫や低温・高温ストレスによる減収も仮定として起こらない。この水準と、既にみた試験場および農家収量との比較から、滋賀県では、理論的に限界と考えられる収量に対して75％前後の収量が試験場での栽培試験で得られており、さらに地域の実収量は、理論限界値の55～60％の水準で推移してきたと評価される。

Horieら（1992）は、水稲生育モデルSIMRIWを国内8ヵ所の条件に適用して、品種IR36の可能最大収量を推定し、平均して実収量の2倍強の値を得た。上述の可能最大収量の推定はこれよりもやや低いが、日本晴とIR36の特性の違いを考慮すると、概ね妥当な範囲にあると考えられる。理論限界値の6割近い水準が、滋賀県においては1970年代半ばに達成され、現在まで維持されてきた、あるいは今も漸増していることが、上述の検討結果は示している。

## 3. 栽培技術の変遷と生産性

### 3-1 品種の変遷および増収における貢献度

滋賀県において水稲栽培品種は、既にみたように神力系・旭系時代から耐肥性品種の導入と普及および日本晴時代を経て、現在、良食味品種時代を迎えている。このような品種の変遷が滋賀県の水稲収量の変化に及ぼした効果を、DYA手法（長谷川と堀江 1995）によって検討した。それは、過去に行なわれた比較栽培試験データをもとに各栽培品種の相対収量性（DYA）を算出し、それを県内の品種別作付比率を用いて重み付け平均することによって、年毎の栽培品種の収量性の地域平均値（RDYA）を見積る。そしてその経年変化を実際の平均収量の経年変化と比較する方法である。次式のように、ある品種のDYA値は、その収量（Y(c)）と基準品種収量（Y(s)）との差異を処理区（$i$）、場所（$j$）および年次（$k$）を通じて総平均した値である。

$$\mathrm{DYA} = 1/n \sum_i \sum_j \sum_k (Y(c)_{ijk} - Y(s)_{ijk}) \qquad (2)$$

計算に用いたデータは、主に滋賀県農業試験場による滋賀縣立農事試験場業務行程（昭和元年度～5年度）、原種決定試験成績書（昭和29～36年度）および奨励品種決定調査成績書（昭和37年度～平成15年度）から得た。基準品種は日本晴とし、それが試験栽培されていない年代においては、金南風または滋賀旭20号を間接標準品種として用いている。ある年の全ての栽培品種のDYAをそれぞれの作付面積比率で重み付け平均すると、地域の稲作の平均DYA（RDYA）が以下の（3）式で算出される。ここで、$a_i$は、品種$i$（1～$\ell$まで）のその年の県内の作付比率を示す。

$$\mathrm{RDYA} = \sum_{i=1}^{\ell} (a_i \times \mathrm{DYA}_i) / \sum_{i=1}^{\ell} a_i$$

1916年育成の滋賀神力7号以降、現在までに滋賀県で栽培された主要品種の相対収量性（DYA）が、図11-2に育成年次に対してプロットされている。品種の相対収量性は、前世紀の戦前から戦後にかけては、年代とともに明らかに上昇し

た。代表的な品種について日本晴を100として比較すると、神力系（滋賀神力7号）が73、旭系品種（滋賀20号、同27号）が84、日本晴以前の耐肥性品種（金南風、マンリョウ）が99となった。また、図11-2によると、日本晴が登場したころを境に、さらなる高収品種はほとんどみられなくなっている。すなわち、近代的育種事業が組織されてからのおよそ50年間は収量性の改良は明白であるが、その後は実用品種の収量性はほとんど改良されていない。これには、1970年代頃から、育成目標が増収だけでなくなってきたことが反映している。

1950年から現在までの滋賀県におけるRDYAの経年変化を、その地域の平均収量の変化と比較したものが図11-3Aである。籾収量は、1950年の4.2t/haから1975年の6.0t/haまで増加した。そのうちの少なくとも最初の10年間、すなわち1960年代はじめ頃まではRDYAの増加と平均収量の増加がほぼ同調しており、この時期の増収に改良品種の導入と普及が顕著に寄与したことが明白である。それは既に述べたように、品質に優れた旭系品種が、より高収を得やすい耐肥性品種に急速に置き換わっていく過程であった。RDYAは1970年代初めにピークに達し、1950年に比べて約0.8t/ha増加した。この時点で、平均収量の増加における寄与率は44％であった。RDYAはしかし、それ以降増加がみられなくなり、以後現在にかけてわずかではあるが減少傾向を示すようになった。コシヒカリとキヌヒカリは現在の作付率が合計64％に達しているが、両品種のDYAを式（2）を用いて計算すると、平均95となり、近年急速に作付率を伸ばしたこれらの極良食味品種の収量性が、必ずしも高くないことが、近年のRDYAの低下の主要因になっているといえる。

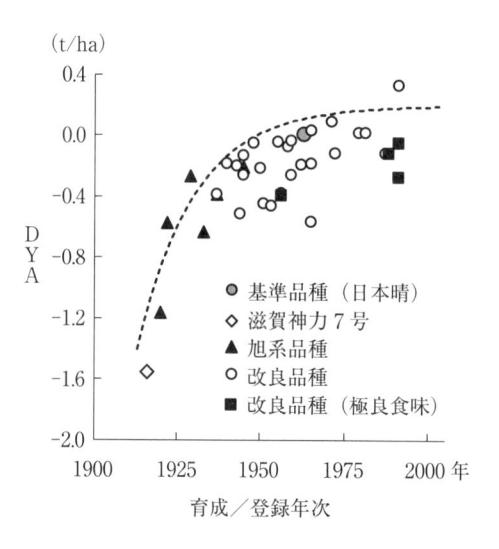

図11-2　滋賀県で栽培されてきた水稲品種の相対収量性（DYA）

旭系品種は京都旭に由来する純系分離により育成された品種群。改良品種は交雑育種によるもの。うち、コシヒカリ、キヌヒカリ、ハナエチゼン、こころづくしの4品種を極良食味として区別した。

第Ⅴ部　品質・環境重視段階の稲作

　以上のように、滋賀県稲作における過去50年余りの単収向上の中で、品種特性がもたらした効果をその他の要因と切り離して評価した場合、品種の効果が顕著なのは1970年代前半までであり、またそれが増収に占める貢献度は、全体の半分以下であることがわかった。

## 3-2　生産性の向上と栽培技術および環境

　前項の分析結果は、品種以外の要因が増収に大きく寄与したことを示すものである。ここでは、単収が急速な伸びを示した1975年頃までの期間とそれ以降の期間に分けて、栽培技術および環境要因が生産性に与えてきた影響を検討する。生産性に大きく関係すると思われる技術のうち、統計データが比較的揃っている項目の推移を図11-3Bに示した。

　1950年から1975年頃までの増収要因として、まず考えられるのは施肥量の増加である。この期間の最初は1ha当たり50kg程度であった平均窒素施肥量は、その後1ha当たり100kgを越えるまで増加した（図11-3B）。これが増収に寄与したことは疑いない。もっとも、一般に、施肥量の増加による増収は耐肥性品種の導入と不可分のものであり、実際にこの図からは、RDYAの増大が著しい1950年代において、窒素施用量の増加も最も顕著であったことが分かる。

　第2に重要と思われるのは、作期の早期化である。1960年頃から1970年代半ばにかけて、平均移植時期が6月中旬から5月初旬まで約40日も早まった。それによって平均出穂期も早まったが、その程度は20日間までであり、本田における生育期間は明らかに長くなった。その推移は収量増加の推移とほぼ同調しており、生育期間の延長が群落の積算受光量の増大を通じて乾物生産量を大きくし、確実な増収要因となったものと推察される。このことは、年々の平均的な実生育期間をもとにして算出された、可能最大収量の推移（図11-1）の1970年代前半における増加に現れている。

　作期の早期化には、水田二毛作の衰退も背景になっているが、増収技術としても強調されてきた。これを可能にした重要な技術として、保護苗代と動力耕耘機の普及が挙げられる。前者は、いわゆる暖地に属する滋賀県とはいえ、4月期に避けられない低温気象による苗の生育阻害の回避に有効であり、後者は本田準備期に集中する耕起・代かき作業の効率化に顕著に貢献した。図11-3Bに示したように、動

力耕耘機は1950年代後半に普及がはじまり、その後作期の早期化と併行しながら急速に進行した。

次に、1970年代半ば以降の単収の推移について考える。それは、それまでの期間と比べると停滞気味ともいえるが、1年当たり平均0.3％という緩やかな増加をみせている。まず品種についてみると、収量性が日本晴を上回る品種の普及がほとんどない一方で、むしろDYAがやや低い良質米品種の普及により、滋賀県のRDYA値は漸減した（図11-1、図11-3A）。また、それまで進行してきた作期の早期化も、1980年頃には5月上旬移植が一般化すること

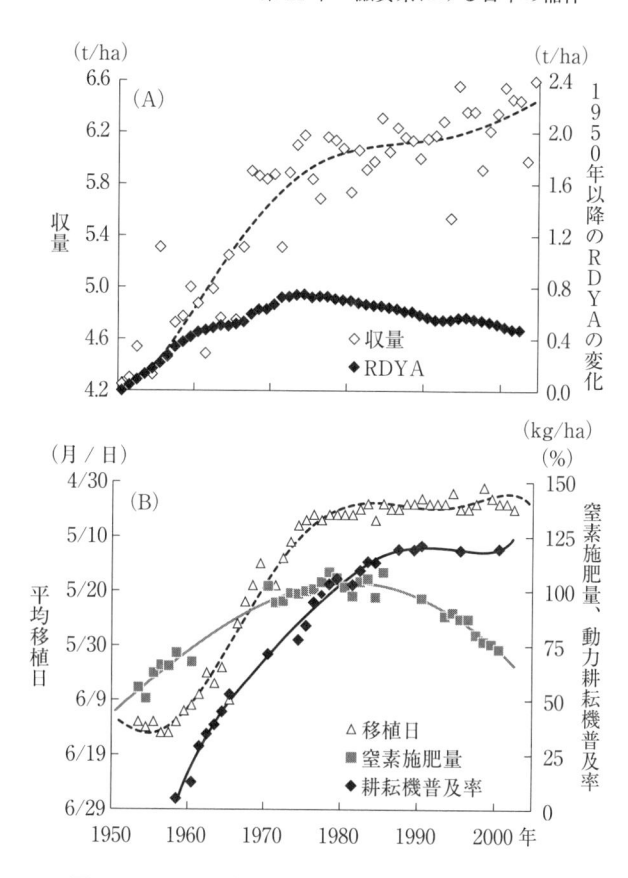

**図11-3** 1950年以降における収量およびRDYA（栽培品種の相対収量性の重み付け平均、本文参照）の推移（A）、平均移植日、化学肥料窒素施肥量および動力耕耘機普及率の推移（B）（滋賀県農林水産業統計データより作成）

とで収束しており、現在まで大きな変化はない。さらに、1980年代半ば以降、窒素施肥量は後述するように減少傾向がはっきりとみられる（図11-3B）。つまり、1970年代半ば以降は、栽培品種の遺伝的能力の向上を伴うことなしに、窒素の利用効率が徐々に改良されてきた時代であった。

ただし、近年の緩やかな増収は滋賀県に限ったことでなく、日本全国の平均単収にも、年率約0.5％という増加がみとめられる。水田面積の減少にともなう低生産

性水田の減少に加えて、広域の環境の関与が示唆される。ひとつの要因は、最近、1年当り 1.5 μmol/mol の割合で上昇している大気 $CO_2$ 濃度の上昇が、そのまま作物の生育にプラスに作用したことである。$CO_2$ 濃度が水稲を含む $C_3$ イネ科作物の乾物生産に及ぼす影響を参照すると、年率 0.1% に近いオーダーでの増収が、$CO_2$ 濃度の上昇によって起こり得たことになる（河津ら 2007）。

加えて、滋賀県における技術的要因に注目すると、近年の増収の要因として、倒伏の減少があげられる。特にコシヒカリは、一般の改良品種と比較して倒伏抵抗性が劣ることで知られ、その栽培が普及されはじめた 1980 年頃は、倒伏回避がきわめて重要な課題であった。効率的窒素施技術の開発や田植機による 1 株当たり植付個体数の減少などにより、生育前半の栄養生長の過剰あるいは無効分げつの多発が回避され、茎当たりの成長が促進されたため、倒伏が起こりにくくなってきたものと考えられる（橋川 1995）。

## 4. 窒素施肥技術の発展

日本の稲作において実用化されてきた施肥技術の効率を明らかにするために、図 11-4 に、施用された肥料窒素の作物による吸収回収率（肥料窒素利用率）の値を過去の検討例から抽出し、施肥法ごとにまとめた。肥料窒素利用率は、一部を除き $^{15}N$ 標識窒素を用いたデータを示している。

基肥として施用された尿素や硫安は、それが全層施用であっても肥料窒素利用率 20% 台と低く、一部は土壌に残存するものの、多くが脱窒や表面・浸透流出により失われる。これに対して、適切な量と時期の追肥窒素の利用率が向上することは、これまでの多くの研究から明らかであり、基肥と穂肥などの追肥を含む分施体系による肥料窒素利用率は、複数の測定例を平均すると、30% から 40% 程度となることが多い。このような施肥配分だけでなく、施肥位置も肥料窒素利用率に影響し、局所施肥の施肥効果が高く評価されている。そのひとつとして、田植機に装着した施肥機を用い、移植時に株列に沿って土中施肥する方法（側条施肥）が広がっている。これを用いると、基肥であっても利用率が 30～36% 程度に向上する。そして、これに穂肥を加えた「側条施肥＋穂肥」の施肥体系では、50% に近い肥料窒素利用率が報告されている。緩効性肥料もまた肥料利用率の向上を狙ったものであるが、

第 11 章　滋賀県にみる日本の稲作

肥料窒素利用率（％）

- 尿素・硫安の基肥施用（日本）
- 尿素・硫安の分施（フィリピン）
- 尿素または硫安の分施（日本）
- 粒状尿素の深層施用（フィリピン）
- 尿素の移植時側条施用（日本）
- 葉色診断に基づく分施（フィリピン）
- 肥効調節型尿素の基肥施用（日本）
- 肥効調節型尿素の側条施用（日本）
- 肥効調節型尿素の苗箱施用（日本）

□ 肥料窒素利用率
■ 施肥効率

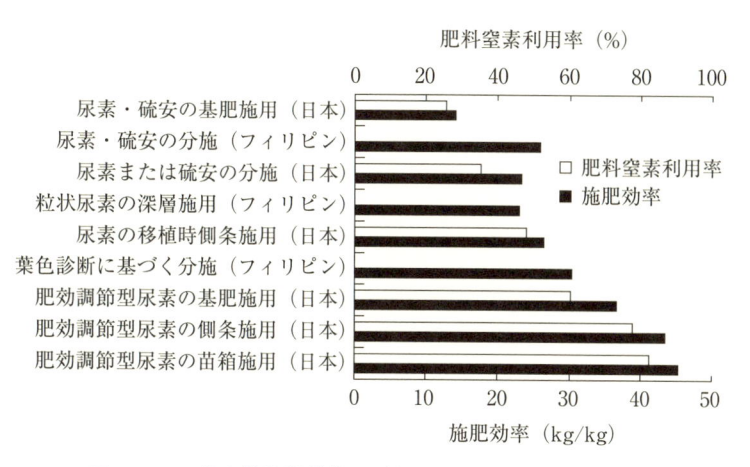

施肥効率（kg/kg）

**図 11-4　効率的施肥技術の発展**（Horie ら 2005 より改写）

肥料窒素利用率：施肥窒素の吸収割合（％）、施肥効率：単位施肥窒素量当たりの像収量（kg/kg）。

とくに 1980 年代から、樹脂被覆尿素が使用されるようになってきた。これを用いて施肥全量を施用した場合、基肥のみであっても約 60％もの利用率が得られる。さらに緩効性肥料と上述の側条施肥との組合せ、すなわち樹脂被覆尿素の側条施肥や苗箱施用（移植とともに本田に施用される）では、最高 80％を越える施肥利用率が報告されており、恐らく、窒素肥料利用率の点で究極の効率的施肥といえる。

　以上のような、施肥法による肥料窒素利用率の違いは、水稲の収量反応に如実に反映した。図 11-4 には単位施肥量当たりの籾増収量（施肥効率）が示されており、その値は施肥方法によって、約 15kg/kg から 45kg/kg まで 3 倍もの開きがみられ、その大小は肥料窒素利用率のそれときわめて密接な相関を示した。このことは、施肥方法の改善による施肥窒素利用率の向上が、施肥効果の向上に直結してきた過程を端的に示すものである。

　滋賀県稲作では、平均窒素施用量は 1980 年頃の 100kg/ha 強をピークにしてその後減少傾向をみせ、現在はおよそ 70kg/ha 台となっており（図 11-3B）、施肥効率がこの間着実に向上してきた。それには、上で述べたように進展してきた技術を、積極的に開発・導入してきたことが反映している。滋賀県は、1982 年に水稲の栽培指針の施肥基準を大きく変更した。それまで全施肥窒素量（120kg/ha）の 3 分の 2 を基肥および生育初期追肥に、残り 3 分の 1 を穂肥以降の後期追肥としてい

た施肥配分をほぼ逆転させ、総量100kg/haのうち基肥に3分の1、残りを中後期に配分する体系とした。この後期追肥重点型への変更は急速に普及し、現在では大部分の農家がこの配分を基本とした施肥方法を実施し、慣行化している。上述の側条施肥の技術や緩効性肥料も国内の多くの地域で普及しているが、滋賀県は特に施肥田植機の普及率が高く、現在およそ50%以上に達している。

　このような窒素施肥の効率化は、環境問題も背景のひとつとなって進められてきたことが大きな特徴になっている。滋賀県では、水田からの排水の大部分が、京阪神に飲用水を供給する琵琶湖に達する。1970年代に琵琶湖の窒素とリンによる富栄養化が飲用水の水質に直接の影響を与えたため、1979年琵琶湖富栄養化防止条例が制定された。工場・生活排水とともに、農業排水についても対策が必要とされた。その一環として水稲作の窒素施肥基準が従来の基肥重点型から追肥重点型に改められるとともに、施肥方法および用いる肥料についても数々の技術が導入されたわけである。

## 5. 稲作技術の到達点をどうみるか

### 5-1　水稲収量の面から

　水稲収量が可能最大値に近づくことは不可能ではない。それは「米作日本一」受賞事例に、籾単収が12t/haに達するような高収量が含まれており、ほぼわが国における可能最大収量に近い水準を示していることからも明らかである（Horieら2005）。それらの例では、栽培管理が圃場の隅々まで精密化されており、十分な水と養分が確保されているだけでなく、土つくり、施肥、水管理を周到に行ない、理想生育を得るためのあらゆる手段が講じられていたという（鈴木1993）。このような超精密稲作を、広範な農家が実施可能な技術として普及することは難しい。一方、1970年以降、様々な技術内容の試験区が設けられたにもかかわらず、試験区中の最大値は常に一定の範囲に推移している。長年の間、試験場レベルでの品種日本晴の最高収量はある一定の水準、すなわち8.5t/ha、玄米収量として約6.8t/haを越えることはなかったわけである。このことからも、可能最大収量への接近が容易でないことが示唆される。

試験場収量と農家収量との隔たりについてはどうであろうか。それは様々な要因から生じている。まず県平均単収には、イモチ病が発生しやすい中山間地や瘠薄田、保水性が低いために雑草管理が難しい水田など、不利な条件における単収も含まれている。また、試験場での栽培試験は当然のことながら条件を均一にして行なわれるが、それは種々の管理を適時・適切に行なえることを意味する。実際の栽培では、種子や苗の一部が、あるいは圃場のある部分が、十分とは言えない条件で生産が行なわれることは通例である。水のかけ引き、施肥および雑草と病害虫防除のための薬剤散布といった管理作業を、最も適切な時期と方法で実施するのも、労力や資源に限りのある農家圃場ではままならないことが多い。それらが可能な限り克服されてきた結果、今の単収が実現しているのである。つまり、試験場収量と農家平均収量との隔たりがもたらされる要因は多岐にわたっており、そのギャップの縮小が極めて緩やかに進んできたのはいわば当然であろう。

　このように考えると、農家平均収量の向上は今後も緩慢なものであると推測される。むしろ、担い手不足が問題となり一方で経営規模の大規模化が進行する中にあっては、今までのような経過をたどることは困難かもしれない。そして、これまでたどってきた推移をみる限り、栽培技術の革新のみによって、可能最大収量もしくは試験場収量との隔たりを大きく縮小する余地は少なくなってきている。

## 5-2　コメの品質の面から

　一方、品質面での稲作技術の改良では、主に品種開発・普及と収穫後調製技術の改良が進んできた。コシヒカリ系極良食味品種が、それまでの安定多収優先の品種に置き換わってきた経過は前述の通りである。それはRDYA、すなわち地域の平均単収の低下をともなったが、そのこと以上に品質が重視された。同時に、新たな良食味品種の開発が全国的に活発に行なわれ、とくに1980年代以降は独自の品種開発に取り組む道府県が増加した。流通の自由化にともなう産地間競争の激化が背景になっているが、滋賀県も例外でなく、「秋の詩」をはじめとする県育成の良食味品種の作付面積が増加している。さらに、国立研究機関（現独立法人）を中心に、「コシヒカリ」の良食味性の解析をもとにしてDNAマーカーが整備されつつあり（竹内 2011）、今後はさまざまな遺伝的背景を持つ良食味品種の登場が期待されている。

一方、収穫後調製では、品質評価向上をめざして色彩選別機が各地のJA施設に導入されている。これは異種粒・異物および不良粒をほぼ完全に除去できるもので、厳しさを増す市場の品質管理要求に応えるために、1990年代に高精度の色彩選別機が開発され、普及が進んできた。収穫前の栽培技術では、タンパク含量を低減する窒素施肥、登熟期を適温で経過させるための作期選定、適期収穫などが重視される。

品質を重視した稲作技術は、このように品種の開発普及と収穫後品質管理を中心に、現在進行形で展開している。しかし、品種開発については、その目指すところとして、コシヒカリを基準とせざるを得ないことが問題となっている。同品種の食味品質における優越性は過去50年以上にわたって変わることがなく、これをしのぐ品種像を想定しにくいからである。したがって、収量とは意味合いが異なるが、品質に関しても、現在の炊飯米の範囲でみる限り、大幅な改良が今後すすむ可能性は大きくはない。一方で、アミロース・タンパク質変異米、色素米、巨大胚米など、新しい需要の開拓を企図した品種開発が活発化している。それは、農業をとりまく社会状況に加えて、炊飯米の品質面での成熟が背景になっていると思われる。

## 5-3 環境への負荷の面から

環境面ではどうであろうか。窒素施肥量を低減する技術は、上述のように1980年代以降著しく進んだ。これらの技術は、農耕地からの環境負荷流出を抑制すると同時に、収量の維持、もしくは増加につながった（橋川 1995）。わが国における肥料窒素利用率の向上は、世界的にみても優れた技術革新と思われる。

農薬使用量の低減も指向されている。これは減肥が水質汚濁の低減を意図しているのに対して、農薬の安全性に対する消費者の不安に応えること、および耕地周辺と地域の生物相のかく乱を最小限にするのが主な目的になる。滋賀県では農薬・化学肥料の使用を半減し、環境に配慮して生産した農産物を「環境こだわり農業」として認証する制度の構築に早くから取り組み、2003年に条例化した。「環境こだわり農業」を実施する稲作は、2010年以降、およそ1万2000ha前後で推移し、滋賀県のイネ作付面積の3分の1を大きく超えている。現在、このような制度は全国各地で実施されている。全国の単位農地面積当たり農薬出荷量は、この約20年の間に3分の2に減少したが（農水省ホームページ）、それには稲作における使用量の

減少が寄与している。

　肥料・農薬は、言うまでもなく高生産性の維持に不可欠な投入財である。しかし、過度の使用は経営面から望ましくない。さらに、国土保全や環境形成など、水田の多面的機能の維持を稲作農家が社会から負託されていると考えるならば、そのことを支える合意形成のために、肥料・農薬の効率的使用は避けられない課題である。これまでの取り組みには、上述の施肥技術の改良に加え、リン、カリなどの土壌診断にもとづく施肥や、病害虫発生予察の強化をはじめとして、畦畔除草によるカメムシ害対策のような、耕種的防除の工夫も含まれる。より意識的な化学資材の減量手段として、種子の温湯消毒、中耕管理機（除草機）の開発・普及などが検討され、普及可能な技術として認識されつつある。

　さらに、肥料・農薬の使用量を一切無しにする無施肥・無農薬栽培事例も、一部だが継続的に行なわれてきた。そのひとつである滋賀県および京都府の事例では、地域平均単収の5〜7割に当たる2.6〜4.0t/haの玄米収量が維持されている（奥村 1988、小林 2014）。そして病害虫の発生は、一部を除きほとんど問題視されていない。このような事例の収量は、試験場における無施肥継続試験の収量に匹敵し（中田 1981）、熱帯・亜熱帯における低栄養土壌環境での低収量に比べて高い。特殊な例ではあるが、日本の稲作の高い潜在生産力の一面を表してしている。

　環境重視の稲作は、このように過去30年の間に顕著な進展をみせた。その到達度は収量のように数値化することは難しい。ただし、技術的に実現可能になった80％という高い肥料窒素利用率は、諸外国ではみられない。そのための局所施肥機や機能性肥料といった技術諸要素の普及は、着実に進んでいる。少なくとも窒素施肥の面では、環境に配慮した稲作は高い水準に達している。

## 6. 稲作の今後

　灌漑稲作では、労力や資源が許す限り適切な管理をすることにより、収量が確実に増大する。このことを、滋賀県における過去60年の水稲生産性の推移は明瞭に示しており、農家収量は1970年代半ばまでの約25年間に、品種と栽培技術の両方の改善によって試験場収量の75％程度までに達し、その後も現在まで緩やかな増加を示してきた。稲作をめぐる社会状況が年々厳しくなってきた中でも収量が微増

もしくは安定しているのは、精緻な管理を特徴とするわが国の稲作の水準の高さを示している。やがて技術改良の重点は、高収量よりも品質向上と環境負荷軽減にシフトし、そのための改良が活発になった。品質重視および環境重視の面から稲作の到達点をはかるのは困難だが、それらが本格化した約30年前に比べると、それぞれ大きく進展した。つまり、収量、品質、環境対策の各面において、いずれも成熟した段階に達しつつある。今後は、どのようなことが課題になるだろうか。

## 6-1　食味と多収を併せもつ品種開発と生産技術の確立

ひとつには、良食味性と多収性を合わせもつ品種の開発と、生産技術の確立が期待される。前述したように栽培技術による増収は今後限られるため、これからの増収は品種開発に依存している面が強い。すでに育成された近年の多収性品種、例えばインド型品種「タカナリ」を京都で栽培すると、その収量は品種日本晴と比べると約40％高い（Horieら 2005）。他にも、「きたあおば」（北海道）、「べこあおば」（東北）、「ふくひびき」（東北南部）、「北陸193号」（北陸以南）、「クサノホシ」（関東以西）、「ミズホチカラ」（暖地）など、全国各地の気候に応じた多収品種が育成されてきた。しかし、これらの多収品種は、食味品質についてはほとんど未改良であり、飼料米、ホールクロップサイレージ（WCS）もしくは加工用に用いられる他用途米用品種である。これらの多収関連形質が良食味品種に導入されること、あるいは多収品種に良食味性が導入されることが課題となる。

ただし、これまでの多収品種における増収要因は、ほとんどすべてがインディカ種由来であることが問題視されてきた。また実際、開発されてきた一連の多収性品種は、「ふくひびき」など一部を除いて、10％から100％近くインディカ種の背景を持つ。収量性には多くの遺伝子が関わるが、食味関連形質でも関与遺伝子が多いことが明らかになってきていることから、高品質・多収品種の実現は容易でない。そのためには、イネゲノム研究として、急速に蓄積されている農業形質に関する遺伝情報の活用が不可欠であろう。多収性については、GN1やAPO1などの籾数増加遺伝子や、DS1、GS3、GW2などの粒重増加遺伝子などが、シンクサイズを増加させることが明らかにされている。一方、ソース能についても、とくに光合成能の遺伝的変異が認識され（Ohsumiら 2007）、関係する遺伝子の解明が行なわれつつある（Takaiら 2013）。そして、前述のように、食味関連のDNAマーカーの開発

も進んでいる。これらを活用して有用遺伝子の集積が加速され、収量と品質の両立が実現すれば、稲作の収量水準、ひいては日本の稲作が新しい局面を迎えることが期待される。

### 6-2　多様な稲作を持続させる耕地管理の確立

　今ひとつの課題は持続性であろう。日本の稲作は、極高品質生産から加工用・飼料用を含む他用途米生産、大規模低コスト稲作から無施肥・無農薬の稲作まで、1970年代までの増収による食料安定供給が主目的であった時代に比べると、格段に多様化した。そして重視される生産目的と技術はそれぞれに異なっている。多様な展開は、今後も社会状況に応じた変化をみせながら続くと思われる。しかし、いずれの形においても共通するのは、生産が、水田という生産基盤に立脚していることである。その持続性はどうであろうか。

　図11-5に、全国および滋賀県における水田面積の中で、水稲が作付されなかった面積の割合（水稲"非"作付割合）を示した。水稲"非"作付割合は、いわゆる減反が始まった1970年以降、紆余曲折を経ながら漸次増加し、2001年には全国平均30％を越えた。水稲"非"作付水田の増加は担い手の減少もあるが、主にコメ生産調整によって水田の転換畑利用期間が長くなってきたためであり、特に、2000年以降は、非作付割合の増加は一段と高くなった。また滋賀県では多くの地域と同様に、圃場整備が進められてきた結果、近年ではほとんどの水田が乾田化している。このように、滋賀県あるいは日本の水田をめぐる環境は、土壌が、その乾燥しやすさと乾燥期間の長さの両面から、今までにない酸化的な条件、すなわち土壌有機物の分解が促進されやすい条件にある。

　農水省の土壌保全対策事業として実施されている、土壌環境基礎調査・定点調査（1979～1983年の1巡目から、1994～1998年の4巡目まで）の滋賀県の結果によると（武久ら1999）、水田土壌の土壌全炭素含量、腐食含量、可給態リン酸、ケイ酸などは土質、資材投入などの影響を受けるが、一部を除いて全体に十分な水準にあり、かつそれがよく維持されていた（図11-6）。柴原ら（1999）は、水田の土壌有機物の維持において、近年ほとんどの水田で行なわれている、稲わらの全量還元が重要な役割を果たしていることを指摘している。一方、具体的な試験結果は限られるものの、近年、転換畑作ダイズの収量が、畑作の累積期間が長いほど低化し

第V部　品質・環境重視段階の稲作

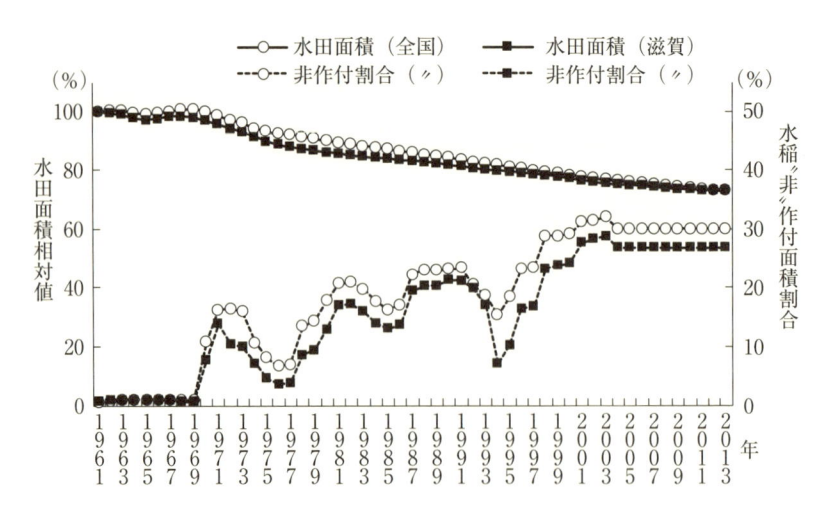

**図11-5** 水田面積（本地）およびそれに占める水稲"非"作付面積割合の推移（作物統計より作図）

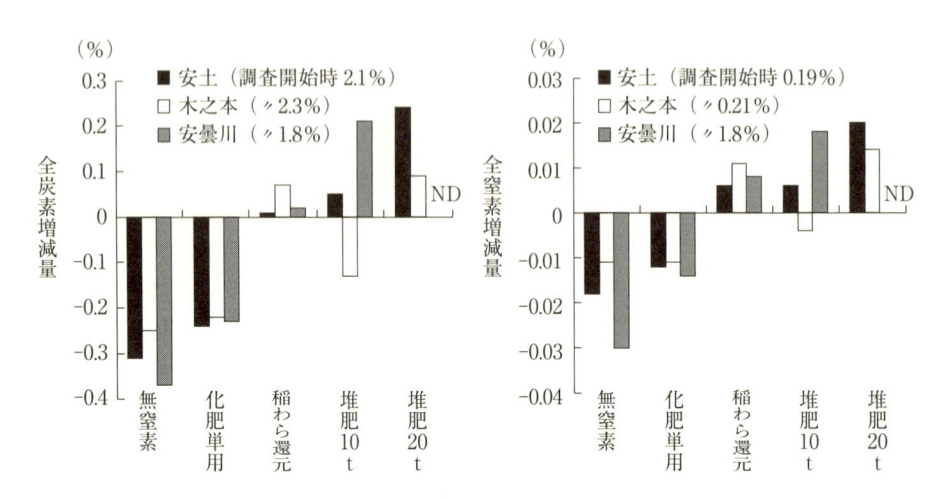

**図11-6** 滋賀県のグライ土（安土、木之本）および褐色低地土（安曇川）の水稲単作田で異なる土壌肥沃度管理を約20年継続したときの土壌全炭素および窒素含有率（%）の増減量（柴原ら、1999より作成）

土壌環境基礎調査・基準点調査が実施された3ヵ所の土壌の最近の調査結果（1994～1997年の平均）の調査開始時（1975年）からの変化量。無窒素区は肥料3要素のうちリン酸とカリのみを施用、化肥単用区は肥料3要素を施用、稲わら還元区は3要素+稲わら全量還元、堆肥10t区には肥料3要素+稲わら堆肥10t/ha（期間の後半は+ケイカル）、堆肥20t区には肥料3要素+稲わら堆肥20t/ha（後半は+ケイカル）をそれぞれ連年施用し、水稲単作（安曇川の最初の8年は二毛作）を続けた水田。ND：データなし。

ている傾向があり（住田ら 2005）、他にも畑期間の割合がある程度以上長くなるとイネ収量が低下してきたとするものや、土壌の可給態窒素の減耗がみられるという指摘がなされている。また最近、奈良県では、一毛作田では維持されている土壌の炭素含量の低下が輪換田にみとめられ、その影響が乾土効果（酸化的条件による窒素無機化の促進）を打ち消すために、水田期間の窒素発現量が有意に低くなっていたという例が報告されている（池永ら 2005）。元来、田畑輪換は乾土効果による窒素発現の促進が期待され、利用されていない地力の活用につながる点が強調されてきたが、畑期間の割合が長くなった場合の土壌の潜在地力の消耗が、次第に現れているかもしれない。

　日本の稲作は、収量の可能最大値と比べ得るような高水準に達し、その後、品質および環境を重視しながら、生産目的と技術において多様な展開をみせている。今後の増収には、収量性の遺伝的改良が必要になってきているとともに、多収性と高品質を合わせ持つ品種の開発が待たれる。一方、このような状況に至ったのは歴史的にみるとごく最近に過ぎず、高い生産性が長く持続できる保証はまだない。将来の食料生産力に関わる問題として、高い生産性を持続させるための耕地管理は、引き続き稲作の重要課題である。

## 引用文献

長谷川利拡・堀江武（1995）水稲地域単収の増加に対する品種および栽培技術の貢献度の評価—1960 年代から 1980 年代の近畿地方の事例として．農業および園芸 70：233-238.

橋川潮（1996）低投入稲作は可能．富民協会，大阪．

Horie T. ら (2005) Can yields of lowland rice resume the increases that they showed in the 1980s? Plant Prod. Sci. 8: 259: 274.

Horie, T. ら (1992) Yield forecasting. Agricultural Sytems 40: 211-236.

池永幸子ら（2005）田畑輪換田における土壌の窒素発現と水稲（*Oryza sativa* L.）による窒素吸収の圃場間と年次間の変異—奈良盆地における 4 年間の比較—．日作紀 74：291-297.

河津俊作ら（2007）近年の日本における稲作気象の変化とその水稲収量・外観品質への影響．日作紀 76：423-432.

小林正幸（2014）異なる水田における無施肥無農薬栽培水稲の推定玄米収量の経年変化について．NPO 無施肥無農薬栽培調査研究会．2013 年研究報告会要旨：1-6.

村田吉男（1964）わが国の水稲収量の地域性に及ぼす日射と温度の影響について．日作紀

33:59-63.

中田均 (1980) 肥料三要素および堆肥の長期連用が土地生産力に及ぼす影響の数理統計的解析. 滋賀農試特別研究報告 13:1-108.

野々村利男 (1985) 近江米品質改善の変遷に関する研究. 滋賀県立短期大学作物学教室彙報 4:1-68.

農林水産省ホームページ http://www.maff.go.jp/j/wpaper/w_maff/h22/pdf/z_topics_4.pdf (2015年3月現在)

Ohsumi, A. ら (2007) A model explaining genotypic and ontogenetic variation of leaf photosynthetic rate in rice (*Oryza sativa* L.) based on leaf nitrogen content and stomatal conductance. Ann. Bot. 99: 265-273.

奥村利勝 (1988) 水稲のN栄養の動態からみた無施肥田と施肥田の比較栽培学的研究. 博士学位論文, 京都大学, pp.1-108.

柴原藤善ら (1999) 水稲に対する有機物および土づくり肥料の連用効果 (第1報) 水稲の生育収量, 養分吸収および土壌の化学性の変化. 滋賀農試研報 40:54-77.

鈴木守 (1993) 農民に学ぶ技術の総合化—多収穫栽培技術—. 農水省農林水産技術会議事務局昭和農業技術発達史編纂委員会編, 昭和農業技術発達史水田作編第3章第3節. 農文協, 東京, pp.124-135.

Takai, T. ら (2013) A natural variant of NAL1, selected in high-yield rice breeding programs, pleiotropically increases photosynthesis rate. Scientific Reports 3: 2149.

竹内善信 (2011) 米の外観品質・食味研究の最前線〔10〕—米の食味に関連する形質の遺伝解析とその育種的利用—. 農業および園芸 86:752-756.

武久邦彦ら (1999) 滋賀県における農耕地土壌の実態と変化 (第1報) 最近5年間の土壌理化学性の実態. 滋賀県農試研報 40:39-53.

## 著者・執筆分担 (執筆順)

**【編著者】**

堀江　武（ほりえ　たけし）——はしがき、第1章、第2章、第6章
　（独）農研機構特別顧問、京都大学名誉教授

**【著者】**

齋藤和樹（さいとう　かずき）——第3章、第6章
　Africa Rice Center　研究員

浅井英利（あさい　ひでとし）——第3章、第5章
　国際農林水産業研究センター　研究員

本間香貴（ほんま　こうき）——第4章
　京都大学農学研究科　講師

辻本泰弘（つじもと　やすひろ）——第7章
　国際農林水産業研究センター　研究員

稲村達也（いなむら　たつや）——第8章
　京都大学農学研究科　教授

桂　圭佑（かつら　けいすけ）——第9章
　京都大学農学研究科　助教

大西政夫（おおにし　まさお）——第10章
　文部科学省　教科書検定官

白岩立彦（しらいわ　たつひこ）——第11章
　京都大学農学研究科　教授

アジア・アフリカの稲作
―多様な生産生態と持続的発展の道―

2015年6月15日　第1刷発行

編著者　堀江　武

発行所　一般社団法人 農山漁村文化協会
〒107-8668　東京都港区赤坂7丁目6-1
電話　03（3585）1141（営業）　03（3585）1147（編集）
FAX　03（3585）3668　　振替 00120-3-144478
URL　http://www.ruralnet.or.jp/

ISBN 978-4-540-14178-2　　DTP制作／ふきの編集事務所
＜検印廃止＞　　　　　　　印刷／㈱平文社
© 堀江武他 2015　　　　　製本／根本製本㈱
Printed in Japan　　　　　定価はカバーに表示
乱丁・落丁本はお取り替えいたします。

── 農文協・図書案内 ──

## 開発援助の光と影
嘉田良平・諸岡慶昇 他著
◎3048円+税

4年連続世界一となった日本のODAは、いかなる貢献と影響をもたらしているか。食料・人口・環境問題の解決に直結する日本の農業ODAの実態を、インドネシア・マレーシア・フィリピン・スーダンを舞台に検証する。

## イネが語る日本と中国
佐藤洋一郎 著
◎3048円+税

DNA考古学で解明されるイネの起源と伝播の複雑な経路。河姆渡遺跡、徐福伝説とイネ、大唐米など稲作文化の源流を探る。現代の日本品種多数が中国で広がっている現状も視野に、イネと稲作の未来までを展望する。

## 東アジア農業の展開論理
今村奈良臣・金 聖昊 他著
◎3048円+税

世界不況下で高い経済成長率が注目される東アジア四カ国。その四カ国は世界耕地の8％で世界人口の26％を養っている。農地改革の実施など共通する特徴を分析し、成長のカギを探る。

## 農業と環境汚染
西尾道徳 著
◎4286円+税

豊富なデータで日本の土壌管理技術・政策を総括するとともに、欧米の土壌環境政策・技術と比較しながら、土壌肥料の科学者の立場から具体的、実証的に、環境保全と食の安全が両立する農業への転換を提案する。

## 人は土をどうとらえてきたか
ジャン・ブレーヌ 著／永塚鎭男 訳
◎4700円+税

人は有史以来、土とは何であるのか、どうやって安定した食料を実現するのかを考え続けてきた。本書は、パリ国立農学研究所土壌学教授ジャン・ブレーヌがまとめた土壌と土壌学者の歴史の書を、わかりやすく翻訳。

（価格は改定になることがあります）